"985 工程"

现代冶金与材料过程工程科技创新平台资助

"十二五"国家重点图书出版规划项目

现代冶金与材料过程工程丛书

先进锂离子电池材料

刘国强　厉　英　编著

科学出版社

北　京

内 容 简 介

本书分为 11 章，分别介绍锂离子电池发展历程、$LiCoO_2$、$LiMn_2O_4$、层状 $LiMnO_2$ 和 $Li(NiCoMn)_{1/3}O_2$、$LiFePO_4$ 及衍生物、富锂锰基正极材料、$Li_4Ti_5O_{12}$、$LiNi_{0.5}Mn_{1.5}O_4$、锂离子电池负极材料、柔性电极材料和纳米电极材料、钠离子电池材料等。本书以实验为基础，对上述材料进行了介绍，包括材料的制备、性能和结构的检测、分析等，以及这些材料的前沿研究成果。

本书适用于从事锂离子电池及相关领域的生产和科研人员、相应专业的本科生和研究生阅读、参考。

图书在版编目(CIP)数据

先进锂离子电池材料/刘国强，厉英编著 .—北京：科学出版社，2015.6
（现代冶金与材料过程工程丛书/赫冀成主编）
ISBN 978-7-03-044893-4

Ⅰ. 先… Ⅱ.①刘…②厉… Ⅲ. 锂离子电池-材料 Ⅳ. TM912

中国版本图书馆 CIP 数据核字（2015）第 126785 号

责任编辑：张淑晓 孙静惠/责任校对：赵桂芬
责任印制：赵 博/封面设计：蓝正设计

科 学 出 版 社 出版
北京东黄城根北街 16 号
邮政编码：100717
http://www.sciencep.com

北京科印技术咨询服务有限公司数码印刷分部印刷
科学出版社发行 各地新华书店经销
*
2015 年 6 月第 一 版 开本：720×1000 1/16
2025 年 1 月第七次印刷 印张：21
字数：423 000
定价：**118.00 元**
（如有印装质量问题，我社负责调换）

《现代冶金与材料过程工程丛书》序

　　21 世纪世界冶金与材料工业主要面临两大任务：一是开发新一代钢铁材料、高性能有色金属材料及高效低成本的生产工艺技术，以满足新时期相关产业对金属材料性能的要求；二是要最大限度地降低冶金生产过程的资源和能源消耗，减少环境负荷，实现冶金工业的可持续发展。冶金与材料工业是我国发展最迅速的基础工业，钢铁和有色金属冶金工业承载着我国节能减排的重要任务。当前，世界冶金工业正向着高效、低耗、优质和生态化的方向发展。超级钢和超级铝等更高性能的金属材料产品不断涌现，传统的工艺技术不断被完善和更新，铁水炉外处理、连铸技术已经普及，直接还原、近终形连铸、电磁冶金、高温高压溶出、新型阴极结构电解槽等已经开始在工业生产上获得不同程度的应用。工业生态化的客观要求，特别是信息和控制理论与技术的发展及其与过程工业的不断融合，促使冶金与材料过程工程的理论、技术与装备迅速发展。

　　《现代冶金与材料过程工程丛书》是东北大学在国家"985 工程"科技创新平台的支持下，在冶金与材料领域科学前沿探索和工程技术研发成果的积累和结晶。丛书围绕冶金过程工程，以节能减排为导向，内容涉及钢铁冶金、有色金属冶金、材料加工、冶金工业生态和冶金材料等学科和领域，提出了计算冶金、自蔓延冶金、特殊冶金、电磁冶金等新概念、新方法和新技术。丛书的大部分研究得到了科学技术部"973"、"863"项目，国家自然科学基金重点和面上项目的资助（仅国家自然科学基金项目就达近百项）。特别是在"985 工程"二期建设过程中，得到 1.3 亿元人民币的重点支持，科研经费逾 5 亿元人民币。获得省部级科技成果奖 70 多项，其中国家级奖励 9 项；取得国家发明专利 100 多项。这些科研成果成为丛书编撰和出版的学术思想之源和基本素材之库。

　　以研发新一代钢铁材料及高效低成本的生产工艺技术为中心任务，王国栋院士率领的创新团队在普碳超级钢、高等级汽车板材以及大型轧机控轧控冷技术等方面取得突破，成果令世人瞩目，为宝钢、首钢和攀钢的技术进步做出了积极的贡献。例如，在低碳铁素体/珠光体钢的超细晶强韧化与控制技术研究过程中，提出适度细晶化（$3\sim5\mu m$）与相变强化相结合的强化方式，开辟了新一代钢铁材料生产的新途径。首次在现有工业条件下用 200MPa 级普碳钢生产出 400MPa 级超级钢，在保证韧性前提下实现了屈服强度翻番。在研究奥氏体再结晶行为时，引入时间轴概念，明确提出低碳钢在变形后短时间内存在奥氏体未在结晶区的现象，为低碳钢的控制轧制提供了理论依据；建立了有关低碳钢应变诱导相变研究的系统而严密的实验方法，解决了低碳钢高温变形后的组织固定问题。适当控制终轧温度和压下量分配，通过控制轧后冷却和卷取温度，利用普通低碳钢生产出铁素体晶粒为 $3\sim5\mu m$、屈服强度大于 400MPa，具有良好综合性能的超级钢，并成功地应用于汽车工业，该成果获得 2004 年国家科技进步奖一等奖。

宝钢高等级汽车板品种、生产及使用技术的研究形成了系列关键技术（例如，超低碳、氮和氧的冶炼控制等），取得专利 43 项（含发明专利 13 项）。自主开发了 183 个牌号的新产品，在国内首次实现高强度 IF 钢、各向同性钢、热镀锌双相钢和冷轧相变诱发塑性钢的生产。编制了我国汽车板标准体系框架和一批相关的技术标准，引领了我国汽车板业的发展。通过对用户使用技术的研究，与下游汽车厂形成了紧密合作和快速响应的技术链。项目运行期间，替代了至少 50％的进口材料，年均创利润近 15 亿元人民币，年创外汇 600 余万美元。该技术改善了我国冶金行业的产品结构并结束了国外汽车板对国内市场的垄断，获得 2005 年国家科技进步奖一等奖。

提高 C-Mn 钢综合性能的微观组织控制与制造技术的研究以普碳钢和碳锰钢为对象，基于晶粒适度细化和复合强化的技术思路，开发出综合性能优良的 $400\sim500MPa$ 级节约型钢材。解决了过去采用低温轧制路线生产细晶粒钢时，生产节奏慢、事故率高、产品屈强比高以及厚规格产品组织不均匀等技术难题，获得 10 项发明专利授权，形成工艺、设备、产品一体化的成套技术。该成果在钢铁生产企业得到大规模推广应用，采用该技术生产的节约型钢材产量到 2005 年底超过 400 万 t，到 2006 年年底，国内采用该技术生产低成本高性能钢材累计产量超过 500 万 t。开发的产品用于制造卡车车轮、大梁、横臂及桥梁等结构件。由于节省了合金元素、降低了成本、减少了能源资源消耗，其社会效益巨大。该成果获 2007 年国家技术发明奖二等奖。

首钢 3500mm 中厚板轧机核心轧制技术和关键设备研制，以首钢 3500mm 中厚板轧机工程为对象，开发和集成了中厚板生产急需的高精度厚度控制技术、TMCP 技术、控制冷却技术、平面形状控制技术、板凸度和板形控制技术、组织性能预测与控制技术、人工智能应用技术、中厚板厂全厂自动化与计算机控制技术等一系列具有自主知识产权的关键技术，建立了以 3500mm 强力中厚板轧机和加速冷却设备为核心的整条国产化的中厚板生产线，实现了中厚板轧制技术和重大装备的集成和集成基础上的创新，从而实现了我国轧制技术各个品种之间的全面、协调、可持续发展以及我国中厚板轧机的全面现代化。该成果已经推广到国内 20 余家中厚板企业，为我国中厚板轧机的改造和现代化做出了贡献，创造了巨大的经济效益和社会效益。该成果获 2005 年国家科技进步奖二等奖。

在国产 1450mm 热连轧关键技术及设备的研究与应用过程中，独立自主开发的热连轧自动化控制系统集成技术，实现了热连轧各子系统多种控制器的无隙衔接。特别是在层流冷却控制方面,利用有限元素流分析方法,研发出带钢宽度方向温度均匀的层冷装置。利用自主开发的冷却过程仿真软件包,确定了多种冷却工艺制度。在终轧和卷取温度控制的基础之上,增加了冷却路径控制方法,提高了控冷能力,生产出了×75 管线钢和具有世界先进水平的厚规格超细晶粒钢。经过多年的潜心研究和持续不断的工程实践,将攀钢国产第一代 1450mm 热连轧机组改造成具有当代国际先进水平的热连轧生产线,经济效益极其显著,提高了国内热连轧技术与装备研发水平和能力,是传统产业技术改造的成功典范。该成果获 2006 年国家科技进步奖二等奖。

以铁水为主原料生产不锈钢的新技术的研发也是值得一提的技术闪光点。该成果建立了 K-OBM-S 冶炼不锈钢的数学模型,提出了铁素体不锈钢脱碳、脱氮的机理和方法,开发了等轴晶控制技术。同时,开发了 K-OBM-S 转炉长寿命技术、高质量超纯铁素体不锈钢的生产技术、无氩冶炼工艺技术和连铸机快速转换技术等关键技术。实现了原料结构、生产效率、品种质量和生产成本的重大突破。主要技术经济指标国际领先,整体技术达到国际先进水平。K-OBM-S 平均冶炼周期为 53min,炉龄最高达到 703 次,铬钢比例达到 58.9%,不锈钢的生产成本降低 10%~15%。该生产线成功地解决了我国不锈钢快速发展的关键问题——不锈钢废钢和镍资源短缺,开发了以碳氮含量小于 120ppm 的 409L 为代表的一系列超纯铁素体不锈钢品种,产品进入我国车辆、家电、造币领域,并打入欧美市场。该成果获得 2006 年国家科技进步奖二等奖。

以生产高性能有色金属材料和研发高效低成本生产工艺技术为中心任务,先后研发了高合金化铝合金预拉伸板技术、大尺寸泡沫铝生产技术等,并取得显著进展。高合金化铝合金预拉伸板是我国大飞机等重大发展计划的关键材料,由于合金含量高,液固相线温度宽,铸锭尺寸大,铸造内应力高,所以极易开裂,这是制约该类合金发展的瓶颈,也是世界铝合金发展的前沿问题。与发达国家采用的技术方案不同,该高合金化铝合金预拉伸板技术利用低频电磁场的强贯穿能力,改变了结晶器内熔体的流场,显著地改变了温度场,使液穴深度明显变浅,铸造内应力大幅度降低,同时凝固组织显著细化,合金元素宏观偏析得到改善,铸锭抵抗裂纹的能力显著增强。为我国高合金化大尺寸铸锭的制备提供了高效、经济的新技术,已投入工业生产,为国防某工程提供了高质量的铸锭。该成果作为"铝资源高效利用与高性能铝材制备的理论与技术"的一部分获得了 2007 年的国家科技进步奖一等奖。大尺寸泡沫铝板材制备工艺技术是以共晶铝硅合金(含硅 12.5%)为原料制造大尺寸泡沫铝材料,以 A356 铝合金(含硅 7%)为原料制造泡沫铝材料,以工业纯铝为原料制造高韧性泡沫铝材料的工艺和技术。研究了泡沫铝材料制造过程中泡沫体的凝固机制以及生产气孔均匀、孔壁完整光滑、无裂纹泡沫铝产品的工艺条件;研究了控制泡沫铝材料密度和孔径的方法;

研究了无泡层形成原因和抑制措施；研究了泡沫铝大块体中裂纹与大空腔产生原因和控制方法；研究了泡沫铝材料的性能及其影响因素等。泡沫铝材料在国防军工、轨道车辆、航空航天和城市基础建设方面具有十分重要的作用，预计国内市场年需求量在20万t以上，产值100亿元人民币，该成果获2008年辽宁省技术发明奖一等奖。

围绕最大限度地降低冶金生产过程中资源和能源的消耗，减少环境负荷，实现冶金工业的可持续发展的任务，先后研发了新型阴极结构电解槽技术、惰性阳极和低温铝电解技术和大规模低成本消纳赤泥技术。例如，冯乃祥教授的新型阴极结构电解槽的技术发明于2008年9月在重庆天泰铝业公司试验成功，并通过中国有色工业协会鉴定，节能效果显著，达到国际领先水平，被业内誉为"革命性的技术进步"。该技术已广泛应用于国内80％以上的电解铝厂，并获得"国家自然科学基金重点项目"和"国家高技术研究发展计划（'863'计划）重点项目"支持，该技术作为国家发展和改革委员会"高技术产业化重大专项示范工程"已在华东铝业实施3年，实现了系列化生产，槽平均电压为3.72V，直流电耗12 082kW·h/t Al，吨铝平均节电1123kW·h。目前，新型阴极结构电解槽的国际推广工作正在进行中。初步估计，在4～5年内，全国所有电解铝厂都能将现有电解槽改为新型电解槽，届时全国电解铝厂一年的节电量将超过我国大型水电站——葛洲坝一年的发电量。

在工业生态学研究方面，陆钟武院士是我国最早开始研究的著名学者之一，因其在工业生态学领域的突出贡献获得国家光华工程大奖。他的著作《穿越"环境高山"——工业生态学研究》和《工业生态学概论》，集中反映了这些年来陆钟武院士及其科研团队在工业生态学方面的研究成果。在煤与废塑料共焦化、工业物质循环理论等方面取得长足发展；在废塑料焦化处理、新型球团竖炉与煤高温气化、高温贫氧燃烧一体化系统等方面获多项国家发明专利。

依据热力学第一定律和第二定律，提出钢铁企业燃料（气）系统结构优化，以及"按质用气、热值对口、梯级利用"的科学用能策略，最大限度地提高了煤气资源的能源效率、环境效率及其对企业节能减排的贡献率；确定了宝钢焦炉、高炉、转炉三种煤气资源的最佳回收利用方式和优先使用顺序，对煤气、氧气、蒸气、水等能源介质实施无人化操作、集中管控和经济运行；研究并计算了转炉煤气回收的极限值，转炉煤气的热值、回收量和转炉工序能耗均达到国际先进水平；在国内首先利用低热值纯高炉煤气进行燃气-蒸气联合循环发电。高炉煤气、焦炉煤气实现近"零"排放，为宝钢创建国家环境友好企业做出重要贡献。作为主要参与单位开发的钢铁企业副产煤气利用与减排综合技术获得了2008年国家科技进步奖二等奖。

另外，围绕冶金材料和新技术的研发及节能减排两大中心任务，在电渣冶金、电磁冶金、自蔓延冶金、新型炉外原位脱硫等方面都取得了不同程度的突破和进展。基于钙化-碳化的大规模消纳拜耳赤泥的技术，有望攻克拜耳赤泥这一世界性难题；钢焖渣水除疤循环及吸收二氧化碳技术及装备，使用钢渣循环水吸收多余二氧化碳，大大降低了钢铁工业二氧化碳的排放量。这些研究工作所取得的新方法、新工艺和新技术都会不同程度地体现在丛书中。

总体来讲，《现代冶金与材料过程工程丛书》集中展现了东北大学冶金与材料学科群体多年的学术研究成果，反映了冶金与材料工程最新的研究成果和学术思想。尤其是在"985 工程"二期建设过程中，东北大学材料与冶金学院承担了国家Ⅰ类"现代冶金与材料过程工程科技创新平台"的建设任务，平台依托冶金工程和材料科学与工程两个国家一级重点学科、连轧过程与控制国家重点实验室、材料电磁过程教育部重点实验室、材料微结构控制教育部重点实验室、多金属共生矿生态化利用教育部重点实验室、材料先进制备技术教育部工程研究中心、特殊钢工艺与设备教育部工程研究中心、有色金属冶金过程教育部工程研究中心、国家环境与生态工业重点实验室等国家和省部级基地，通过学科方向汇聚了学科与基地的优秀人才，同时也为丛书的编撰提供了人力资源。丛书聘请中国工程院陆钟武院士和王国栋院士担任编委会学术顾问，国内知名学者担任编委，汇聚了优秀的作者队伍，其中有中国工程院院士、国务院学科评议组成员、国家杰出青年科学基金获得者、学科学术带头人等。在此，衷心感谢丛书的编委会成员、各位作者以及所有关心、支持和帮助编辑出版的同志们。

希望丛书的出版能起到积极的交流作用，能为广大冶金和材料科技工作者提供帮助。欢迎读者对丛书提出宝贵的意见和建议。

赫冀成　张廷安

2011 年 5 月

前　言

锂离子电池性能优良，已经广泛应用于小型电子产品中，正在向电动汽车和混合电动汽车领域以及储能领域发展，这对保持环境清洁和节约能源具有重要意义。正负电极是储锂和进行嵌入/脱嵌锂离子反应的平台，电极材料对锂离子电池的性能有重要的影响。本书以实验为基础，总结了重要锂离子电池正负极材料的制备方法、结构特征和充放电性能，包括钴系层状结构材料、锰系层状和尖晶石材料、铁系橄榄石材料、高性能负极材料（嵌入式、合金化、氧化物等），分析了各类材料的特点，并且介绍了这些材料的前沿研究进展，可为改进和提高锂离子电池的性能、开发新型的锂离子电池提供参考。本书还提供了钠离子电池的氧化物正极材料的研究结果和相关负极材料的研究进展，对柔性锂离子电池材料的研究也进行了介绍。

本书得到了中国科学院金属研究所闻雷研究员、东北大学田彦文教授、袁万颂博士、刘光印博士、郭庆山硕士和李跃硕士，以及台湾大学理学院刘如熹教授和郭慧通博士的帮助，在此表示真诚的感谢！

本书的部分工作是在辽宁省自然科学基金（2014020035）的支持下完成的，本书的出版得到了"985工程""现代冶金与材料过程工程科技创新平台"的资助，在此表示感谢！

由于作者水平有限，特别是对锂离子电池的生产实践经验不足，书中难免存在疏漏和不妥之处，敬请广大读者批评指正。

编著者

2015 年 3 月

目　录

第1章 锂离子电池发展历程

电池，一般狭义上的定义是将本身储存的化学能转化为电能的装置，广义的定义为将预先储存起来的能量转化为可供外用电能的装置。电池按工作性质可以分为一次电池和二次电池。一次电池是指不可以循环使用的电池，如碱锰电池、锌锰电池等。二次电池指可以多次充放电、循环使用的电池，如先后商业化的铅酸电池、镍镉电池、镍氢电池和锂电池。锂电池种类较多，根据锂的存在状态，分为锂金属电池和锂离子电池。锂金属电池含有金属态的锂，为一次电池，不可充电，属于原电池，主要包括锂/亚硫酰氯电池、锂/二氧化锰电池、锂/二氧化硫电池等。

通常所说的锂电池的全称应该是锂离子电池(简称 LIB)，它以碳为负极，以含锂的化合物为正极；在充放电过程中，没有金属态锂存在，只有锂离子，这就是锂离子电池名称的由来。

目前，全球锂电池生产主要集中在日本、韩国和中国，虽然美国的锂电池研发和生产的历史较长，但其行业规模始终只占据了全球的一小部分。

日本是全球最早对锂电池进行探索性研发的国家之一，并且是将锂电池成功推向商业的国家。1991 年 6 月，日本索尼公司推出第一块商品化锂离子电池。更早以前，日本三洋公司使用以二氧化锰为代表的过渡金属氧化物作为正极材料，取得锂原电池商业制造的巨大成功，锂电池终于从概念变成了商品。"嵌入化合物"的设计思路为锂二次电池的研发奠定了坚实的基础，为今天锂电池的广泛应用做出了巨大贡献。

在 2000 年以前，日本垄断了全球的锂电池生产，占全球市场份额的 80％以上。2001 年之后，韩国锂电池行业迅速崛起。2010 年，韩国成为全球最大锂电池生产国，市场份额超过 40％，三星和 LG 分别为全球第一和第三大锂电池供应商。日本降为全球第二大生产国，但三洋、索尼和松下仍保持了全球第二、第四、第五大供应商的位置。

我国的锂离子电池商业化生产始于 2000 年左右。近年来，在中国优良的投资环境和相对低廉的人工成本的作用下，全球锂离子电池制造中心正向中国内地转移。在 2000 年全球前十大锂电池厂商中只有比亚迪一家中国厂商，而 2010 年有比克、力神、比亚迪三家中国企业。2010 年中国已占全球锂离子电池产量的30％以上，并呈现出逐年增加的趋势。

锂电池主要应用于消费电子、运载工具的动力、电力电网的储能等领域。就目前来看，消费电子产品成为锂电池最为成熟的应用领域，市场占比最高、增速及存量最大。

随着消费电子市场的稳定增长、电动自行车领域的巨大需求以及电动汽车和储能市场的逐步启动，未来锂电池市场将大幅增长。

1.1　锂原电池的发展

锂原电池是以金属锂作为负极活性物质的一类电池的总称。由于在所有金属中锂密度很小（$M=6.94\mathrm{g/mol}$，$\rho=0.53\mathrm{g/cm^3}$）、电极电势极低（$-3.04\mathrm{V}$ 相对标准氢电极），是能量密度很大的金属。以锂负极组成的电池具有比能量大、电池电压高的特点，并且还具有放电电压平稳、工作温度范围宽、低温性能好、储存寿命长等优点。商业锂原电池的正极材料通常采用 CF_x、MnO_2 等，电解液一般使用的是含有锂盐的有机溶液，常用的锂盐主要有 $LiClO_4$、$LiPF_6$ 和 $LiBF_6$ 等，有机溶剂使用的是 PC 和 DMC 或者 EC 和 DMC 的混合溶液。

锂原电池的研究开始于 20 世纪 50 年代，在 70 年代实现了军用与民用。后来基于环保与资源的考虑，研究重点转向可反复使用的二次电池。锂金属二次电池研究只比锂原电池晚了 10 年，它在 80 年代推出市场。但由于安全性等问题，除以色列 Tadiran 电池公司和加拿大的 Hydro Quebec 公司仍在研发外，锂金属二次电池发展基本处于停顿状态。

1962 年，Chilton 和 Cook 以锂金属作负极，以 Ag、Cu、Ni 等卤化物作正极，将低熔点金属盐 LiCl-AlCl 溶解在碳酸丙烯酯（PC）中作为电解液，制备了电池。虽然该电池存在诸多问题，未能实现商品化，但是他们的工作拉开了锂电池研究的序幕。

1970 年，日本松下电器公司与美国军方几乎同时独立合成出新型正极材料——碳氟化物，但是没有提出嵌入锂离子的机理。直至美国学者 Whittingham 注意到电池实际电压与理论计算的差别，确认碳氟化合物就是 IC（intercalation compound）时，才明确了嵌入机理。

Manley Stanley Whittingham

Whittingham 出生于 1941 年，在牛津大学取得学士（1964 年）、硕士（1967 年）和博士（1968 年）学位，目前就职于宾汉姆顿大学。他是发明嵌入式锂离子电池的重要人物，在与 Exxon 公司合作制成首个锂电池之后，他又发现水热合成法能够用于电极材料的制备，这种方法目前被拥有磷酸铁锂专利的独家使用权的 Phostech 公司所使用。由于他所做出的卓越贡献，他于 1971 年被国际电化学学会授予青年电化学家奖，于 2004 年被授予电池研究奖，并且被推举为电化学学会会员。

1973 年，氟化碳锂原电池在松下电器实现量产，首次装置在渔船上。氟化碳锂原电池 $Li/(CF)_x$ 发明是锂电池发展史上的大事，它的意义不仅在于实现锂电池的商品化本身，还在于它第一次将"嵌入化合物"引入锂电池设计中。无论当初的发明者是否意识到，"嵌入化合物"的引入是锂电池发展史上具有里程碑意义的事件。

1975 年，日本三洋公司在过渡金属氧化物电极材料方面取得突破，开发成功了 Li/MnO_2 电池，不久后开始量产，进入市场。与此同时，也出现了各种类型的新电池，如锂银钒氧化物($Li/Ag_2V_4O_{11}$)电池，当时最为畅销，它占据植入式心脏设备用电池的大部分市场份额。这种电池由复合金属氧化物组成，放电时由于两种离子被还原，正极的储锂容量达到 $300mA \cdot h/g$。银的加入不但使电池体系的导电性大大增强，而且提高了容量利用率。$Li/Ag_2V_4O_{11}$ 体系是锂电池应用领域的一大突破。

1.2　锂二次电池的发展

20 世纪 60 年代末，学术界开始了"电化学嵌入反应"的研究。贝尔实验室的 Broadhead 等将碘或硫嵌入二元硫化物（如 NbS_2）的层间结构时发现，在放电深度低的情况下，反应具有良好的可逆性。斯坦福大学的 Armand 等发现一系列离子可以嵌入层状二硫化物的层间结构中，如二硫化钽(TaS_2)。除此以外，他们还研究了碱金属嵌入石墨晶格中的反应，并指出石墨嵌碱金属的混合导体能够用在二次电池中。

1972 年在以"离子在固体中快速迁移"为论题的学术会议上，Steel 和 Armand 等学者提出了"电化学嵌入"概念，奠定了 Armand 的理论基础。所谓"嵌入"，是指"外来微粒可逆地插入薄片层宿主晶格结构而宿主结构保持不变"的过程。简单地说，"嵌入"有两个互动的"要素"，一是"宿主"，如层状化合物，它能够提供"空间"让微粒进入；二是"外来的微粒"，它们必须能够符合一定要求，使得在"嵌入"与"脱嵌"的过程中，"宿主"的晶格结

M. Armand

构保持不变。

20 世纪 80 年代初，M. Armond 首次提出用嵌锂化合物代替二次锂电池中金属锂负极的构想。在新的系统中，正极和负极材料均采用锂离子嵌入/脱嵌材料。

Armand 教授是锂离子电池的奠基人之一，是国际学术和产业界公认的、在电池领域具有原始创新成果的电池专家。Armand 教授主要原创性学术贡献有：

(1) 1977 年，首次发现并提出石墨嵌锂化合物作为二次电池的电极材料。在此基础上，于 1980 年首次提出"摇椅式电池"(rocking chair battery)概念，成功地解决了锂负极材料的安全性问题。

(2) 1978 年，首次提出了高分子固体电解质应用于锂电池。

(3) 1996 年，提出离子液体电解质材料应用于染料敏化太阳能电池。

(4) 提出了碳包覆解决磷酸铁锂($LiFePO_4$)正极材料的导电性问题，为动力电池及电动汽车的产业化奠定了基础。

1970～1980 年嵌入化合物化学的研究取得了长足进展，这直接导致第一块商品化锂金属二次电池的诞生。Exxon 公司研究让水合碱金属离子 $K_x(H_2O)$ 嵌入二硫化钽(TaS_2)中，发现它非常稳定，随后同族的硫化物逐渐被证实具有相同特性，不但嵌入容量较高，化学性质稳定，而且在化学电池体系中反应可逆性良好。由此可知，在层状二元硫化物中选出具有应用价值的材料作为锂二次电池的正极是有可能的。例如，在 1972 年，以二硫化钛(TiS_2)为正极，金属锂为负极，$LiClO_4$/二噁茂烷为电解液的电池显示了优良的电化学性能，深度循环接近1000 次，每次循环容量损失低于 0.05%。但是也发现了电池存在腐蚀和形成锂树枝状结晶(锂枝晶)的问题，从而在负极引发安全问题。充电过程中，由于金属锂电极表面凹凸不平，电极沉积速率差异造成不均匀沉积，导致树枝状锂晶体在负极的生成。当枝晶生长到一定程度就会折断，导致锂的不可逆，从而降低电池的实际充放电容量。此外，锂枝晶也能刺穿隔膜，导致电池内部短路，产生大量热量，引起电池的燃烧和爆炸。虽然 Exxon 公司的研究探索未能将二次电池体系实现真正的商品化，但是对锂电池发展的推动确是功不可没的。

20 世纪 80 年代初期，电极材料与非水电解质界面研究取得突破性进展。1983 年，Peled 等提出"固态电解质界面膜"(solid electrolyte interphase，SEI)模型。1985 年，它的存在被扫描电镜照片所证实。"电极与电解质之间的界面性质是影响锂电池可逆性与循环寿命的关键因素"的论断为研究所证实。研究表明，电极表面发生的电化学反应是薄膜形成的原因，这层薄膜的性质(电极与电解质之间的界面性质)直接影响到锂电池的可逆性与循环寿命。SEI 的发现以及它对锂电池可逆性与循环寿命的作用对锂二次电池的开发非常关键。基于这个发现，80 年代中期，研究人员开始针对"界面"进行一系列深入的研究。首先寻找新电解液以及在电解液中加入添加剂，希望改变电极与电解质界面特性，通过用电解液溶解锂枝晶来解决问题。80 年代末期，加拿大 Moli 能源公司推出了第一块商品化 Li/Mo_2 锂金属二次电池，不幸的是 1989 年该电池发生起火事故，宣告了 Li/Mo_2 电池的终结，也导致了锂金属二次电池的研发陷入停顿。

　　基于锂金属负极存在安全问题，研究人员提出了一个很有意义的方案，即用一种嵌入化合物替代它，这种概念被称为"摇椅式电池"（rocking chair battery，RCB），将这一概念产品化，花了足足 10 年的时间，最早实现商业化的是日本索尼公司，他们把这项技术命名为"Li-ion"（锂离子技术）。

　　由于将嵌入化合物代替锂金属，电池的两极都由嵌入化合物充当，这样两边都有空间让锂离子嵌入，在充放电循环过程中锂离子在两边电极来回嵌入与脱嵌，就像摇椅一样左右摇摆，因此得名。斯坦福的 Armand 最早提出嵌入电化学的反应机理，1980 年又提出了摇椅式电池这一概念。同年 Scrosati 等发表了基于两种嵌入化合物的锂二次电池的论文。

　　虽然摇椅式电池思想先进，但是实现这一想法需要解决以下问题：①找到合适的嵌锂正极材料；②找到合适的嵌锂负极材料；③找到在负极表面形成稳定界面的电解液。

　　在正极材料中，Li_xCO_2 是最早被提出来并得到最广泛应用的嵌入式化合物。早在 1980 年，Mizushima 和 Goodenough 提出 Li_xCO_2 可能的应用价值，但由于当时主流观点认为高工作电压对有机电解质的稳定性没有好处，所以该工作没有得到足够的重视。后来许多工作围绕着解决 Li_xCO_2 在有机电解液中不稳定的问题展开，最终导致碳酸酯类电解质的应用，Li_xCO_2 首先成为商业锂离子电池的正极材料。

　　John B. Goodenough 教授是锂钴氧和磷酸铁锂正极材料发明人，1922 年出生。20 世纪 70 年代，开始进行能源方面的研究。在他的领导下，来自日本东京大学的 Koichi Mizushima 发现，在 Co 和 Ni 的氧化物中，Li 几乎可以完全脱出，50%～60%Li 脱出的时候，结构还能够保持稳定，并且对 Li 电极有接近 4V 的电压。当时英国的电池公司对他们的研究成果不感兴趣，而 Sony 公司正好开发出储锂的碳材料，于是他们合作，就有了现在的锂离子电池。他还领导来自南非的 Michael Thackeray 进行了尖晶石结构的材料嵌锂的研究，发现了嵌锂过程中尖晶石结构和 rock-salt 结构之间的相互转化。他对

John B. Goodenough 教授

具有稳定的骨架结构的聚阴离子型的材料，如硫酸盐、磷酸盐、硅酸盐、钼酸盐、钨酸盐等的相关研究进行了总结，指导他的学生 Akshaya Padhi 做出了 $LiFePO_4$，这个正极材料能够进行完全的充放电实验，并且廉价，对环境无污染。

1986 年 Goodenough 教授接受了得克萨斯州大学的邀请，来到奥斯汀，受到基金的资助，作为终身教授。目前超过 90 岁高龄的 Goodenough 教授仍然在得克萨斯州大学奥斯汀分校从事科学研究工作。基于对锂离子电池的贡献，John B. Goodenough 教授于 2012 年当选美国科学院院士，获得国际费米奖、Chemical Landmark Award 等多个国际科学奖项。

美国科学院院士锂离子电池材料 $LiCoO_2$ 和 $LiFePO_4$ 的发明人
John B. Goodenough 教授在 90 岁生日时的照片
摄于 2012 年 7 月得克萨斯州大学奥斯汀分校

锂离子电池的诞生与石墨负极的研究密不可分，直至 RCB 概念提出以后，人们在寻找低电压的嵌入化合物时，Li-GIC 才被重新提起。在有机溶剂中把石墨作为"宿主"嵌入锂，需要找到含有复杂锂盐的惰性有机电解质，使碳材料表面形成钝化膜（solid electrolyte interface，SEI），具有良好的稳定性。采用 $LiPF_6$、$LiBF_4$ 和 $LiAsF_6$ 等电解质，可以在电极与电解质之间界面形成稳定的 SEI 膜，保障了电池在经历 1000 多次循环反应之后，Li-GIC 无腐蚀。石墨嵌锂化合物作为负极材料的研究历程见表 1-1。

表 1-1　石墨嵌锂化合物的研究历程

时间	人物	事件和意义
1926 年	Fredenhagen，Gadengach	合成了碱金属(K，Rb，Cs)石墨嵌入化合物，简称(GICs)
1938 年	Rudoff，Hofmann	建议将 GICs 用于化学电源
1955 年	Herold	合成了石墨嵌入化合物 Li-GIC
1976 年	Besenhard	电化学测试发现 Li 电化学嵌入石墨中
1977 年	Armand	首次将 Li-GIC 用于锂二次电池的可逆电极

在 $LiCoO_2$ 电池商品化以后，又相继出现了 $LiMn_2O_4$、$LiFePO_4$ 等材料的电池。目前对新的正、负极材料的研究正在深入展开，各种材料的性能如图 1-1 所示。

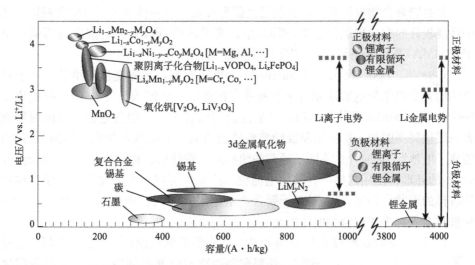

图 1-1　二次锂电池正负极材料电压-容量分布图(Tarascon and Armand，2001)

1.3　锂聚合物电池的发展

锂离子电池除了采用液态电解质，还可以选择离子导电聚合物电解质。聚合物电解质同时还兼有液态锂离子电池中隔膜的作用。按照在锂电池中应用的不同，它大致可以划分成两种类型：①固体聚合物电解质，简称 SPEs；②凝胶聚合物电解质，简称 GPEs。

1973 年，Wright 等发现聚氧化乙烯(PEO)与碱金属络合具有离子导电性，使固体电解质的研究进入一个新的阶段，但这类固体电解质的室温电导率较差，无法进行实际应用。1978 年，Armand 首次将这种聚合物电解质作为锂电池电解质研究。但在 Armand 最初提议之后的 20 年内，SPEs 并没有在锂电池应用上取得实质性的进展。离子电导率不高是 SPEs 最大的问题。

后来发现，当多余的有机溶剂作为增塑剂添加到 SPEs 电解质中时，原来的固体的 SPEs 电解质变成了像"果冻"那样的凝胶状电解质，即 GPEs。GPEs 许多特性都从液体电解质那里继承过来，除了离子导电性以外，与正负电极材料相交界面的电化学稳定性、安全性、机械耐受性都比 SPEs 优良，电池过充电时的耐受性也比 SPEs 好。但由于聚合物在"凝胶状态"时的浓度不高，它的机械强度不高，GPEs 材料的空间稳定性比不上 SPEs。

1984 年 Kelly 等提出使用增塑剂来提高离子导电性，1990 年 Abraham 发表了添加增塑剂的凝胶状电解质体系中锂离子传导性能研究的论文，将室温下电导率提高到 10^{-3}S/cm，在当时是一个较大的突破。

除凝胶聚合物电解质外，目前已经研究开发了多种体系的聚合物电解质，其中性能较好的有：聚氧化乙烯（PEO）系、聚丙烯腈（PAN）系、聚甲基丙烯酸甲酯（PMMA）系和聚偏氟乙烯（PVDF）系等。

1994 年，Bellcore 公司 Tarascon 小组申请专利，率先提出使用具有离子导电性的聚合物作为电解质制造聚合物锂二次电池。1996 年，Tarascon 等报道了 Bellcore/Telcordia 商品化 GPEs 电池性能与制备工艺。因为电池壳是由两层或者三层塑料薄膜加一层铝箔制成的塑料软包装袋，所以该电池也被称为"软包装锂离子电池"。它的外形不同于通常的纽扣形、圆柱形、棱柱形电池，它具有"胶卷"似的外形，使用这样一种薄膜电池技术产品，可以不受电池限制，设计成各种各样的形状。1999 年，锂离子聚合物电池正式投入商业化生产，因此，1999 年被日本人称为锂聚合物电池的元年。

J. M. Tarascon 教授于 1953 年出生，他在超导领域做出了突出的贡献，也是

塑料薄膜锂离子电池的创始人之一，是发明聚合物锂离子电池的鼻祖。他开创了将软包装应用于锂电池的先例从而使得聚合物锂离子电池成为目前的主流电池产品。他率先提出了使用具有离子导电性的聚合物作为电解质制造聚合物锂二次电池，并于 1996 年报道了 Bellcore/Telcordia 商品化 GPEs 电池性能与制备工艺。他目前已获得 60 多项专利，发表了 470 多篇文章，并且获得了多种奖项。

薄膜锂离子电池是锂离子电池发展的新领域，如图 1-2 所示，其厚度可达毫米甚至微米级，常用于银行防盗跟踪系统、电子防盗保护、

J. M. Tarascon 教授

微型气体传感器、微型库仑计等微型电子设备。

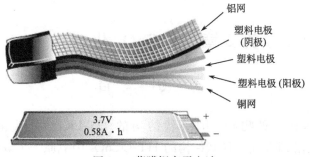

图 1-2　薄膜锂离子电池

　　从 20 世纪 50 年代开始至今，锂电池经历了研发、诞生和发展的过程，它的应用领域已经从小型电子产品发展到电动汽车等动力能源领域，对社会生活产生了较大的影响。可以预见到，随着技术的不断创新，未来锂电池将对社会产生更深刻的影响。

参 考 文 献

黄彦瑜. 2007. 锂电池发展简史. 物理学史和物理学家，36：643-651

Nagaura T，Tozawa K. 1990. Lithium ion rechargeable battery. Prog Batteries Solar Cells，9：209

Padhi A K，Nanjundaswamy K S，Goodenough J B. 1997. Phospho-olivines as positive-electrode materials for rechargeable lithium batteries. J Electrochem Soc，144：1188-1194

Padhi A K，Nanjundaswamy K S，Masquelier C，et al. 1997. Effect of structure on the Fe^{3+}/Fe^{2+} redox couple in iron phosphate. J Electrochem Soc，144(5)：1609-1613

Tarascon J M，Armand M. 2001. Issues and challenges facing rechargeable lithium batteries. Nature，414：359-367

Tarascon J M，Gozdz A S，Schmutz C，et al. 1996. Performance of Bellcore's plastic rechargeable Li-ion batteries. Solid State Ionics，86-88：49

Whittingham M S. 2004. Lithium batteries and cathode materials. Chem Rev，104：4271-4301

第2章 LiCoO₂ 化合物

2.1 引　言

LiCoO₂ 具有三种物相，即层状结构的 HT-LiCoO₂、尖晶石结构 LT-LiCoO₂ 和岩盐相 LiCoO₂。层状结构的 HT-LiCoO₂ 中氧原子采取畸变的立方密堆积，钴层和锂层交替分布于氧层两侧，占据八面体间隙；尖晶石结构的 LT-LiCoO₂ 氧原子为理想立方密堆积排列，锂层中含有 25% 钴原子，钴层中含有 25% 锂原子。岩盐相晶格中 Li^+ 和 Co^{3+} 随机排列，无法清晰地分辨出锂层和钴层。Goodenough 小组最先提出层状结构的 LiCoO₂ 可以进行嵌入和脱嵌锂离子，它是最早被商业化的锂离子电池正极材料，其脱出和嵌入锂电位在 4V 左右。层状结构的 LiCoO₂ 是典型的二维锂离子通道的正极材料，它属于 α-NaFeO₂ 型结构，空间群为 $R\bar{3}m$，基于氧原子的立方密堆积，Li^+ 和 Co^{3+} 各自位于立方密堆积中交替的八面体位置，即层状结构乃由共边八面体 CoO₆ 所构成，其间被 Li 原子面隔开。其结构如图 2-1 所示，晶格常数为 $a=0.2816nm$，$c=1.4056nm$，$c/a=4.991$。但因 Li^+ 和 Co^{3+} 与氧原子层的作用力不同，氧原子的分布并非理想的密堆积结构，而是由立方对称畸变为六方对称。商业用的 $Li_{1-x}CoO_2$ 材料的电池在一定成分范围内($0<x<0.5$，充电电压低于 4.2V)进行充放电循环时，放电电容量可以接近 $140mA \cdot h/g$，而且具有很好的容量保持率。

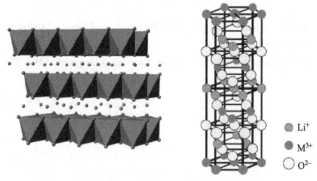

图 2-1　LiCoO₂ 的结构图

层状的 LiCoO₂ 中锂离子在 CoO₂ 原子密实层的层间进行二维运动，扩散系数为 $D_{Li^+}=10^{-9}\sim10^{-7}\,cm^2/s$。该材料具有充放电电压平稳、比能量高、循环性能好、生产工艺简单和电化学性能稳定等特点。图 2-2 为 LiCoO₂ 的晶体结构数据。

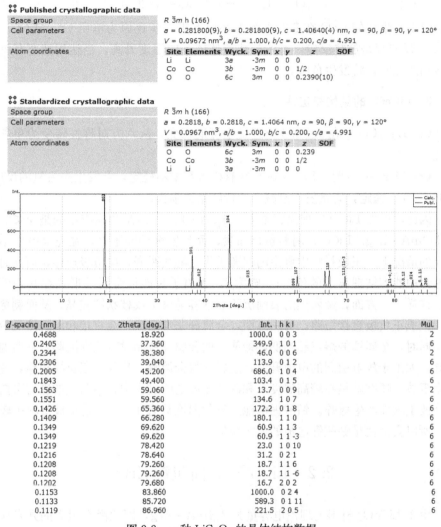

图 2-2　一种 LiCoO₂ 的晶体结构数据

2.1.1　LiCoO₂ 的热稳定性

处于充电状态的 $Li_{1-x}CoO_2$ 一般处于介稳状态，当温度高于 200℃（或者高电压）时，会发生下面的释氧反应：

$$Li_{1-x}CoO_2 \longrightarrow (1-x)LiCoO_2 + x/3Co_3O_4 + x/3O_2 \qquad (2-1)$$

产生的氧气与有机电解液发生放热反应，导致电池放热，损害正极材料和正极-

电解液体系。产生的 Co_3O_4 又进一步与导电碳反应

$$Co_3O_4 + 1/2C \longrightarrow 3CoO + 1/2CO_2 \tag{2-2}$$

在高温下，生成的 CoO 在有机电解液环境下进一步还原为单质 Co。式(2-1)和式(2-2)反应都是放热反应，产生的热量使体系的温度升高，当达到液态有机电解液的燃点时，将发生危险。

2.1.2　$LiCoO_2$ 的结构稳定性

（1）$Li_{1-x}CoO_2$ 在 $x=0.5$ 附近发生可逆相变，从六方对称性转变为单斜对称性。

（2）当 $x>0.5$ 时，$Li_{1-x}CoO_2$ 在有机溶剂中不稳定，会发生失去氧的反应。同时 CoO 不稳定，容量发生衰减，并伴随钴的损失。

因此，虽然 $LiCoO_2$ 理论容量为 $274mA \cdot h/g$，但是实际应用的是 $x<0.5$，即 $140mA \cdot h/g$。$LiCoO_2$ 材料价格昂贵，而且安全性能不好，在充电电压不断升高的情况下，正极材料中剩余的锂离子将会继续脱嵌，向负极迁移，而此时负极材料中能容纳锂离子的位置已被填满，锂离子只能以金属的形式在其表面析出。这样，一方面，金属锂的表面沉积非常容易聚结成枝状锂枝晶，从而刺穿隔膜，造成正负极直接短路；另一方面，金属锂非常活泼，会直接和电解液反应放热；同时，金属锂的熔点相当低，即使表面金属锂枝晶没有刺穿隔膜，只要温度稍高，如由于放电引起的电池升温，金属锂将会熔解，从而将正负极短路，造成安全事故。还有就是在较高温度下和深度充放电的过程中，钴与氧的键有可能断裂释放出氧而产生爆炸。钴酸锂电池的氧化温度只有 150℃，是正极材料中较低的。所以安全性是钴酸锂电池的最大短板。

2.2　$LiCoO_2$ 表面包覆 ZrO_2

由于 $LiCoO_2$ 材料的理论电容量为 $274mA \cdot h/g$，因此尚有很大的开发应用空间。但是如果提高其放电电容量，需要将充电电压提高至 $4.2V$ 以上，此时材料会发生由六方相向单斜相转变，并且导致 Li 离子进入 Co 的位置，产生离子错排现象，此种相变不可逆。此外，在较高的电位下($x>0.5$)，材料中的 Co^{4+} 也将与电解液作用而溶解，这些情况都会使材料的电容量快速衰减，并且还存在热稳定性下降等问题，这些因素均为限制 $LiCoO_2$ 材料提高性能的障碍。

另外，由于电解液中 $LiPF_6$ 发生如下反应：

$$LiPF_6 \longrightarrow LiF + PF_5 \tag{2-3}$$

$$PF_5 + H_2O \longrightarrow POF_3 + 2HF \tag{2-4}$$

生成的 HF 将对电极材料 $LiCoO_2$ 产生侵蚀作用，使金属元素 Co 溶解到电解液中，也使容量发生衰减。

选择适当的材料对电极材料表面进行包覆，可以避免电解液的侵蚀，阻止材料结构发生变化。目前对 $LiCoO_2$ 进行包覆的材料有 Li_2CO_3、MgO、Al_2O_3、$AlPO_4$、SiO_2、SnO_2、$LiMn_2O_4$、ZrO_2、碳、ZnO、La_2O_3 和 $MgAl_2O_4$ 等。此外根据文献报道，包覆材料的种类以及包覆方法的不同，将得到不同的效果，其中效果较好的为 ZrO_2、Al_2O_3 和 $AlPO_4$。例如，$LiCoO_2$ 表面包覆 Al_2O_3 后，放电比容量可以接近 $200mA \cdot h/g$，且具有很好的充放电循环性能。目前实验结果已经证明包覆材料可以不同程度地抑制 Co 的溶解，有利于保持材料结构的稳定。但是包覆材料对电极材料结构变化方面的影响作用曾有争议，Cho 等（2001）认为包覆层可以阻止 $LiCoO_2$ 材料在充放电过程中所发生的晶格收缩和扩张，有利于保持结构的稳定，而 Chen 与 Dahn 提出包覆层并不影响材料在充放电过程中晶格参数的变化。Liu 等（2010）采用原位（*in situ*）XRD 技术，比较 $LiCoO_2$ 材料有包覆和没有包覆 Al_2O_3 的结构变化情况，证实包覆层没有影响材料在充放电过程中晶格参数的变化，包覆层的效果使材料在 4.2 V 以上发生的相变可以重复进行。这些研究结果有助于理解包覆层的作用，但是到目前为止还没有完全揭示包覆层的作用机制。通常氧化物具有较强的断裂强度，如表 2-1 所示。

表 2-1　几种氧化物的断裂强度

氧化物	断裂韧性/MPa
ZrO_2	8～12
Al_2O_3	2.7～4.2
TiO_2	2.38
B_2O_3	1.44

资料来源：Cho et al.，2001

可以看到，ZrO_2 的断裂韧性最好，因此，在材料表面包覆 ZrO_2 能够解决上述问题。需要连续的包覆层才能起到较好的效果，但是连续的氧化物中 Li 的传输机理目前还不清楚。

这里采用化学法在 $LiCoO_2$ 材料表面包覆纳米 ZrO_2 层。所用的 $LiCoO_2$ 材料是商业用材料，先将 $Zr(OH)_x(CH_3COO)_y$ 溶解在去离子水中，然后向溶液中加入 $LiCoO_2$，超生振荡 1～2h，然后将水分蒸发掉，再将粉体烘干，最后在 550℃ 空气气氛下反应 8h，以及在 700℃ 下反应 1h，得到包覆材料（Liu et al.，2010）。

图 2-3 是对 $Zr(OH)_x(CH_3COO)_y$ 做的 TG-DTG 分析结果。可以看到，温度在 100～380℃，失重最大；在 400～650℃，质量保持相对稳定；温度在 640～

700℃，又有少量失重。根据这个结果确定反应的温度条件。

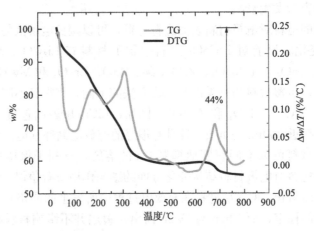

图 2-3　$Zr(OH)_x(CH_3COO)_y$ 的 TG-DTG 曲线

同步辐射技术在锂离子电池材料的结构及机理研究中得到了广泛应用并解决了许多重要问题。利用同步辐射技术可以获得锂离子电池电极材料结构物性、形成过程及电池充放电过程中电化学反应机理（包括体相结构演变、过渡金属离子氧化态及局域结构变化等）的详细信息。图 2-4 为利用台湾新竹同步辐射光源对包覆 ZrO_2 的样品进行 X 射线吸收近边结构分析（X-ray absorption near-edge structure，XANES）的实验装置。

图 2-4　同步辐射实验设备

包覆 ZrO_2 的反应过程中，有可能使 Zr^{4+} 掺入 $LiCoO_2$ 的晶格中，由于 Zr^{4+} 的离子半径小于 Co^{3+} 的离子半径，所以如果 Zr^{4+} 掺入 $LiCoO_2$ 的晶格中，$LiCoO_2$ 的晶格常数也将减小。为了确定 Zr^{4+} 是否进入晶格，对包覆 ZrO_2 前后的 $LiCoO_2$ 做了 Co 的 L-边 X 射线吸收近边结构分析，并且与标准参照物 CoO 进行了比较，结果如图 2-5 所示。

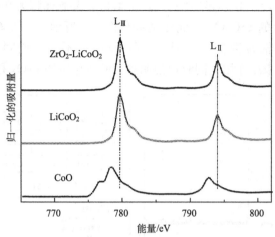

图 2-5　LiCoO₂，ZrO₂-LiCoO₂ 和 CoO 的 L$_{II}$ 和 L$_{III}$-边 X 射线吸收光谱

CoO 的 L$_{III}$吸收峰出现在 778.4 eV，小于包覆前后的 LiCoO₂，原因是 Co^{3+}的 2p$_{3/2}$电子比 Co^{2+}的电子被原子核束缚得更紧，被激发到 3d 轨域需要更多的能量。对于 CoO 的 L$_{II}$吸收峰，情况相似，这些是由 Co(III)—O 键和 Co(II)—O 键的不同引起的。实际上包覆前后 LiCoO₂ 的 L-边吸收谱也不完全相同，但是差别远小于由价态差异所引起的变化，所以可近似认为相同。这样的结果说明所包覆的 ZrO₂ 没有掺杂到晶格中。

图 2-6 为包覆 ZrO₂ 前后 LiCoO₂ 的 XRD，从 XRD 图谱上看，它们并没有明显的不同之处，但是对部分衍射峰放大观察可发现，包覆 ZrO₂ 后 LiCoO₂ 的衍射峰向右边偏移。

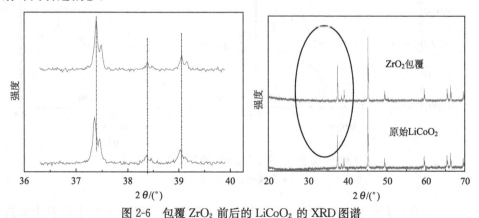

图 2-6　包覆 ZrO₂ 前后的 LiCoO₂ 的 XRD 图谱

对它们做优化处理，得到未经包覆的 $LiCoO_2$ 的晶格常数为 $a = 2.8185(2)$Å，$b = 2.8185(2)$Å，$c = 14.0656(2)$Å，$c/a = 4.99$，晶胞体积为 $96.76(8)$Å³。

包覆 ZrO_2 后的 $LiCoO_2$ 的优化结果如图 2-7 所示。可以看出，包覆 ZrO_2 后，$LiCoO_2$ 的晶格常数减少，但是 c/a 值保持不变，说明包覆的 ZrO_2 对 $LiCoO_2$ 有一定的束缚作用，同时也说明本实验所包覆的 ZrO_2 是全面包覆。

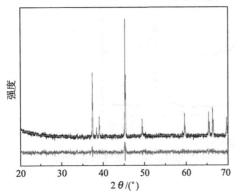

原子	x	y	z	占有率	Uiso (Å²)
Li1	0.0000	0.0000	0.0000	1	0.041(1)
Co1	0.0000	0.0000	0.5000(0)	1	0.026(2)
O1	0.0000	0.0000	0.2386(2)	1	0.017(9)

空间群：$R\bar{3}m$（立方）				可信度	

晶胞参数：
$a = 2.8164(6)$ Å
$b = 2.8164(6)$ Å
$c = 14.0566(9)$ Å
$c/a = 4.99$
晶胞体积：$96.56(7)$ Å³

$R_p = 0.78\%$
$R_{wp} = 1.05\%$
$\chi^2 = 0.57$

图 2-7　对 $LiCoO_2$ 优化后的结果

图 2-8 为包覆 ZrO_2 前后 $LiCoO_2$ 的首次循环伏安曲线，可以看到它们的氧化和还原的形式不同，包覆前 $V_{氧化} - V_{还原} = 4.07V - 3.77V = 0.30V$，包覆后 $V_{氧化} - V_{还原} = 4.01V - 3.84V = 0.17V$。氧化峰电位与还原峰电位的差值小，说明电极反应的极化程度小，电极反应应该具有更好的可逆性。

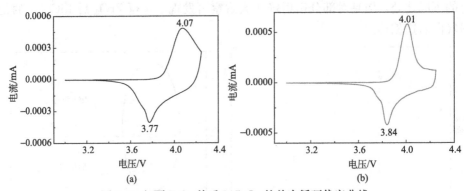

图 2-8　包覆 ZrO_2 前后 $LiCoO_2$ 的首次循环伏安曲线
(a)包覆前；(b)包覆后

锂离子电池所用电解液中的电解质为 $LiPF_6$，遇到极少量水也将发生如式 (2-3)和式(2-4)的反应。所产生的 HF 对 $LiCoO_2$ 有强烈的腐蚀作用，使 Co 溶解。充电时，LiCoO₂ 中的 Co 将氧化为 Co⁴⁺，更容易被 HF 腐蚀而溶解，从而使其循环性能下降。由于空气中的湿度等原因，很难保证电解液中完全没有水分，因而 LiCoO₂ 的循环容量下降也很难避免，特别是在温度升高的情况下。本研究测试了在 55℃下，包覆 ZrO₂ 前后的 LiCoO₂ 的充放电性能，如图 2-9 所示。

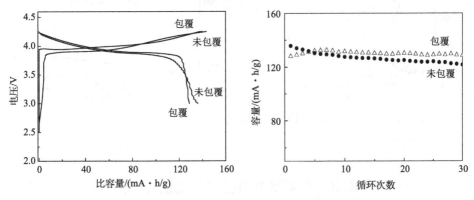

图 2-9　包覆 ZrO₂ 前后 LiCoO₂ 的充放电曲线和循环性能

可以看到，包覆 ZrO₂ 后，电极材料到接近 4V 才开始充电反应，这是因为 LiCoO₂ 表面包覆 ZrO₂ 后，一方面影响到原材料的导电性，电子需要经过包覆层，再到极板；另一方面，锂离子的迁移需要经过包覆层到电解液中，也影响到了电极反应，这与前面的循环伏安结果并不矛盾，因为锂离子的迁移在开始时有阻力，以后即变得容易进行。

由于实验所用电解液受温度的影响很大，当温度升高到 55℃以上，进行充放电测试时，结果不稳定。当 55℃时，没有包覆 ZrO₂ 的 LiCoO₂ 的首次放电容量为 135mA·h/g，随着充放电循环的进行，容量也逐渐衰减，30 次循环以后，容量为 121mA·h/g。包覆 ZrO₂ 后，由于其对导电和锂离了的传输有影响，所以首次放电容量只有 128mA·h/g，但是随着充放电循环的进行，容量逐渐增加，原因是锂离子经过包覆层开始变得容易。随着循环的进行，包覆 ZrO₂ 的 LiCoO₂ 容量比较稳定，说明包覆 ZrO₂ 对抑制电解液侵蚀 LiCoO₂ 材料起到了作用。

对经过数次充放电循环后的包覆材料和未包覆材料进行交流阻抗分析，结果如图 2-10 所示，根据电化学公式 $D = R^2 T^2 / 2A^2 n^4 F^4 C^2 s^2$ 和 $Z_{re} = R_{ct} + R_L + \sigma \omega^{-1/2}$，可以得到 s 的值分别为 8.55 和 41.85，进而得出它们的扩散系数的比值为 24。

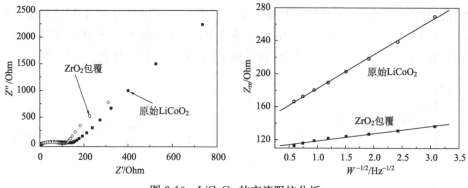

图 2-10　$LiCoO_2$ 的交流阻抗分析

2.3　$LiCoO_2$ 电池的能量密度

当前，还有相当一部分的移动电话和笔记本电脑用的锂离子电池使用 $LiCoO_2$ 材料，因为这种材料具有较高的工作电压（＞3.75V vs. 石墨）和较高的密度（3.3～3.6g/cm³）。例如，10μm 的 $LiCoO_2$ 材料的密度为 3.5g/cm³，高于 $LiNi_{1/3}Co_{1/3}Mn_{1/3}O_2$ 和 $LiFePO_4$，它们的密度分别为 3～3.3g/cm³ 和 2.3～2.6g/cm³。密度低则电池的能量密度就低。增加电极材料的粒度可以提高其密度，但是又使其倍率性能降低。最好的提高电池材料密度的方法是采用块状材料，使其保持较高的密度，而块状由亚微米颗粒（＜1μm）构成，使其又具有较大的表面积与电解液接触，保证 Li 离子在电极/电解液界面的反应快速进行。

按化学计量称取 $Co(NO_3)_2 \cdot 6H_2O$，使其溶解于正己醇中，随后加入 LiOH 和油胺（$C_{18}H_{37}N$），同时连续搅拌。然后将混合物移至水热反应釜中，在 200℃下反应 72h，冷却至室温后，将未反应的 LiOH 除去，分别用水和乙醇清洗 3 次，将洗净的粉末进行真空干燥，温度 200℃，时间为 24h。将其与 0.3%（质量分数）的 $MgCO_3$ 混合，装入圆形的氧化铝坩埚，在 900℃下焙烧 3h，最后的产物是 $LiCoO_2$，Mg 局限在表面 20nm 范围之内。反应示意图和产物的 XRD、SEM、TEM 如图 2-11 所示。

根据 XRD 结果，得到 $LiCoO_2$（200℃）和退火的 $LiCoO_2$（900℃）样品的衍射峰（003）和（104）的强度比分别为 2.4 和 3.5，说明退火样品沿 C 轴方向展现了很强的方向性。$LiCoO_2$（200℃）样品的晶格常数 a 和 c 分别为 2.813 和 14.042，$c/a=4.991$。晶格常数 a 和 c 的数值表示层间距的大小，退火的样品 $LiCoO_2$（900℃）的 a 和 c 的数值分别为 2.810 和 14.072，$c/a=5.01$，表示沿 C 轴方向

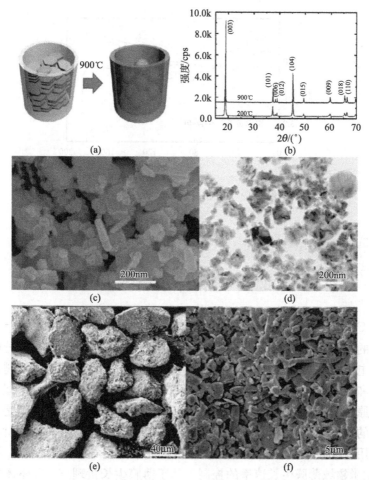

图 2-11　LiCoO₂ 的制备、结构和形貌(Jo et al.，2010)

(a)制备由 1μm 聚集成的 40μm 的 LiCoO₂ 颗粒的示意图；(b) 水热法制备的 LiCoO₂(200℃)
和退火的 LiCoO₂(900℃)XRD 图谱，(c) 和(d) 水热法制备的 LiCoO₂(200℃) 的 SEM 和
TEM；(e)和(f) 退火的 LiCoO₂(900℃)的 SEM

延长。从 SEM 形貌可以看到，LiCoO₂(200℃)样品为 150 nm 大小的片状，经过
900℃退火，片状转变成 1μm 的颗粒，并且这些颗粒聚集成 40μm 的较大颗粒。
这种 40μm 颗粒的 BET 比表面积为 2.7m²/g，是 10μm LiCoO₂ 样品的 9 倍，电
极密度达到 4.1g/cm³。

图 2-12 为材料的充放电曲线，实验电极成分为 LiCoO₂：黏结剂：Super P
炭黑＝92％：4％：4％(质量分数)。

可以看到，制备的 40μm 的 LiCoO₂ 材料在 0.2 C 倍率下，在 3～4.5V 电压
区间的首次放电容量为 185mA·h/g，在 5C 和 7C 倍率下，容量降为 173mA·

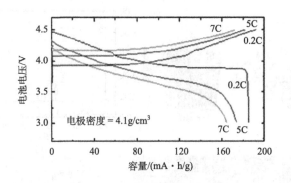

图 2-12　$LiCoO_2$ 材料的充放电曲线

h/g 和 165mA · h/g。

2.4　超薄原子层沉积

$Li_{1-x}CoO_2$ 材料曾经是商业化应用最多的材料，但是由于在 4.2～4.3V 电位以上它的稳定性快速恶化，钴的溶解、结构的变化、电解液的氧化分解等原因使其在高电位容量衰减加快。在材料表面进行包覆，可以解决这些问题，提高材料的结构和性能的稳定性，但是包覆方法在技术上比较难以控制和掌握。

超薄原子层沉积(ultrathin atomic layer deposition，ALD)技术，是一种气相薄膜生长的方法，用来制备超薄、高均匀性和保型性极好的各种薄膜材料，有着广泛的应用。ALD 技术利用有序交替、自限性来控制气相化学反应，从而实现纳米/亚纳米领域薄膜生长速率的控制。基于薄膜生长机理——前驱体气体只有在接触到基底表面时才会产生化学反应，沉积薄膜的过程就是：一个原子层上生长另一个原子层，这样连续生长而成。因此，ALD 技术沉积的薄膜具有致密、无裂纹、无缺陷和无针孔等特征。薄膜的沉积厚度、结构和品质都可以在原子尺度内精确控制。同时具有很好的可重复性和相对较低的沉积温度等特征。ALD 不仅可以沉积单一材料的薄膜，也可沉积掺杂、梯度以及纳米叠层等广泛范围的多元薄膜。例如，氧化物、氮化物、氟化物和硫化物、三元化合物、金属(甚至是贵金属)以及聚合物等。可用原子层沉积的氧化物包括：Al_2O_3、CaO、CuO、Er_2O_3、Ga_2O_3、HfO_2、La_2O_3、MgO、Nb_2O_5、Sc_2O_3、SiO_2、Ta_2O_5、TiO_2、V_xO_y、Y_2O_3、Yb_2O_3，ZnO 和 ZrO_2 等。

ALD 技术可以直接在电极材料表面沉积，不影响原来电极材料中各成分之间的导电路径。

采用熔盐法制备纳米 $LiCoO_2(nLCO)$。以分析级试剂 $CoO(50nm)$、$LiOH · H_2O$

和 KNO₃ 为原料，物料比为 1 : 1 : 4。将反应物质放入研钵中研磨，然后在马弗炉中加热至 700℃，时间为 5h，冷却至室温。将反应物分散于去离子水中，磁力搅拌 1h，然后过滤，再用去离子水和丁醛清洗，除掉残余物。将反应物在真空中 130℃下干燥 24h。

　　未包覆的纳米 LiCoO₂ 产物，记为 br-nLCO，其 XRD 衍射为六方层状结构，空间群为 $R\bar{3}m$，未发现其他杂相衍射峰存在。场发射扫描电镜（field-emission scanning electron microscopy，FE-SEM）显示，br-nLCO 的粒径分布为 200～700nm，平均粒径约为 400nm。未包覆的块状 LiCoO₂ 为 5μm，记为 br-bLCO。br-nLCO 和 br-bLCO 均为多边形形貌（图 2-13）。

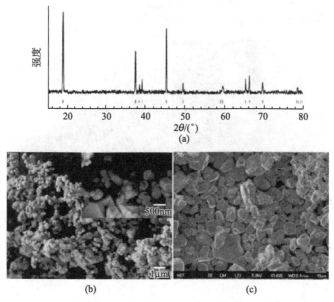

图 2-13　LiCoO₂ 的结构和形貌

(a) br-nLCO 的 XRD 图谱；(b) br-nLCO 的 FE-SEM；
(c) br-bLCO 的 FE-SEM(Scott et al.，2011)

　　采用 ALD 技术直接在 LiCoO₂ 表面生长 Al₂O₃，每个 ALD 循环可以在 LiCoO₂ 表面生长厚度为 1.1～1.2Å 的均匀的 Al₂O₃ 层。图 2-14 为没有包覆的 LiCoO₂ 和进行 6 个 ALD 循环的 Al₂O₃ 包覆 LiCoO₂ 的 TEM 图像。用其他湿化学包覆的涂层一般厚度不均匀，从 TEM 可以看到用 ALD 技术得到的包覆层厚度均匀，对图 2-14(a) 中标注的 p1 和 p2 两处的小圆圈进行 X 射线能谱（energy dispersive X-ray spectroscopy，EDS）分析，在 p1 处检测到 Al 元素，而 p2 处没有，说明材料表面的 Al₂O₃ 层很薄。用 HR-TEM 观测到未包覆的 LiCoO₂ 的表面晶格条纹与体相一致，而采用 ALD 包覆 Al_2O_3 的 $LiCoO_2$ 的表面晶格条纹与体相的不同。

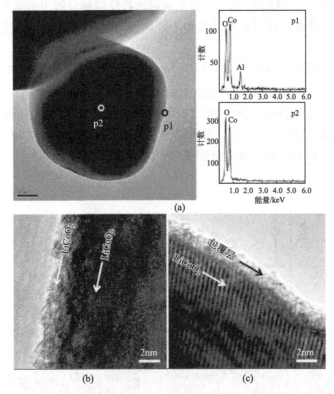

图 2-14　$LiCoO_2$ 的 TEM

(a) 对 $LiCoO_2$ 进行 6 个 ALD 循环的 TEM 及能谱；(b) 未包覆 $LiCoO_2$ 的 TEM；
(c) 包覆 $LiCoO_2$ 的 TEM

将活性物质 $LiCoO_2$ 与乙炔黑和聚偏氟乙烯（polyvinylidene fluoride，PVDF）按照 70∶15∶15 的比例混合，涂在 Al 箔上，制成电极。图 2-15（a）为 br-nLCO、br-bLCO 和用 ALD 处理 2 周的包覆 Al_2O_3 的 $LiCoO_2$ 三者的充放电性能，电压范围为 3.3～4.5V，前三次循环的电流密度为 16mA/g（0.1C），以后电流密度改为 500mA/g（2.8C）。将电压从 4.2V 提高到 4.5V，可以提高 $LiCoO_2$ 的容量，但是也引起表面 Co 的溶解反应。对于未包覆的 $LiCoO_2$，将粒度由 5μm（br-bLCO）减小到 400nm（br-nLCO），也导致容量保持率的提高。循环 50 次后，br-bLCO 失去了所有的能量；而 br-nLCO 则保留 76% 的容量。Sony 商业电池在 3C 倍率时，循环前几次，容量即快速减小。

对于块状材料，即使表面钝化层引起的阻抗有较小的增加，也会在高倍率下导致容量严重衰减，因为 Li 离子扩散路径较长。然而，对于纳米颗粒而言，表

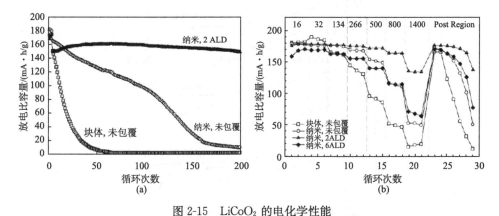

图 2-15　LiCoO₂ 的电化学性能

(a) br-nLCO、br-bLCO 和 Al₂O₃ 包覆的 LiCoO₂ 的循环性能；(b) 三种样品的倍率性能比较，每次循环电流分别为 16mA/g、32mA/g、134mA/g、266mA/g、500mA/g、800mA/g 和 1400mA/g

面积增大，导致 Li 离子扩散路径缩短，如果增加的表面反应不是有害的，可以缓冲容量的减少。用 Al₂O₃ 包覆的 LiCoO₂ 经过 200 次循环后，容量保持率为 100%，而 br-nLCO 此时失去了全部的容量。

图 2-15(b) 为三种材料倍率性能的比较结果，图上方为采用的电流倍率。颗粒度由 5μm 减小到 400nm，减小了过电位，相应增加了容量。根据公式

$$t = L^2/D \tag{2-5}$$

其中，L 为 Li 离子扩散路径；D 为扩散系数；t 为特征时间常数。增加 LiCoO₂ 电极与电解液之间的反应面积有助于促进电荷转移反应。

图 2-16 为 br-nLCO、br-bLCO 和 Al₂O₃ 包覆的 LiCoO₂ 的放电曲线。与未包覆的 LiCoO₂ 相比，包覆 Al₂O₃ 两个 ALD 循环的 LiCoO₂ 进一步减小了过电位，增加了放电容量。包覆 Al₂O₃ 六个 ALD 循环的 LiCoO₂ 则比未包覆的 LiCoO₂ 有更大的过电位。包覆 Al₂O₃ 六个 ALD 循环和两个 ALD 循环产生的 Al₂O₃ 膜的厚度分别为 11Å 和 2.2Å，6ALD-nLCO 比 2ALD-nLCO 的容量低说明较厚的 Al₂O₃ 膜使 Li⁺ 的传导率较低，有必要控制表面膜的厚度。2ALD-nLCO 的性能优于 br-bLCO，说明超薄的 Al₂O₃ 膜比 SEI 膜有更好的传输 Li⁺ 的性能。纳米 LiCoO₂ 表面 SEI 膜的厚度一般为 2~5nm。根据这些结果可以得出，Al₂O₃-ALD LiCoO₂ 能够克服比纳米表面的副反应，起到稳定的"人造的"SEI 的作用，可以快速传导 Li⁺。

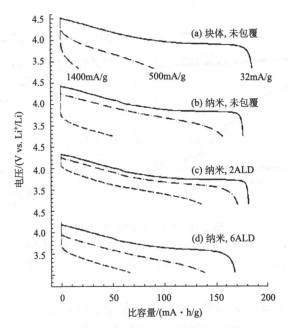

图 2-16　在不同电流倍率下三种样品的放电曲线

2.5　LiCoO₂ 电池安全性能分析

从 1991 年起，锂离子电池开始进入商业市场，在不同的锂离子电池中，化学性能、成本和安全的特点各不相同，锂离子电池是现在最流行的便携式电子产品的电池类型之一，如手机、笔记本电脑（超过 90％的电池使用锂离子电池），它们具有无记忆效应、高能量密度、低自放电等特性。不过，近几年在全球有众多的电池出现故障或火灾爆炸，令锂离子电池的安全问题备受关注。电池因高温、穿刺、不当使用或外在环境等因素，造成电池内部的正负极相接，形成内短路，并引发一连串反应，这些问题往往是造成锂离子电池发生火灾或爆炸的前因。一旦电池的热量累积远大于热量散失时，就会引发火灾爆炸事故。

目前锂电池已从 3C（计算机 computer、通信 communication 和消费电子产品 consumer electronic）向动力电池和中大型电池发展，锂电池的需求量也相对增加。当锂电池成为替代能源重要角色时，锂离子电池的安全问题更加引起关注。

以 LiCoO₂ 为正极材料的锂离子电池的额定电压为 3.7V（有的公司的产品为 3.6V）。电池充满电时的电压（称为饱和电压）与电池的阳极材料有关：阳极材料为石墨时为 4.2V；阳极材料为焦炭时为 4.1V。锂离子电池终止放电电压为

3.0V，依各电池制造厂的参数略有不同。如果锂离子电池在使用过程中电压已降到 3.0V 后还继续使用，则称为过放电，对电池有损害。

锂离子电池工作时，阳极反应为氧化反应，由于物质 M 氧化而放出电子，阴极反应为还原反应，电子透过外部的电路传导到阴极而使得物质 M'^{+} 还原成 M'，而中间电解液的目的是负责维持两极的电中性或负责传递离子。

一般锂离子电池需满足以下几点要求：

(1) 两极的等效重量需低，才具有应用的价值。

(2) 锂离子在两极的扩散系数需高，以使电池在充放电时能够进行快速反应。

(3) 两极需容易制作且无毒性，以确保价格低廉和环保。

当电池充电时由外界输入能量(电能)，锂离子由能量较低的正极材料被赶往负极材料中而成为能量较高的状态。进行放电时，锂离子自然地从能量较高的负极材料移向能量较低的正极材料而对外释放能量(电能)。

2.5.1　正极材料

目前商业用的锂离子电池正极材料主要有：层状结构的 $LiCoO_2$、尖晶石结构的 $LiMn_2O_4$、层状结构的三元材料 $LiNi_xCo_yMn_zO_2$ 和橄榄石结构的 $LiFePO_4$。其中 $LiMn_2O_4$ 和 $LiFePO_4$ 材料的安全性好，而 $LiCoO_2$ 材料的安全性能差。$LiCoO_2$ 在锂离子脱嵌的状态下，结构变得不稳定，材料容易提早在较低温度产生结构崩解。

2.5.2　负极材料

锂离子电池的负极长久以来一直是以碳为主要材料，其中可分为石墨系(graphite)与非石墨系(如焦炭系，coke)，石墨系负极材料具有平稳工作电压变化的功能，所以应用于电池上，对电子产品能产生较好的保护作用；石墨系负极材料可分为三种：天然石墨、人工石墨和类石墨。由于石墨系的重量能量密度较高，而且材料本身的结构具有较高的规则性，所以第一次放电的不可逆电容量会较低。另一种负极材料为焦炭系和炭黑系(carbon black)，第一次充放电反应的不可逆电容量很高，但是此材料可以在较高的电流倍率(C 倍率)下进行充放电，另外此材料的放电曲线较斜，有利于使用电压来监控电池容量的消耗。

2.5.3　隔离膜

隔离膜在电池里算是一种钝性组件，本身并不参与正负极的电化学反应，所以长久以来很少成为学术界研究的焦点。与一般电极或电解液相比，除少数专利资料外，这方面的研究是较少的。目前几乎所有锂电池都是采用聚烯烃类的多孔高分子薄膜作为隔离膜，有的是 PP，也有使用 PE，或 PP/PE/PP 三层合一的，聚烯烃类的隔离膜不仅成本较低廉，而且具有优良的机械强度和化学稳定性。隔离膜的作用如下：

(1) 阻隔电池正负极，避免两者直接接触而造成内部短路；

(2) 让离子电流通过，但阻力要尽可能小。

要同时符合这两个要求，具有多孔结构的非导体无疑是最佳的选择，因此，电池隔离膜在吸收电解液后的离子导电度便与隔离膜孔隙度、孔洞弯曲度、电解液导电度、隔离膜厚度，以及电解液对隔离膜的湿润程度等因素有关。隔离膜的引入对离子传导所产生的额外电阻是隔离膜吸收电解液之后的电阻减去与隔离膜相同面积和厚度的纯电解液电阻。

就安全性来说，多孔性的 PP 或 PE 隔离膜有一个利于电池安全性的特性，一般称为关闭机制。若万一电池内部温度接近甚至超过隔离膜的熔点 T_m 时，PP 或 PE 结构中的结晶会瓦解，大部分的孔洞会因塌陷而被阻塞，负责离子传导的通道突然中断，电池内部的电阻急剧上升，从而抑制甚至完全阻隔电池作进一步的电极反应，借此达到保护电池的安全的目的。PP/PE/PP 三层合一设计，其动机是希望中间 PE 层被溶解后(90～130℃)，外层熔点较高的 PP(约 165℃) 还能够保有原来的机械强度，以避免隔离膜进一步被溶解之后所可能导致的两极接触而发生短路现象。

2.5.4 电解液

电解液分布在正极与负极之间，以传导锂离子以及隔离正负极间的直接接触，组成包括锂的盐类与非质子系的有机溶剂，常用的锂盐有 $LiClO_4$、$LiBF_4$、$LiAsF_6$、$LiPF_6$ 与 $LiCF_3SO_3$，而溶剂则有碳酸乙烯酯(ethylene carbonate，EC)、碳酸丙烯酯(propylenecarbonate，PC)、四氢呋喃(tetrahydrofurane，THF)、碳酸二甲酯(dimethyl carbonate，DMC)、碳酸二乙酯(diethyl carbonate，DEC)。通常在电池薄型化或需卷绕成圆桶形时，都会以一层多孔性的高分子薄膜隔离正负极，而通孔内的电解液则作为锂离子传输的媒介。

锂离子电池使用的电解质可分为三大类：液态电解质、高分子电解质、固态电解质，液态电解质由于含有有机溶剂，使用上容易有外漏或者爆炸的机会；固态电解质是三种电解质中安全性最好的，但由于是固态，因此离子导电性不佳。所以目前被商品化的只有液态电解质和高分子电解质，而固态电解质目前仍是实验室的产品，不易大量商品化。

当锂离子电池整体温度达到一定程度时，电池内部的 SEI 膜(固态电解质接口)、电解液、黏着剂、负极和正极材料等各物质会逐步地发生热裂解而产生放热反应，现阶段以碳材作为负极的锂电池在 80～90℃时其 SEI 膜就会产生放热分解。锂离子电池在初始几次循环过程中负极材料与电解液的接口层会形成一种固体电解质界面膜，通称为 SEI 膜，它通常是由稳定态物质（如 Li_2CO_3、LiF 等）组成，稳态物质一般会在较低的温度（90～120℃）下有放热分解的发生，放热量较小，SEI 膜分解后，随着温度的升高，电解液发生分解，其主要的分解反应一般发生在 200～225℃，产生的热量约为 250J/g。

当锂电池进入电动工具或电动车的应用领域后，其应用环境相较 3C 产品严苛，如日晒机会的增加或是周围机械运作产生的高热都容易使电池受到环境的影响而提高电池自身的温度。在放热起始温度（onset temperature）之前，电池内部温度的热累积速度和散热速度达成动态平衡，电池没有危害，但如果其他因素造成电池升温而高于安全温度以后，这种高温的环境将促使电池内部进行一些化学反应，当这些化学反应达到某一程度后，将引发后续一连串的连锁化学反应，产生高温高热，造成电池温度剧增，此时温度增加速率远高于散热速率，因而产生火灾及爆炸，这种温度剧增造成的电池危害称为热失控反应（thermal runaway），这是锂电池安全测试中最重要的研究课题。

为了避免锂离子电池过热甚至爆炸，现代的锂离子电池内部含有许多自我保护的机制。首先，在电池或电池组内建了一颗控制芯片，这颗控制芯片会监控电池的电压与温度，超过设定的范围，芯片就会自动断电。此外，每颗电池还会设计排气孔，让因高温产生的气体可以顺利地排掉，使爆炸发生的机会减少。

通常 4.0V 以上的锂电池已经超出电解液热力学系统的稳定性范围，因此当电解液被分解时，带电的活性材料会与正负极接触，此时正极会释出部分的活性材料，使正极与电解液间产生更复杂的变化。由此可知，在充电结束后或高温环境下，电解液氧化的速率会持续增加，这将会是非常严重的安全问题。

热生成与热移除之间的热平衡会影响锂电池的温度，当锂电池加热超过一定的温度（通常为 130～150℃以上），电极与电解液之间开始产生放热化学反应，提高锂电池内部的温度，如果这时候能有效排出产生的热，锂电池的温度将不会异常地增加，但如果热生成超过热损失，放热过程如同在绝热般的条件下持续进行，锂电池的温度将会迅速增加，温度的上升又进一步加速内部的化学反应，另外，锂电池内部的电流反应，甚至可能产生更多的热，最后的结果便是热失控。

锂电池为高氧化还原材料且具备充放电功能，其充放电的电化学反应极为复杂，经过多年的研究，已能了解锂电池基本的危害特性，如短路、挤压、穿刺或过充等因素都可能导致锂电池温度上升，若超过锂电池的安全温度，极可能发生热失控而产生安全问题，Tobishima 等提出锂电池七种可能的放热反应：

（1）负极与电解液的还原反应；

(2) 电解质中存在的热分解；

(3) 正极与电解液的氧化反应；

(4) 负极材料的热分解；

(5) 碳材耦合剂的热分解；

(6) 正极材料的热分解；

(7) 隔离膜裂解造成大量的热产生。

STOBA 是纳米级的高分子材料，添加在锂电池后形成防护膜，如同纳米级的保险丝。当锂电池遇高热、外力撞击或穿刺时，STOBA 会即刻产生闭锁效果，避免电池发生短路，并阻断电化学作用进而防止高热，确保 3C 产品电池及电动车辆电池的安全性与实用性。STOBA 技术已经通过比国际安全标准更加严苛的强制短路穿刺实验，也是材料从根本上的创新，可解决锂电池安全的技术。

$LiCoO_2$ 为层状结构，到目前仍属锂电池产业中商业化程度最高的正极材料之一。然而，它存在诸多缺点，如该正极材料电池在过度充电时，易有自放电损失现象产生，导致其电容量普遍不超过 $140mA \cdot h/g$；该材料最主要的构成元素钴，相较于其他正极材料所含过渡金属元素价格昂贵且具毒性；最重要的是 $LiCoO_2$ 材料的电池安全性能不好。

针对 18650 圆柱形 $LiCoO_2$ 锂电池的使用、储存及运输等项目，已经由联合国(United Nations，UN)、优力国际股份有限公司(Underwriters Laboratories，UL)、国际航空运输协会(International Air Transport Association，IATA)和各国军事安全测试等机构进行各种安全测试。而这些组织以及国际电工委员会(International Electrotechnical Commission，IEC)目前正在积极制定锂离子电池和电池组的电力测试、安全评估及运输标准等，其安全评估项目包括电性安全、机械安全性、环境安全和热安全性，如表 2-2 所示。商业 18650 型 $LiCoO_2$ 锂离子电池的典型安全测试，包括短路、过热、穿刺、粉碎、冲击及过充等，经由这些测试观察电池的温度、泄漏及电压变化等现象，而这些测试中，必要时锂电池壳体内部产生的压力会经由壳体上的泄压阀(vent)排出，避免锂电池自行破裂，以此方式评估 18650 锂电池各种条件下的安全性。

表 2-2　锂离子电池的主要安全测试项目

分类	主要测试项目
力学	跌落，冲击，穿针，加速度，挤压，振动……
电学	过充电，过放电，外围测试，短路，强制放电……
环境	减压，高空模拟，浸水，细菌，测试电阻……
热	燃烧实验，沙浴，热盘测试，温度冲击……

18650 型锂电池为直径 18 mm 及高 65 mm 的电池，并设计有排气阀，内部主要由正极、负极、电解液及隔离膜等材料组成，其电容量为 2600mA·h，充饱电与未充饱电电压分别为 4.2V 与 3.7V，此类型的锂电池广泛应用于全球的电子产品，电池如图 2-17 所示。

图 2-17　18650 型锂离子电池

锂电池热稳定性的探讨是着重于电池因外部受热导致电池内部电化学反应的研究，电池的充电状态热稳定性用 DSC 实验测定。首先将电池进行充电，使其电压为 3.7V、3.9V、4.2V，再将不同电压锂离子电池置于氮/氩气环境的手套箱中，将锂离子电池拆开，取其阴极材料 LiCoO₂ 置入坩埚内，以利于 DSC 实验的操作流程。设定条件为升温速率 4℃/min，测量温度为 30～550℃，测得物质在不同温度间热流(heat blow)的变化量。图 2-18(a)为以 3.7V 阴极材料进行 DSC 实验结果，可以看到当加热至约 115.80℃时，阴极材料开始产生不稳定的现象，当到达 231.07℃时，材料发生热失控现象。图 2-18(b)和图 2-18(c)分别为 3.9V 和 4.2V 的阴极材料进行 DSC 实验的结果，由图得知，3.9V 的阴极材料，在约为 117.93℃的时候，材料开始发生反应，当到达 221.27℃时，开始产生热失控的现象；4.2V 的阴极材料，在约为 97.93℃的时候，开始产生不稳定的现象，当温度高达 196.80℃时，开始发生热失控现象。

图 2-18(d)为上述三项实验的迭图，可以发现三种不同电压的阴极材料，所产生的热流曲线都有相似的地方，都在 90～120℃有一个小波峰，开始产生不稳定的现象，当温度持续加热到约 200℃时，开始发生热失控现象。可能原因为 LiCoO₂ 材料的结构为 α-NaFeO₂ 层状结构，当电池充电时，阴极的锂离子会迁出，通过隔离膜到达负极，当充饱电后，阴极的锂离子减少，使阴极材料的结构受到影响。

充饱电的锂离子电池的阴极材料中的锂离子迁出后，造成了阴极材料的不稳

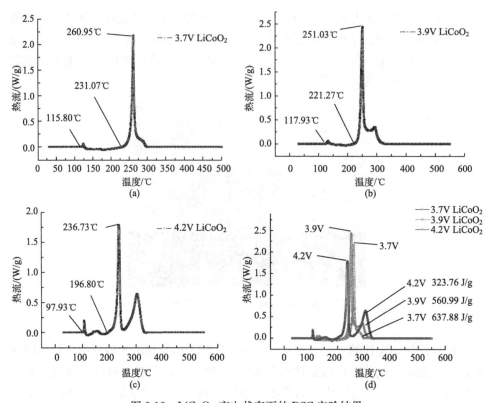

图 2-18　LiCoO₂ 充电状态下的 DSC 实验结果

定，所以三种数据有着相似但不完全相同的曲线。将数据整理后如表 2-3 所示，可以发现充饱电较未充饱电的正极材料的放热起始温度（T_o）较为提前，当不同电压的锂离子迁出后，结构就不相同，迁出的锂离子越多，材料越容易在较低温度产生结构崩解，由未充饱电至充饱电的 T_o 分别为 231.07℃、221.27℃、196.80℃，放热量 ΔH（J/g）也有逐渐扩大的趋势，其主要是因为第二波峰的影响。

表 2-3　充电状态下材料的热分析结果

样品	电压/V	M/mg	T_o/℃	T_{max}/℃	ΔH/(J/g)
A	3.7	13.5	231.07	260.95	323.76
B	3.9	9.5	221.27	251.03	560.99
C	4.2	10.2	196.80	236.73	637.88

锂离子电池正极材料在高温下会与电解液发生反应，因此，由正极材料结构看来，充饱电的电池是三种不同电压里结构最不稳定的，所造成的反应也最为

剧烈。

一般来说，锂离子电池的阴极材料会与电解液反应，因此在 DSC 实验结果会有两个放热波峰，第一个波峰为阴极材料表面发生热裂解后所产生的热量，温度为 80~120℃，第二个波峰则为阴极材料与电解液受热后，阴极材料结构变化所产生相变化后，所产生的材料主放热波峰温度为 200~220℃，因为不同电压阴极材料的结构有所差异，与电解液反应的程度有所不同，进而造成主放热波峰依电压的不同而有所增长的情况。

当锂离子电池的电压分别为 3.7V、3.9V、4.2V 时，LiCoO₂ 的 ΔH 依次为 323.76 J/g、560.99 J/g、637.88 J/g。由此可知，锂离子电池的电压越高，所造成的热失控反应也越剧烈。

因 4.2V 的 T_o 比另外两种电压的 T_o 低约 30℃，可以了解到电压会影响正极材料的性质。由图可知，3.9V 的主放热波峰明显高于 4.2V 的主放热波峰。虽然 3.9V 锂离子电池的 T_{max} 高于 4.2V 锂离子电池，但 4.2V 的危害主要是因 P_{max}、自升压速率、自升温速率和图中的副放热波峰影响，4.2V 的副放热波峰比其他电压的副放热波峰要高且宽，所累积的热量也相对高。另外，根据紧急排放处理仪(Vent Sizing Package 2，VSP2)实验可测得 4.2V 锂离子电池产生的 P_{max} 为 11.23MPa，大于 3.9V 锂离子电池的 7.75MPa，而 3.7V 锂离子电池所产生的 3.31MPa 则远低于前二者，但其安全性也不容忽视。

参 考 文 献

Chang W Y, Choi J W, Im J C. 2010. Effects of ZnO coating on electrochemical performance and thermal stability of LiCoO₂ as cathode material for lithium-ion batteries. J Power Sources, 195(1): 320-326

Chen C H, Buysman A A J, Kelder E M, et al. 1995. Fabrication of LiCoO₂ thin-film cathodes for researchable lithium battery by electrostatic spray parolysis. Solid State Ionics, 80(1-2): 1-4

Cheng H M, Wang F M, Chu J P, et al. 2012. Enhanced cycleabity in lithium ion batteries: resulting from atomic layer depostion of Al₂O₃ or TiO₂ on LiCoO₂ Electrodes. J Phys Chem C, 116: 7629-7637

Cho J, Kim Y J, Kim T J, et al. 2001. Zero-strain intercalation cathode for rechargeable Li-ion cell. Angew Chem Int Ed, 40(18): 3367-3369

Chung K Y, Yoon W S, McBreen J, et al. 2006. Structural studies on the effects of ZrO₂ coating on LiCoO₂ during cycling using in situ X-ray diffraction technique. J Electrochem Soc, 153(11): A2152-A2157

Dominko R, Gaberscek M, Bele M, et al. 2007. Carbon nanocoatings on active materials for Li-ion batteries. J Eur Ceram Soc, 27: 909-913

Elia G, Wang J, Bresser D, et al. 2014. A new, high energy Sn-C/Li[Li₀.₂Ni₀.₄/₃Co₀.₄/₃Mn₁.₆/₃]O₂ Lithium-Ion battery. Acs Appl Mater Inter, 6: 12956-12961

Fey G T K, Lu C Z, Kumar T P, et al. 2005. TiO₂ coating for long-cycling LiCoO₂: A comparison of coating procedures. Surf Coat Technol, 199: 22-31

Fey G T K, Wang Z F, Lu C Z, et al. 2005. MgAl₂O₄ spinel-coated LiCoO₂ as long-cycling cathode materials. J Power Sources, 146: 245-249

Hudaya C, Park J H, Lee J K, et al. 2007. SnO_2-coated $LiCoO_2$ cathode material for high-voltage applications in lithium-ion batteries. Solid State Ionics, 256: 89-92

Jo M K, Jeong S Y, Cho J. 2010. High power $LiCoO_2$ cathode materials with ultra energy density for Li-ion cells. Electrochem Commun, 12: 992-995

Kim B S, Kim C J, Kim T G, et al. 2006. The effect of $AlPO_4$-coating layer on the electrochemical properties in $LiCoO_2$ thin films. J Electrochem Soc, 153(9): A1773-A1777

Kim K C, Jegal J P, Bak S M. 2009. Improved high-voltage performance of $FePO_4$-coated $LiCoO_2$ by microwave-assisted hydrothermal method. Electrochem Commun, 51(2): 248-250

Kim Y J, Cho J P, Kim T J. 2003. Suppression of cobalt dissolution from the $LiCoO_2$ cathodes with various metal-oxide coatings. J Electrochem Soc, 150(12): A1723-A1725

Liu G Q, Kuo H T, Liu R S, et al. 2010. Study of electrochemical properties of coating ZrO_2 on $LiCoO_2$. J Alloy Compd, 496(1-2): 512-516

Makhonina E V, Dubasova V S, Nikolenko A F, et al. 2009. Surface-modified cathode materials based for lithium ion batteries. Inorg Mater, 45(11): 1299-1303

Makhonina E V, Shatilo Y V, Dubasova V S, et al. 2009. Surface-modified cathode materials based on an $LiCoO_2$-$LiMn_2O_4$ composite. Inorg Mater, 45(8): 935-941

Miyashiro H, Kobayashi Y, Seki S, et al. 2015. Fabrication of all-solid-state lithium polymer secondary batteries using Al_2O_3-coated $LiCoO_2$. Chem Mater, 17(23): 5603-5605

Paulsen J M, Mueller-Neuhaus J R, Dahn J R. 2000. Layered $LiCoO_2$ with a different oxygen stacking(O-2 structure) as a cathode material for rechargeable lithium batteries. J Electrochem Soc, 147(2): 508-516

Pereira N, Al-Sharab J, Cosandey F, et al. 2007. Impact of surface chemistry on the electrochemical performance of $LiCoO_2$. Solid State Ionics, 972: 289-294

Scott I D, Jung Y S, Cavanagh A S, et al. 2011. Ultrathin coatings on nano-$LiCoO_2$ for Li-Ion vehicular applications. Nano Lett, 11: 414-418

第3章 LiMn₂O₄ 化合物

3.1 尖晶石型 LiMn₂O₄ 的结构

在锂锰氧化物中，最受重视的是尖晶石结构的 $LiMn_2O_4$。它是由 Hunter 在 1981 年首先制得，至今一直受到许多学者及研究人员的极大关注，它作为电极材料具有价格低、电位高、环境友好、安全性能高等优点，是最有希望取代 $LiCoO_2$ 成为新一代锂离子电池的正极材料。

图 3-1 为 Li-Mn-O 三元体系在 25℃ 时的等温截面曲线图，阴影部分为有缺陷的尖晶石相和岩盐相曲线图。将图 3-1(a) 中阴影部分放大，得到图 3-1(b)。可以看到，Li-Mn-O 三元体系所形成的化合物比较多，而且这些化合物在不同条件下可以发生转化，这是锂锰氧化物作为正极材料的复杂性所在。

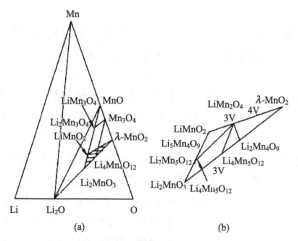

图 3-1　Li-Mn-O 三元体系相图在 25℃ 时的等温截面曲线，
(b) 为 (a) 中阴影部分的放大

L-Mn-O 三元体系中能作为正极材料的主要有尖晶石结构的 $LiMn_2O_4$、$Li_2Mn_4O_9$、$Li_4Mn_5O_{12}$ 和层状结构的 $LiMnO_2$。

尖晶石型 $LiMn_2O_4$ 是一种具有三维离子通道的嵌入化合物，Li^+ 在 $LiMn_2O_4$ 中的扩散系数为 $10^{-9}\ cm^2/s$，在充放电过程中，随着 Li^+ 的嵌入和脱嵌，其化学计量要发生变化，必然引起晶体结构的变化。尖晶石型 $LiMn_2O_4$ 属

于 AB_2O_4 型化合物，$Fd\overline{3}m$ 空间群，其中氧离子呈面心立方紧密堆积，锰离子交替位于氧原子密堆积的八面体位置，锂离子占据着 1/8 四面体空隙，为配位多面体的分布。AB 层中 3/4 八面体空隙被锰离子占据，BC 层 1/4 八面体空隙和 1/4 四面体空隙分别被锰离子和锂离子占据，其结构颇为复杂，为了清楚起见，可把这种结构看成是 8 个立方亚晶胞所组成的，如图 3-2 所示。

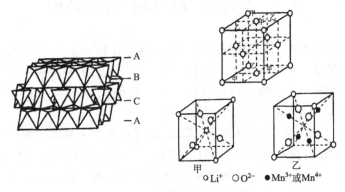

图 3-2　尖晶石 $LiMn_2O_4$ 的结构示意图

在甲型立方亚胞中，Li^+ 位于单元的中心和 4 个顶角上（对应于晶胞的角和面心），4 个 O^{2-} 分别位于各条体对角线上距临空的顶角 1/4 处。

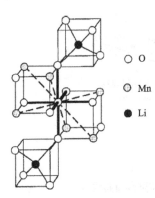

图 3-3　尖晶石 $LiMn_2O_4$
的局部结构示意图

在乙型立方亚胞中，Li^+ 位于 4 个顶角上，4 个 O^{2-} 位于各条体对角线上距 Li^+ 顶角处的 1/4 处，而 Mn^{3+} 或 Mn^{4+} 位于四条体对角线上距空顶角的 1/4 处。若把 $LiMn_2O_4$ 晶格看作 O^{2-} 立方最紧密结构，八面体间隙有一半被锰离子所填，而四面体间隙则只有 1/8 被 Li^+ 所填，因此，其结构可表示为 $Li_{8a}(Mn_2)_{16d}O_4$，其中锰的化合价为 3.5 价。

一个尖晶石晶胞有 32 个氧原子，16 个锰原子占据了八面体间隙位置（$16d$）的一半，另一半位置（$16c$）则是空的，锂离子占据 64 个四面体间隙空位（$8a$）的 1/8，在晶体内，Li^+ 是通过空着的相邻四面体和八面体间隙沿 $8a$-$16c$-$8a$ 的通道在 Mn_2O_4 的三维网络结构中嵌入-脱嵌，$8a$-$16c$-$8a$ 的夹角为 $107°$，$LiMn_2O_4$ 的理论容量为 $148mA \cdot h/g$。尖晶石 $LiMn_2O_4$ 的局部结构如图 3-3 所示。图 3-4 为一种尖晶石（$Fd\overline{3}m$）的晶体结构数据。

Published crystallographic data

Space group	$Fd\bar{3}m$ O2 (227)
Cell parameters	$a = 0.8249855(22)$, $b = 0.8249855(22)$, $c = 0.8249855(22)$ nm, $\alpha = 90$, $\beta = 90$, $\gamma = 90°$
	$V = 0.56149$ nm³, $a/b = 1.000$, $b/c = 1.000$, $c/a = 1.000$

Atom coordinates	Site	Elements	Wyck.	Sym.	x	y	z	SOF
	Li	Li	8a	-43m	1/8	1/8	1/8	
	Mn	Mn	16d	.-3m	1/2	1/2	1/2	
	O	O	32e	.3m	0.2624(4)	0.2624(4)	0.2624(4)	

Standardized crystallographic data

Space group	$Fd\bar{3}m$ O2 (227)
Cell parameters	$a = 0.82499$, $b = 0.82499$, $c = 0.82499$ nm, $\alpha = 90$, $\beta = 90$, $\gamma = 90°$
	$V = 0.5615$ nm³, $a/b = 1.000$, $b/c = 1.000$, $c/a = 1.000$

Atom coordinates	Site	Elements	Wyck.	Sym.	x	y	z	SOF
	O	O	32e	.3m	0.2376	0.2376	0.2376	
	Mn	Mn	16c	.-3m	0	0	0	
	Li	Li	8b	-43m	3/8	3/8	3/8	

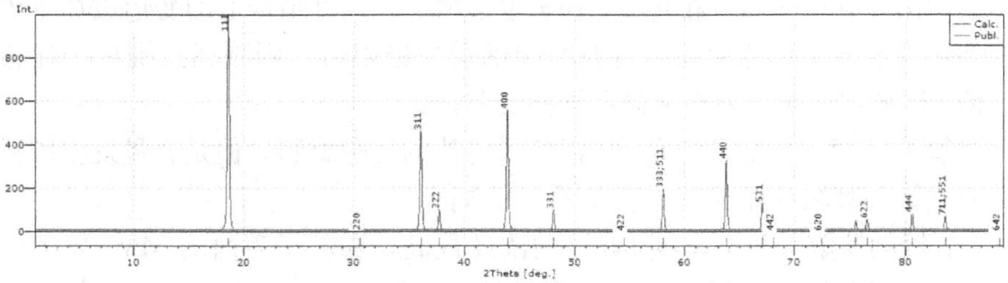

Transformation	origin shift 1/2 1/2 1/2

d-spacing [nm]	2theta [deg.]	Int.	h k l	Mul.
0.4763	18.620	1000.0	1 1 1	8
0.2917	30.620	5.4	2 2 0	12
0.2487	36.080	466.4	3 1 1	24
0.2382	37.740	100.3	2 2 2	8
0.2062	43.860	563.0	4 0 0	6
0.1893	48.040	100.5	3 3 1	24
0.1684	54.440	0.7	4 2 2	24
0.1588	58.040	181.4	5 1 1	24
0.1588	58.040	17.7	3 3 3	8
0.1458	63.760	332.3	4 4 0	12
0.1394	67.060	133.8	5 3 1	48
0.1375	68.140	0.5	4 4 2	24
0.1304	72.380	2.4	6 2 0	24
0.1258	75.500	46.8	5 3 3	24
0.1244	76.540	58.5	6 2 2	24
0.1191	80.620	84.8	4 4 4	8
0.1155	83.640	52.3	5 5 1	24
0.1155	83.640	18.2	7 1 1	24

图 3-4　一种尖晶石 LiMn₂O₄($Fd\bar{3}m$)的晶体结构数据

3.2　尖晶石型 LiMn₂O₄ 的性能

充电时 Li⁺ 从 8a 位置脱出，这时 Mn^{3+}/Mn^{4+} 比值变小，最后只留下 $[Mn_2]_{16d}O_4$ 稳定的尖晶石骨架。放电时，在静电力的作用下，Li⁺ 应首先进入低势能的 8a 空位，发生下面的反应：

$$[\ ]_{8a}[Mn_2^{4+}]_{16d}[O_4^{2-}]_{32e} + Li^+ + e^- \longrightarrow [Li^+]_{8a}[Mn_2^{4+}]_{16d}[O_4^{2-}]_{32e} \quad (3\text{-}1)$$

$Li_x Mn_2 O_4$ 中 Li^+ 的脱嵌范围是 $0 < x \leqslant 2$，当 Li^+ 嵌入或脱出的范围为 $0 < x \leqslant 1.0$ 时，发生反应：

$$LiMn_2 O_4 \Longleftrightarrow Li_{1-x} Mn_2 O_4 + x e^- + x Li^+ \tag{3-2}$$

此时 Mn 离子的平均价态是 $+3.5 \sim +4.0$，Jahn-Teller 效应不是很明显，因而晶体仍旧保持其尖晶石结构，对应的 $Li/LiMn_2 O_4$ 的输出电压是 4.0V。而当 $1.0 < x = 2.0$ 时，将有下式反应发生：

$$LiMn_2 O_4 + x e^- + x Li^+ \Longleftrightarrow Li_{1+x} Mn_2 O_4 \tag{3-3}$$

充放电循环电位在 3V 左右，即 $1.0 < x = 2.0$ 时，锰离子的平均价态小于 $+3.5$（即锰离子主要以 $+3$ 价存在），将导致严重的 Jahn-Teller 效应，使尖晶石晶体结构由立方相向四方相转变，c/a 也会增加。这种结构上的变形破坏了尖晶石框架，当这种变化范围超出材料所能承受的极限时，则破坏三维离子迁移通道，使 Li^+ 脱嵌困难，材料的循环性能变差。

尽管 $Li_x [Mn_2] O_4$ 可作为 4V 锂离子电池的理想材料，但是容量发生缓慢衰减。一般认为衰减的原因主要有以下 3 个方面。

(1) 锰的溶解。放电末期 Mn^{3+} 的浓度最高，在粒子表面的 Mn^{3+} 发生如下歧化反应：$2Mn^{3+}_{(固)} \longrightarrow Mn^{4+}_{(固)} + Mn^{2+}_{(溶液)}$

歧化反应产生的 Mn^{2+} 溶于电解液中。

(2) Jahn-Teller 效应。在放电末期先在几个粒子表面发生的 Jahn-Teller 效应扩散到整个组分 $Li_{1+x} [Mn_2] O_4$。因为动力学条件下，该体系不是真正的热力学平衡。由于从立方到四方对称性的相转变为一级转变，即使该形变很小，也足以导致结构的破坏，生成对称性低、无序性增加的四方相结构。

(3) 电解液的分解。电解液分解产生的 HF 会加速 Mn^{2+} 的溶解，同时形成 $Li_2 CO_3$ 和 LiF 等不溶性产物，从而堵塞电极孔道、增大电池的内阻。此外，随着电解液分解后浓度的增大，Li^+ 扩散会更加困难，所有这些都导致电池的性能下降。电解液分解的原因很多，主要受温度、水分、电压、充放电状态、HF 等有害杂质、集流体及导电剂等的影响。高温和高压易使电解质发生氧化分解，所以过充和高温条件下会导致 $LiMn_2 O_4$ 的容量衰减更快，溶剂的氧化会导致溶剂量减少以及锂盐浓度的升高，使得 Li^+ 扩散困难，这将导致电池性能下降。溶剂的氧化过程如下：

$$溶剂 \longrightarrow 氧化产物（可溶物、气体和固态类）+ n e^-$$

锂盐容易被还原，还原产物夹杂于负极沉积膜中从而影响了电池的容量。锂盐可能发生的还原反应如下：

$$LiPF_6 \longrightarrow PF_5 + LiF \tag{3-4}$$

$$PF_5 + H_2 O \longrightarrow PF_3 O + 2HF \tag{3-5}$$

$$PF_5 + 2xLi^+ + 2xe^- \longrightarrow Li_xPF_{5-x} + xLiF \tag{3-6}$$

$$PF_3O + 2xLi^+ + 2xe^- \longrightarrow Li_xPF_{3-x}O + xLiF \tag{3-7}$$

$$PF_6^- + (2+x)Li^+ + (1+x)e^- \longrightarrow Li_xPF_4 + 2LiF \tag{3-8}$$

电解液中可能含有氧气、二氧化碳和水。水的存在有助于形成不利于 Li$^+$ 嵌入的 Li$_2$O 沉积层

$$LiOH + Li^+ + e^- \longrightarrow Li_2O(s) + 1/2H_2 \tag{3-9}$$

氧的存在会形成 Li$_2$O

$$1/2O_2 + 2Li^+ + 2e^- \longrightarrow Li_2O \tag{3-10}$$

二氧化碳的存在会形成 Li$_2$CO$_3$

$$2CO_2 + 2Li^+ + 2e^- \longrightarrow Li_2CO_3 + CO \tag{3-11}$$

因此，电解液因为溶剂氧化分解、锂盐的还原以及产物在电极表面形成固体电解质界面膜等原因，导致电池的性能下降。

另外，在较高温度下(55～60℃)，LiMn$_2$O$_4$ 的初始容量下降，循环性能变差，除了上述的 3 个因素外，最主要的原因在于 Mn^{2+} 的溶解，该溶解机理与上述的溶解机理不一样。由于电解液中会不可避免地含有少量 H$_2$O，而 H$_2$O 会和电解质锂盐 LiPF$_6$ 反应生成 HF，HF 和 LiMn$_2$O$_4$ 发生下面的反应：

$$4HF + 2LiMn_2O_4 \longrightarrow 3\gamma\text{-}MnO_2 + MnF_2 + 2LiF + 2H_2O \tag{3-12}$$

生成 Mn^{4+} 和 Mn^{2+}，Mn^{2+} 会溶解到电解质溶液中，同时生成的 H$_2$O 又会进一步发生反应，从而导致锰的大量损失，使尖晶石结构破坏。

3.3　Jahn-Teller 效应

1937 年，H. A. Jahn 和 E. Teller 指出：在对称的非线形分子中，如果一个体系的基态有几个简并能级，则是不稳定的，体系一定要发生畸变，使一个能级降低，以消除这种简并性。这就是 Jahn-Teller 效应(图 3-5)。

Jahn-Teller 效应可以形象地表示成图 3-5 所示的图形，在六配位的 MX$_6$ 体系中其中配位原子 X 带负电荷，假设有一个电子进入体系中，可以均等进入到三个等价的 p 轨道(p$_x$，p$_y$，p$_z$)中，如果电子进入 p$_x$ 轨道，则很明显电子与 1 和 3 位置的配位原子相互作用要更强并且排斥这两个原子，结果八面体配合物沿 x 轴方向发生变形；同样，如果电子在 p$_y$ 轨道，电子与 2 和 4 位置的配位原子相互作用要更强并且排斥这两个原子，结果八面体配合物沿 y 轴方向发生变形；如果电子在 p$_z$ 轨道，电子与 5 和 6 位置的配位原子相互作用要更强并且排斥这两个原子，结果八面体配合物沿 z 轴方向发生变形。

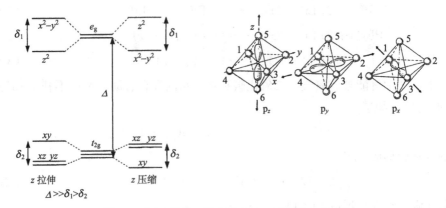

图 3-5　Jahn-Teller 效应(Jahn and Teller，1937)

3.4　尖晶石型 $LiMn_2O_4$ 的改性

3.4.1　掺杂

　　掺杂是改性尖晶石型锰酸锂电极材料的一种常用方法，是指采用 Al、Li、Fe、Cr、Ni、Co、Mg 等金属元素进入 $LiMn_2O_4$ 晶体晶格部分替代 Mn。按照掺杂的元素类别不同可分为：阴离子掺杂、阳离子掺杂、混合型掺杂。虽然掺杂在改善 $LiMn_2O_4$ 高温循环性能方面取得了一定的效果，但掺杂后电极材料的初始放电容量一般都会有不同程度的降低。在选择掺杂离子时通常需要考虑以下几个方面。

　　(1) 掺杂离子的半径。掺杂离子要和 Mn^{3+} 半径相近，半径过小或过大都容易导致尖晶石 $LiMn_2O_4$ 晶格过度扭曲，从而影响晶格的稳定性，最终导致循环性能变差。

　　(2) 掺杂离子的稳定性。一般而言，掺杂低价离子可以使 Mn 的平均价态提高，从而抑制 Jahn-Teller 效应，若掺杂的离子导致锰的平均价态下降，将诱发 Jahn-Teller 效应。

　　(3) M—O 键的强度。较强 M—O 键能可以提高 $LiMn_2O_4$ 晶格结构的稳定性，改善循环性能。

　　(4) 掺杂离子的晶体场稳定能。在选择掺杂离子时，应该选择与 Mn^{3+} 相近或更强的择位能，使掺杂离子更容易进入 Mn 的 $16d$ 位置，进而稳定尖晶石锰酸锂的结构。

　　当 $LiMn_2O_4$ 放电至电压小于 3V 后，其结构从立方体结构转变为正方体结构，即发生了 Jahn-Teller 效应，使 $LiMn_2O_4$ 的体积发生约 6.8% 的膨胀，充电过程因为体积反复膨胀和收缩容易使结构崩溃，进而使容量衰减。为了避免 LiMn₂O₄ 发生相变化，可以在 LiMn₂O₄ 结构中掺杂一些过渡金属元素，其中掺杂元素 M 是取代 Mn 并且占据 $16d$ 八面体间隙的位置，形成 $LiM_xMn_{2-x}O_4$。依掺杂原子大小的不同，掺杂后 $LiM_xMn_{2-x}O_4$ 的晶格常数比未掺杂前减小或增大，且结构中 M—O 键的强度比 Mn—O 键强，故掺杂后 $LiM_xMn_{2-x}O_4$ 结构变得较为稳定，体积不易膨胀、收缩，相变化易产生。

　　例如，在 LiMn₂O₄ 中掺杂少量的 Cr，由于 Cr^{3+} 与 Mn^{3+} 的离子半径接近，可以形成稳定的尖晶石结构。图 3-6 为 LiMn₂O₄ 和掺杂化合物 $LiCr_{0.2}Mn_{1.8}O_4$ 的 SEM 形貌。LiMn₂O₄ 的颗粒由许多小颗粒聚集而成，掺杂的 $LiCr_{0.2}Mn_{1.8}O_4$ 团聚程度轻，有明显的晶界。

图 3-6　LiMn₂O₄ 和掺杂化合物 $LiCr_{0.2}Mn_{1.8}O_4$ 的 SEM 形貌(Jayaprakash et al.，2011)

　　图 3-7 为 LiMn₂O₄ 和掺杂化合物 $LiCr_{0.2}Mn_{1.8}O_4$ 的循环伏安曲线，扫描电压为 2.0～4.5V，扫描速度为 0.5 mV/s。两种材料的 CV 曲线上都有两对氧化还原峰，氧化峰位于 4.12V 和 4.2V，还原峰位于 3.89V 和 4.02V。这些峰是 LiMn₂O₄ 类材料嵌锂/脱嵌锂的特征峰，对应了锂离子的嵌入和脱嵌电位，即在 4V 区 Mn^{3+}/Mn^{4+} 在 4V 区的氧化还原过程。除了 4V 区充放电过程外，还有一对氧化还原峰位于 3.23V 和 2.75V，对应了 Li 离子在材料中的嵌入/脱嵌。从第二次扫描起，CV 曲线上在 3.85V 处还出现一个小峰，这是由在八面体间隙处残留的锂离子脱嵌引起的，这些锂离子是在第一次过放电至 2V 产生的，而且在 3.23V 不能被脱嵌出来。

　　可以看到经过数次循环扫描以后，掺杂化合物的 CV 曲线重复很好，说明材料具有很好的循环性能。

　　图 3-8 为 LiMn₂O₄ 和掺杂化合物 $LiCr_{0.2}Mn_{1.8}O_4$ 的充放电曲线。LiMn₂O₄ 的放电曲线在 4.0V、4.15V、3.3V 和 2.8V 处出现平台，其中 2.8V 平台与 LiMn₂O₄ 的 3V 过程有关，对应锂离子在立方相 LiMn₂O₄ 和正方相 Li₂Mn₂O₄

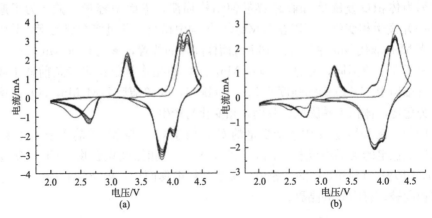

图 3-7　$LiMn_2O_4$(a)和掺杂化合物 $LiCr_{0.2}Mn_{1.8}O_4$(b)的循环伏安曲线

间的嵌入/脱嵌。掺杂化合物的 4V 区容量为 85mA·h/g，$LiMn_2O_4$ 在 4V 区的容量为 78mA·h/g。如果进一步增加掺杂 Cr 的量，将有部分 Cr^{3+} 和 Mn^{3+} 从八面体间隙位置(O_h)进入四面体间隙位置(T_d)，导致在高电位循环时 $Cr^{Ⅵ}O_4$ 基团的形成，引起放电容量的衰减。

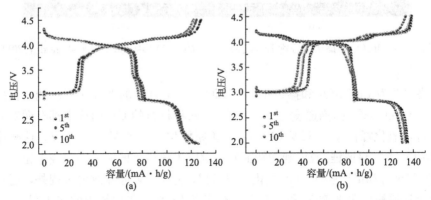

图 3-8　$LiMn_2O_4$(a)和掺杂化合物 $LiCr_{0.2}Mn_{1.8}O_4$(b)的充放电曲线

　　图 3-9 为 $LiMn_2O_4$ 和掺杂化合物 $LiCr_{0.2}Mn_{1.8}O_4$ 的循环性能。掺杂化合物 $LiCr_{0.2}Mn_{1.8}O_4$ 的容量保持率为 94%，展示了很好的循环稳定性。

3.4.2　表面包覆

　　一般是指在尖晶石锰酸锂表面包覆一层阻隔物使得尖晶石 $LiMn_2O_4$ 与电解液之间的接触面积变小，可以减少 Mn 的溶解和电解液的分解，从而改善

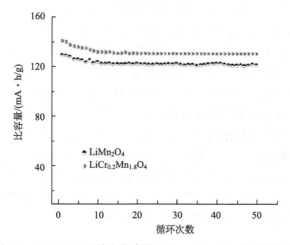

图 3-9　$LiMn_2O_4$ 和掺杂化合物 $LiCr_{0.2}Mn_{1.8}O_4$ 的循环性能

$LiMn_2O_4$ 的循环性能。表面修饰材料主要包括：氧化物、磷酸盐、氟化物和碳材料等。氧化物包覆 $LiMn_2O_4$ 能够抑制 Mn^{3+} 在高温下的溶解，进而提高 $LiMn_2O_4$ 的循环稳定性。包覆的氧化物包括 SiO_2、MgO、ZnO、CeO_2、ZrO_2、Al_2O_3 等。

3.5　尖晶石型 $LiMn_2O_4$ 的制备方法

目前合成 $LiMn_2O_4$ 的方法有很多种，可以分为固相合成法和液相合成法两大类。其中，固相合成法包括高温固相反应法、机械化学法、熔融浸渍法、微波合成法与固相配位反应法等。而液相合成法是在低温下通过化学（如沉淀反应、聚合、水解、氧化还原和离子交换等）反应合成均相反应前驱体，再焙烧处理来制备正尖晶石 $LiMn_2O_4$。液相合成法包括溶胶-凝胶法、Pechini 法、共沉淀法和喷雾干燥法等。

3.5.1　固相反应法

1. 高温固相反应法

以锂盐和锰盐或锰的氧化物为反应原料，将它们充分混合后在空气中焙烧，再经过适当的球磨和筛分来控制粒度大小及其分布。其工艺流程可表达为：原料—混料—焙烧—研磨—筛分—产物。

根据产物的组成和反应的特点，一般选择高温下能够分解、其他杂质原子能够以挥发气体排出的原料。常用的锂盐有：LiOH、Li_2CO_3、$LiNO_3$、$LiCOOCH_3$ 等，而锰盐多采用 MnO_2，也采用 $MnCO_3$、$Mn(NO_3)_2$、$Mn(COOCH_3)_2$ 和草酸锰等。在反应过程中，释放 CO_2 等气体。为了得到化学计量的 $LiMn_2O_4$ 化合物，原料中锂锰元素的物质的量比一般选取 1:2。通常将两者按一定比例研磨，也可以加入少量环己烷、乙醇或水作分散剂，以达到混料均匀的目的。煅烧过程是固相反应的关键，一般选择的合成温度为600～850℃。

高温固相反应具有操作简单、易于控制、工艺流程短、容易工业化生产等优点，不足之处是煅烧时间久、能耗大、效率低、目标材料的均匀性较差、制备的目标产物电化学性能较差、配方控制困难等。之所以采用易熔或易分解的锂化合物是为了降低反应温度，以利于合成均匀的目标产物。但是简单的高温固相法无法控制产物的形貌尺寸，进而影响材料的倍率性能。

2. 机械化学法

机械化学法是制备高分散性化合物的有效方法。通过机械力的作用使颗粒破碎，以此增大反应物的比表面积，在物质晶格中产生各种缺陷、位错、原子空位及发生晶格畸变，达到促进固体物质在较低温度下顺利进行反应的方法。

3. 熔融浸渍法

熔融浸渍（melt-impregnation）法是将锂盐或其他含锂化合物预先加热到熔点使其融化，并使之浸入锰的氧化物表面和孔隙中，形成一种均匀的混合物，然后再进行加热反应的方法。熔融浸渍法是固体与熔融盐的反应，其反应速率要比固体快。熔融浸渍法的优点是可以降低热处理温度，并且还可以获得具有高比表面积、保持金属氧化物基质的孔隙结构的产物。由于锂盐能够渗入 MnO_2 微孔中，使原料间的接触面积大大提高，从而克服了原料混合的不均匀性，加速了固态反应的进行。一般产物的初始比容量可达 120～130mA·h/g，且循环性能较理想。

4. 微波合成法

采用微波技术合成锂锰氧化物的特点在于将被合成的材料与微波场相互作用，微波被材料吸收并转变成热能，从材料的内部开始对其整体进行加热，实现快速升温，大大缩短了合成时间。微波烧结由于将微波直接作用于材料转化为热能，从材料内部对其进行加热，因此用该法制备材料具有烧结时间短的优点。通过调节微波功率可控制粉末的物相结构，也较易实现工业化生产，所以该方法值得重视。这种方法合成的粉末的粒度通常只能控制在微米级以上，粉末的形貌稍差。

5. 固相配位反应法

固相配位反应法是近年来刚刚发展起来的一个新的研究领域。此方法在物质合成方面取得了许多良好的效果，特别是在合成金属簇合物和固相配合物等方面显示了极大的优势。固相配位化学反应法就是首先在室温或低温下制备可在较低温度下分解的固相金属配合物，然后将固相配合物在一定温度下进行热分解，得到氧化物超细粉体。该法保持了传统的高温固相反应操作简单的优点，同时具备高温固相反应所不具备的合成温度低、反应时间短的优点。

实践结果表明该法在合成温度、煅烧时间、粒度大小及分布等方面均优于传统的高温固相反应合成法。因此，固相配位反应法是一种很有应用前景的新方法。

3.5.2　液相合成法

1. 溶胶-凝胶法

溶胶-凝胶法是一种基于金属离子与有机酸形成螯合物，然后酯化，进一步聚合形成固态高聚物前驱体，最后煅烧前驱体制备产物的方法。经典的溶胶-凝胶法以金属醇盐作为原料，先经水解、聚合、干燥等处理后制得固体前驱体，然后在相对较低温度下煅烧数小时得到目标材料。采用的有机物有小分子和聚合物。小分子有酒石酸、羟基乙酸、丁二酸、己二酸；聚合物有聚丙烯酸（PAA）、柠檬酸与乙二醇的缩聚物等。采用溶胶-凝胶法制备尖晶石锰酸锂可以大大降低煅烧温度和时间，降低生产成本，合成的样品粉末形状规整，物相纯度高，颗粒尺寸分布区域狭窄，其晶胞参数和晶格畸变对煅烧温度和气氛敏感。

2. Pechini 法

Pechini 法的原理是：利用多种阳离子，与弱酸混合形成多元酸螯合物，该螯合物在 Pechini 过程中起聚酯作用，即其在多元醇中加热时，能够产生多种阳离子均匀分布的固态聚合酯；Pechini 方法克服了氧化物在形成过程中远程扩散的缺点，有利于在相对较低的温度下生成均一、单相、可精确控制计量比的化合物。该方法的缺点是前驱体制备过程比较复杂，不易控制。

3. 共沉淀法

共沉淀法是一种将锂源和锰源化合物溶解后，加入合适的沉淀剂以析出沉淀，形成难溶的超微颗粒得到前驱体沉淀物，再经过干燥后制备出共沉淀物合成尖晶石 $LiMn_2O_4$ 的方法。煅烧后的粉末的形态和微晶尺寸分别受前驱体形态和煅烧温度控制。

由于反应产物的颗粒大小严重影响电池的性能，而颗粒大小又与反应物的分散程度密切相关，因此共沉淀法通过提高反应物的分散程度来改善固相反应。

通常机械研磨所能达到的极限是微米级，而理想均相共沉淀法能达到原子程度的混合。理想均相共沉淀法对发生共沉淀的两种沉淀物有以下要求：沉淀溶度积相差不大、沉淀速度大致相同、不形成过饱和溶液。因此，要求严格控制共沉淀过程，否则容易形成偏析，粉体性能不稳定。

共沉淀法制备的前驱体颗粒较均匀，保证了目标产物颗粒尺寸和分布的均匀性，使晶型发育完善，形貌规整，克服了固相法反应周期长、能耗大等缺点。但在实际制备尖晶石材料锰酸锂过程中，由于嵌锂化合物种类繁多，反应原理也各不相同，所以不同的合成方法、工艺条件合成出的样品结构和性能存在差异。应针对具体的实验条件，选择较好的合成路线来改善材料的电化学性能，保证工艺的有效合理性。

4. 喷雾干燥法

喷雾干燥法是系统化技术应用于物料干燥的一种方法。于干燥室中将稀料经雾化后，在与热空气的接触中，水分迅速汽化，即得到干燥产品。该法能直接使溶液、乳浊液干燥成粉状或颗粒状制品，可省去蒸发、粉碎等工序。原理是利用高压泵，以 70～200atm[①] 的压力，将物料通过雾化器(喷枪)聚化成雾状微粒与热空气直接接触，进行热交换，短时间完成干燥。

5. 水热合成法

水热合成法是通过高温(通常是 100～350℃)高压条件下，在水溶液或者水蒸气等流体中进行化学反应制备目标材料的一种方法，它是目前液相制备超微颗粒的一种新方法。水热合成法合成 $LiMn_2O_4$ 一般包括制备、水热反应、过滤洗涤三个步骤。水热合成法的优势在于通过调控反应条件，制备出尺寸均一且具有不同形貌的材料。通过改变反应过程，还可以与碳材料之间实现复合以提高材料的电导率。相比于溶胶-凝胶法、高温固相法等，其合成温度低、能耗少。但是该方法合成的材料结晶度一般较差，这势必影响到尖晶石 $LiMn_2O_4$ 的电化学性能。

除了以上主要方法外，还有微波化学法、乳胶干燥法、软化学法、燃烧法等在制备尖晶石型锰酸锂方面都有所应用。

---

① 1atm＝1.01325×10⁵Pa。

3.6　单晶 $LiMn_2O_4$ 纳米线的制备和性能

大多数的纳米结构的电极材料是由低温处理过程得到的，如软化学法、溶胶-凝胶法、水热法等。高温焙烧过程是制备具有高结晶度的电极材料如 $LiCoO_2$、$LiMn_2O_4$ 和 $LiFePO_4$ 等所必需的，但是高温焙烧又会导致晶粒的长大和团聚，延长锂离子在材料中的迁移途径，减小材料与电解液接触的表面积，使材料的充放电性能下降。合成一个高质量的单晶纳米结构的电极材料是一个挑战，在所有纳米结构的材料中，单晶纳米线是最有吸引力的一种形貌，这种结构能够克服高温条件下颗粒的团聚和生长。氧化物 TiO_2、ZnO、SnO_2、In_2O_3、ZrO_2 和 WO_3 等都可以制备成单晶纳米线，但是对尖晶石 $LiMn_2O_4$ 材料较难，因为它不能只沿一个方向生长。

下面是水热法制备超细纳米线 $LiMn_2O_4$ 的一个例子。首先以乙酸盐为反应前驱体采用水热法制备 $\alpha\text{-}MnO_2$ 纳米线，然后在低压氧气气氛下采用固相法使 $\alpha\text{-}MnO_2$ 纳米线与 $LiOH$ 反应，生成 $LiMn_2O_4$ 纳米线。反应中间产物 $\alpha\text{-}MnO_2$ 和产物 $LiMn_2O_4$ 纳米线的结构和形貌特征如图 3-10 所示。

$\alpha\text{-}MnO_2$ 为正方相，空间群为 $I4/m$，纳米线的直径为 $8\sim9\,nm$，长度为几微米，高分辨率透射电镜显示纳米线的结构具有均一性和高度结晶性。(110)晶面的面间距为 $0.69\,nm$，由 BET 方法得到纳米线的比表面积为 $110.9\,m^2/g$。

XRD 结果显示 $LiMn_2O_4$ 纳米线为立方相结构，空间群为 $Fd\bar{3}m$，图谱上没有前驱体 $\alpha\text{-}MnO_2$ 和其他杂相衍射峰，由 BET 方法得到纳米线的比表面积为 $95.6\,m^2/g$。以上分析说明固相反应可以使正方相 $\alpha\text{-}MnO_2$ 转变为立方相 $LiMn_2O_4$，不改变纳米线的形貌。

按 75%、17% 和 8%（质量分数）分别将活性物质、导电炭黑和有机黏结剂混合制成电极，测试电化学性能，结果如图 3-11 所示。

充放电电流密度为 $14.8\,mA/g$（$0.1C$ 倍率），电压范围为 $3.5\sim4.3\,V$。充放电曲线在 $3.9V$ 和 $4.1V$ 处展示了两个平台，为尖晶石 $LiMn_2O_4$ 典型的电化学行为，一般认为是由 $LiMn_2O_4$ 发生相变所产生的。$4.1V$ 的平台，是两相反应机理，A 相是 Mn_2O_4，B 相是 $Li_{0.5}Mn_2O_4$；$3.9V$ 平台，是固溶体反应机理。充电容量约为 $128\,mA\cdot h/g$，放电容量约为 $125\,mA\cdot h/g$，首次循环库仑效率为 90%。为了进一步调查材料在高能量密度设施中的应用，电池放电倍率从 $1C$（$148\,mA/g$）变化到 $30C$（$4440\,mA/g$），充电倍率仍然为 $1C$。当电流倍率为 $1C$、$3C$、$5C$、$10C$ 和 $30C$ 时，放电容量分别为 $116\,mA\cdot h/g$、$110\,mA\cdot h/g$、$107\,mA\cdot h/g$、$102\,mA\cdot h/g$、$86\,mA\cdot h/g$ 和 $62\,mA\cdot h/g$。特别在 $10C$（$1.48\,A/g$）和 $20C$（$2.96\,A/g$）倍率下，容量仍能分别达到 $102\,mA\cdot h/g$ 和 $86\,mA\cdot h/g$，在 $30C$

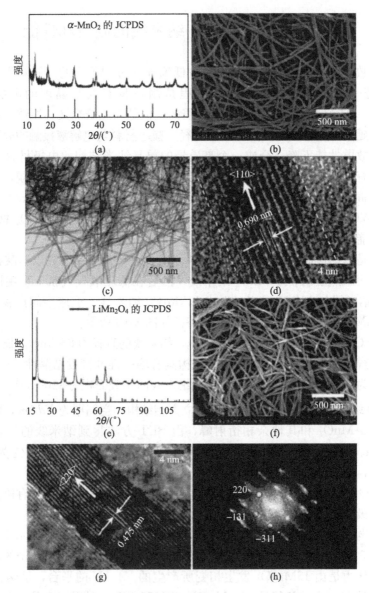

图 3-10　样品的结构和形貌(Lee et al.，2010)

(a)α-MnO₂ 的 XRD 图谱；(b)SEM 形貌；(c)TEM；(d) HR-TEM；(e)产物 LiMn₂O₄ 纳米线的 XRD
图谱；(f)SEM 形貌；(g)高分辨率 HR-TEM 形貌；(h) 晶格的 FFT(fast Fourier transform)分析

(4.44A/g)倍率下，容量降为 62mA·h/g，如果电流密度返回 1C 倍率，则容量
能够恢复到 115mA·h/g。当充放电在相同的倍率下进行时，10C 倍率时仍具有
较好的容量密度，库仑效率为 99.9%。

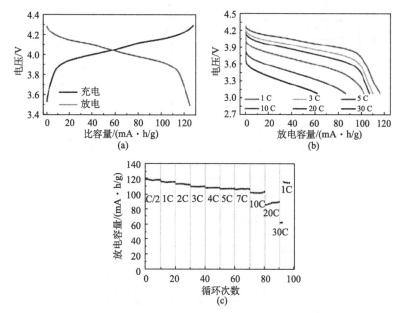

图 3-11　纳米线 LiMn₂O₄ 的充放电和循环性能

(a)低电流倍率(C/10)的充放电曲线；(b)以 1C 充电，不同倍率下放电的曲线；

(c)循环性能，电压范围为 3.1～4.3V

　　当电流倍率增加时，每个放电曲线的平台都要降低。在小电流倍率下，充放电都是在接近平衡条件下进行的，而在高电流倍率下，电极过电位和内部的 IR 电阻都增加，这主要是导电有机溶剂的电导率低的原因，相应的电池的电压要降低。

　　图 3-12 为纳米线 LiMn₂O₄ 材料在高倍率电流下的充放电性能，电流密度分别为 60C(8.88 A/g)、100C(14.8A/g)和150C(22.2 A/g)，放电电压窗口分别增大到 2.4 V/ 4.4 V、2.2V/4.4 V 和 1.5V/4.5 V，即使在 100C 和 150C 电流倍率下，放电曲线仍然显示为 LiMn₂O₄ 的放电特征，但此时放电平台较平。实验结果还显示在高电流倍率下(大于 60C)时，过电位超过 1V。10C 倍率时放电容量为 105mA·h/g，60C 和 150C 时，放电容量分别为 100mA·h/g 和 78mA·h/g。循环 100 次以后容量保持率较好，所以合成的纳米线展现了良好的倍率性能。

　　为了揭示纳米线结构的 LiMn₂O₄ 与普通 LiMn₂O₄ 的区别，有必要在更宽的成分范围内调查其性能。Li 离子可以进入尖晶石结构中的八面体间隙位置形成 Li₁₊ₓMn₂O₄。在 3V 平台处充放电时将建立立方相 LiMn₂O₄ 和正方相 Li₂Mn₂O₄ 结构相变的平衡，而正方相 Li₂Mn₂O₄ 将发生 Jahn-Teller 结构扭曲，严重影响循环性能。当立方相 LiMn₂O₄ 向正方相 Li₂Mn₂O₄ 转变时，a 轴将收

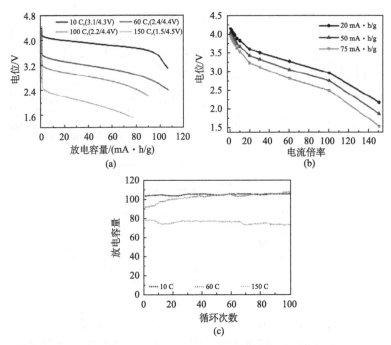

图 3-12　纳米线 LiMn$_2$O$_4$ 的充放电和循环性能

(a) 以 1C 充电，不同倍率下的充放电曲线；(b)电位 vs. 倍率的性能曲线；(c)循环性能

缩 3%、c 轴将扩展 12%，这些结构的变化使得材料的容量衰减，在大倍率电流下容量衰减更快。

图 3-13 为纳米线 LiMn$_2$O$_4$ 材料在 570mA/g 下的充放电曲线，除了在较高电压下(3.5V/4.3V)的电化学性能，曲线也展示了低电位(3V)的电化学性能，对应着立方相向正方相的结构转变。循环 20 次以后，容量保持率为 78%，平均库仑效率为 98%。在 570mA/g、855mA/g 和 1140mA/g 下的放电容量分别为 155mA·h/g、137mA·h/g 和 118mA·h/g。这些结果说明，虽然纳米线 LiMn$_2$O$_4$ 材料进行由立方相向正方相的结构转变，但电池仍然展示了较好的容量保持率及较高的容量。

纳米线具有这些优良的性能是由其特殊的形貌和结构决定的。尖晶石 LiMn$_2$O$_4$ 具有三维锂离子扩散通道，所以每个面都能够在电极材料与电解液之间进行锂离子交换。纳米线具有比较大的表面积和在一维方向电子传输性能好的特点。

图 3-14 为对纳米线 LiMn$_2$O$_4$ 材料进行的高分辨率透射电镜分析(HR-TEM)，结果显示其为单晶的立方结构，采用立方尖晶石结构模型分析取⟨110⟩方向时，结构

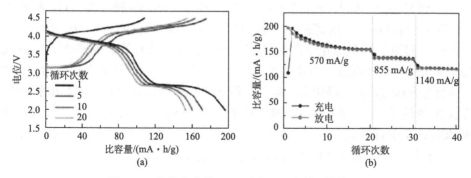

图 3-13　充放电曲线(570mA/g)(a)和循环性能(b)

与 LiMn₂O₄ 的晶格相符，意味着结构没有发生扭曲。另外，由于纳米线从表面至内部的距离小于 5nm，所以它能够以一个比块状材料更简单的方式进行晶格常数的收缩和扩展。

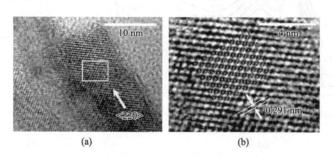

图 3-14　纳米线 LiMn₂O₄ 的 HR-TEM 图像

(a)白色方框显示模型与观测到的结构相符；(b)为放大的图形

3.7　尖晶石型 LiMn₂O₄ 结构中的缺陷及纳米效应

通常从结构的角度，LiMn₂O₄ 可以有许多可能的非计量式和结构缺陷，如离子错排和氧缺陷等。例如，锂离子可以通过替代 Mn 离子而占据 $16d$ 的位置，即 $Li_{8a}[Li_x Mn_{2-x}]_{16d}O_4$。氧缺陷也可以发生通过一个 $8b$ 位置上的 O 原子替代 $32e$ 位置上的 2 个 O 原子，表面的结构特点也会与内部的明显不同。例如，在过渡金属氧化物内接近表面的缺陷 O 的位置经常有羟基存在。

XRD 是依赖于材料内大量单位晶胞的内在散射的平均信息，对于局部微小的结构变化不敏感，所以 XRD 只能测定 LiMn₂O₄ 的整体结构，若想探测局域结构特点，需要采用其他技术，如同步辐射 XAS、ICP-AES 以及红外光谱等。图

3-15 为颗粒大小为 15nm、20nm、43nm 和 210nm 四种 $LiMn_2O_4$ 材料的 XANES 光谱，每个光谱都显示了较弱的吸收边缘前端的特征，从 6535eV 至 6540eV，归因于 1s 轨道电子激发到 3d 轨道。主要吸收峰位于 6555eV，是 1s 至 4p 轨道允许的电子跃迁。当化学价态较小时，吸收峰向低能量方向移动，而当化学价态升高时，吸收峰向高能量方向移动。所有化合物的主峰位置几乎相同，所以这些纳米晶 $LiMn_2O_4$ 中 Mn 的平均化学价态估计为 3.5。而实际由 Wickham 程序计算的 15nm、20nm、43nm、210nm 的材料的化合价分别为 3.52、3.48、3.51 和 3.48，也可以认为是接近相同的。

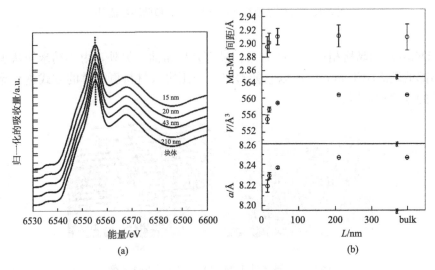

图 3-15　(a)块体和纳米 $LiMn_2O_4$ 中 Mn 的 XANES K-边光谱；(b)由 XRD 得到的
单位晶胞常数和由 EXAFS 得到的 Mn-Mn 原子间距(Okubo et al.，2010)

　　ICP 测量结果也显示了纳米晶 $LiMn_2O_4$ 结构中的 Li/Mn 比例的非化学计量性，理想的计量比为 0.5，而实际对于 15nm、20nm、43nm、210nm 的材料分别为 0.425、0.465、0.49 和 0.475。这样随着颗粒粒径的减小，锂离子的含量增加，而 Mn 的化学价态保持不变。产生这种现象的原因可能是材料表面呈缺 O 原子状态，或者被羟基替代。而实际通过 IR 检测，可以确认有羟基存在，O—H 键的伸缩振动峰位于 $3400cm^{-1}$，因而计量的纳米晶 $LiMn_2O_4$ 可以写为 $Li_{0.85}Mn_2O_{4-z}(OH)_{2z-0.15}(L=15nm)$，$Li_{0.93}Mn_2O_{4-z}(OH)_{2z-0.07}(L=20nm)$，$Li_{0.98}Mn_2O_{4-z}(OH)_{2z-0.02}(L=43nm)$，和 $Li_{0.95}Mn_2O_{4-z}(OH)_{2z-0.05}(L=210nm)$。根据 ICP 分析结果，$z$ 值分别为 $0.25(L=15nm)$、$0.17(L=20nm)$、$0.02(L=43nm)$ 和 $0.01(L=0.01nm)$。还应该注意，这些计量式只是纳米材料的平均计量式，颗粒内的成分是不均匀的，与距离表面的距离有关。

为了进一步调查纳米晶 LiMn₂O₄ 的结构特点，应用扩展 X 射线吸收精细光谱分析结构，如图 3-16 所示。图中显示 Mn-Mn 之间的原子距离是纳米晶颗粒粒径的函数，随着晶体颗粒的减小，原子间距也减小。LiMn₂O₄ 单位晶胞的减小很多情况下是 Mn 离子被 Li 离子替代的结果，即 $Li_{8a}[Li_xMn_{2-x}]_{16d}O_4$。然而，由 ICP 确定的 Li/Mn 的比值与 Li 的计量式不符，可能的原因是表面 32e 位置的 O 失去，该位置被羟基取代或出现氧缺陷，这样使得晶格常数减小。这种 O 原子结构的无序应该也引起 Mn—O 键距离的变化，但是样品散射计算并没有清晰地确定距离的变化情况。

为了精确地分析纳米颗粒对尖晶石 LiMn₂O₄ 电化学性能的影响，进行了恒电流间歇滴定技术的实验，测定了开路电位（OCV），实验所用充放电电流为 C/8，间歇时间为 10 min。图 3-16 为得到的 OCV 曲线，实线是实验中电压的改变情况，圆圈是间歇后 OCV 的值。虽然 10min 间歇时间不足以达到平衡状态，但是如果间歇时间延长，将产生新相。

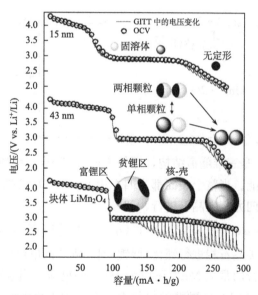

图 3-16　块体和纳米 LiMn₂O₄ 的 OCV 曲线（Okubo et al.，2010）
实线为 GITT 过程中的电位变化，圆圈为间歇 10min 后达到平衡时记录的 OCV
值，黑色为富锂区，浅色为贫锂区，粒径为 15nm 的化合物没有嵌锂的相界面

首先研究在 3.3V 以上纳米尺寸对充放电容量的影响，此时锂离子在八面体间隙的 8a 位置进行嵌入和脱嵌，随着颗粒的减小，在 3.9V 以上的容量降低，在 3.9V 以下的容量增加。

当 Li 离子嵌入 LiMn₂O₄ 中成为 Li₂Mn₂O₄ 时，电化学热力学为

$$\text{LiMn}_2\text{O}_4 + \text{Li} \longrightarrow \text{Li}_2\text{Mn}_2\text{O}_4 \tag{3-13}$$

开路电压 $U_{OC} = 2.97\text{V}$

吉布斯自由能 $\qquad\qquad \Delta G_{T,P}^{\ominus} = -FE^{\ominus} = -287\text{kJ/mol} \tag{3-14}$

锰酸锂尖晶石相变反应的标准自由能变化为

$$\Delta G_{T,P}^{\ominus} = \Delta G_f^{\ominus}(\text{Li}_2\text{Mn}_2\text{O}_4) - \Delta G_f^{\ominus}(\text{LiMn}_2\text{O}_4) - \Delta G_f^{\ominus}(\text{Li}) \tag{3-15}$$

纯金属 Li 的 $\Delta G_f^{\ominus}(\text{Li}) = 0$

　　计算吉布斯自由能 $\qquad\qquad \Delta G_{T,P}^{\ominus} = FE^{\ominus} \tag{3-16}$

$$\Delta G_f^{\ominus}(\text{Mn}_2\text{O}_3) = -88\text{kJ/mol}$$

$$\Delta G_f^{\ominus}(\text{MnO}_2) = -465\text{kJ/mol}$$

$$\Delta G_{p,\,T,\,\text{Calc}}^{\ominus} = -257\text{kJ/mol}$$

$$E_{\text{Calc}}^{\ominus} = 2.66\text{V}$$

锰酸锂材料的玻恩-哈伯循环图

由于 LiMn_2O_4 是三维隧道结构,即等方向性结构,所以它可以容纳核壳结构而不影响嵌锂性能。当整个表面都为四方相 $\text{Li}_2\text{Mn}_2\text{O}_4$ 尖晶石时,锂离子的嵌入应该通过表面的四方相尖晶石进行,即

$$d\text{Li}^+ + d\text{e}^- + [\text{Li}]_2^{8d}[\text{Mn}]_2^{8c}\text{O}_4 \longrightarrow \text{Li}_d[\text{Li}]_2^{8d}[\text{Mn}]_2^{8c}\text{O}_4 \tag{3-17}$$

当表面的正方尖晶石相进行锂化(嵌锂)时,需要的电位比立方尖晶石相锂化的电位低,因为进行的是从 Mn^{3+} 还原为 Mn^{2+} 的反应。当表面为正方相时,会发生较大的极化,在 210nm 颗粒的材料中存在这种极化现象。当颗粒尺度减小到 43nm 时,在高锂浓度区较大的极化现象也消失,这是因为比较大的纳米表面积使得正方相尖晶石不能完全覆盖材料的表面。当进一步减小晶粒的粒度时,表面能增加,使得锂化相 $\text{Li}_{2-\beta}\text{Mn}_2\text{O}_4$ 的固溶界限扩展。

LiMn_2O_4 的纳米化也影响了两相区的 OCV,Jamnik 等认为,当颗粒小于 100nm 时,电化学性能受到表面能的影响。Wagemaker 等认为,除了表面能,相界的界面能也影响到电化学性能。显然,对于纳米材料 LiMn_2O_4 而言,纳米尺寸对 Li 化学势的影响更复杂,包含了结构的无序如羟基的取代等。当晶粒进

一步减小时，电压区的平均 OCV 的值从 2.97V 降到 2.90V。

图 3-17 为与晶粒尺寸有关的相图，随着颗粒尺寸减小到 43nm，$Li_{1+x}Mn_2O_4$ 可能进行完全的锂化。当颗粒尺寸进一步减小到 15nm，将导致两相界面的消失，这时候的锂化没有相界。从结构角度出发，粒径为 15nm 的化合物进行锂化时得到的无定形相与正方尖晶石相有关，由于 Mn^{3+} 的 Jahn-Teller 效应，晶体结构发生扭曲，但不是沿着 c 轴方向，而是随机进行的。

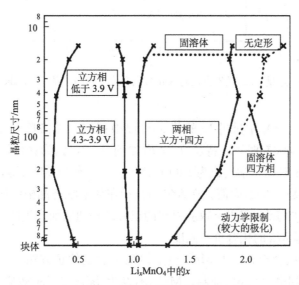

图 3-17　反映 $Li_{1+x}Mn_2O_4$ 锂化程度与晶粒尺寸关系的相图(Okubo et al.，2010)

3.8　$LiMn_2O_4$ 晶格的两种不稳定性

$LiMn_2O_4$ 晶格存在两种不稳定性，一种是富锂状态的不稳定性，另一种是由 Jahn-Teller 效应引起的不稳定性。在合成尖晶石 $LiMn_2O_4$ 时，当 Li 过量时，生成 $Li(Li_xMn_{2-x})O_4$，因为 Mn^{4+} 比 Mn^{3+} 稳定，所以在氧气环境下，Mn 的平均化合价趋向增高，Li^+ 将优先取代 $16d$ 位置的 Mn，满足电荷平衡条件；如果在还原条件下，过量的 Li^+ 可能会优先嵌入 $16c$ 的位置，形成正方结构的 $Li_{1+x}Mn_2O_4(Mn^{y+}：y<3.5)$，如图 3-18 所示。因此，存在两种富锂尖晶石结构，即 $Li_{[8a]}(Li_xMn_{2-2x})_{[16d]}O_{4[32e]}$ 和 $Li_{[8a]}Li_{x[16c]}Mn_{2[16d]}O_{4[32e]}$，取决于是否在氧化性环境下得到了 $Mn^{y+}(y>3.5)$ 和还原性环境下得到了 $Mn^{y+}(y<3.5)$。从结构角度看，氧化环境下发生的 $16d$ 位置取代能够稳定尖晶石相，而还原环境下发生的 $16c$ 位置的嵌锂使尖晶石相不稳定，引发 Jahn-Teller 效应，发生 $LiMn_2O_4$ 和 $Li_2Mn_2O_4$ 之间的两相反应。

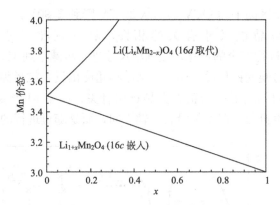

图 3-18　过量 Li 的优先占位与 Mn 的化合价之间的关系(Yamada，1996)

$Li(Li_xMn_{2-x})O_4$ 中过量 Li 的值 x 可以根据饱和晶格常数进行估算，当温度从 800℃降至 400℃时，x 将从 0.12 增加到 0.33，因为在低温下氧化能力较强。当 $x=0.33$ 时，化学组成为 $Li(Li_{1/3}Mn_{5/3})O_4$ 或 $Li_4Mn_5O_{12}$，其中 Mn 的化合价是+4，这是 x 的最大值。立方尖晶石相在放电状态晶格结构不稳定是八面体间隙的 Mn^{3+} 的 Jahn-Teller 效应引起的正方结构扭曲而产生的，受到以下两个因素的影响，即 Mn 的化合价和温度。

(1) Mn 的化合价态：由 Mn^{3+} ($t_{2g}^3 e_g^1$)离子引起的正方相晶格的扭曲被没有发生扭曲区的 Mn^{4+} ($t_{2g}^3 e_g^0$)抑制，Mn^{4+} 不发生 Jahn-Teller 效应。因此，在 Li-Mn 尖晶石体系，$Li_2Mn_2O_4$(Mn^{y+}：$y=3.0$)有最大的扭曲($c/a=1.158$)。当 Mn^{4+} 进入晶格时，这个扭曲被逐渐抑制，形成 $Li_5Mn_4O_9$($y=3.25$，$c/a=1.142$)，$Li_7Mn_5O_{12}$($y=3.40$，$c/a=1.108$)和 $LiMn_2O_{3.86}$($y=3.36$，$c/a=1.107$)。在 $LiMn_2O_4$ 中(Mn^{y+}：$y=3.5$)，晶格为立方对称，$c/a=1$。当 Mn 的平均价态接近 4 时，立方相更加稳定。正方相的晶格扭曲也可以被非 Jahn-Teller 效应离子 Mn^{2+} ($t_{2g}^3 e_g^2$)抑制。

(2) 温度的变化：在高温区，即温度 $T>T_t$，T_t 为相变温度，氧八面体在三维方向的局部扭曲是独立进行的，但是受到熵变的制约，晶格是立方对称。在低温区，熵的影响效果不明显，形成正方有序结构，扭曲沿一个方向进行。当 $T_t<280K$ 时，$LiMn_2O_4$ 的情况更复杂，它会发生较小的晶格扭曲，$c/a=1.011$，正方相($I4_1/amd$)和立方相($Fd\bar{3}m$)共存，体积比为 65%/35%。

根据以上分析，掺杂离子如 Mg^{2+} 和 Zn^{2+}，或者 3d 过渡金属离子，可以提高 Mn 的平均化合价，但是不如过量 Li 的效果显著，因为 Li 能够较大地提高 Mn 的平均化合价态数。

3.9　固相法制备 $LiMn_2O_4$ 的化学反应

以 Li_2O 和 MnO_2 为原料，制备 $LiMn_2O_4$，反应机理如下：

$$T > 495℃，Li_2O + MnO_2 \longrightarrow Li_2MnO_3 \tag{3-18}$$

$$T > 530℃，Li_2O + Mn_2O_3 \longrightarrow 2LiMnO_2 \tag{3-19}$$

以上是第一阶段的反应，反应生成中间产物 Li_2MnO_3、Mn_2O_3 和 $LiMnO_2$，它们在 4V 区间没有电化学活性。

在第二阶段反应中，反应过程如下：

$$T > 530℃，3LiMnO_2 + 1/2O_2 \longrightarrow LiMn_2O_4 + Li_2MnO_3 \tag{3-20}$$

$$T > 605℃，2Li_2MnO_3 + 3Mn_2O_3 + 1/2O_2 \longrightarrow 4\,LiMn_2O_4 \tag{3-21}$$

如果在惰性气体环境下，在 $500 \sim 1000℃$，正交相 $LiMnO_2$ 是热力学稳定的。

以 Li_2CO_3 和 $MnCO_3$ 为原料，制备 $LiMn_2O_4$，反应机理如下：

第一步：$T = 320 \sim 350℃$，$2MnCO_3 + 0.75O_2 \longrightarrow 2MnO_{1.75} + 2CO_2$　（3-22）

第二步：$T = 350 \sim 400℃$，$4MnO_{1.75} + Li_2CO_3 + yO_2 \longrightarrow 2LiMn_2O_{4+y} + CO_2$

$$\tag{3-23}$$

其中，$0.15 < y < 0.5$。

第三步：$T = 750℃$，$2LiMn_2O_{4+y} \longrightarrow 2LiMn_2O_4 + yO_2$　（3-24）

其中，第二步是锂盐向氧化锰中进行物质传输的过程，与其他两个反应步骤比，需要较长的反应时间。

参 考 文 献

Cho J, Kim G B, Lim H S, et al. 1999. Improvement of structural stability of LiMn₂O₄ cathode material on 55 degree C cycling by sol-gel coating of LiCoO₂. Electrochem Solid ST，2(12)：607-609

Chung K Y, Ryu C W, Kim K B. 2005. Onset mechanism of Jahn-Teller distortion in 4V LiMn₂O₄ and its suppress by LiM₀.₀₅Mn₁.₉₅O₄(M＝Co, Ni) coating. J Electrochem Soc，152(4)：A791-A795

Ha H K, Yun N J, Kim K. 2007. Improvement of electrochemical stability of LiMn₂O₄ by CeO₂ coating for lithium-ion batteries. Electrochim Acta，52(9)：3236-3241

Hayashi N, Ikuta H, Wakihara M. 1999. Cathode of LiMgᵧMn₂₋ᵧO₄ and LiMgᵧMn₂₋ᵧO₄₋d spinel phase for lithium secondary batteries. J Electrochem Soc，146(4)：1351-1354

Hirayama M, Ido H, Kim K S, et al. 2010. Dynamic structural changes at LiMn₂O₄/electrolyte interface during lithium battery reaction. J AM CHEM SOC，132：15268-15276

Huang R, Ikuhara Y H, Ikuhara Y, et al. 2011. Oxygen-vacancy ordering at surfaces of lithium manganese oxide spinel nanoparticles. Angew Chem Int Ed，50：3053-3057

Hunter J C. 1981. Lambda manganese di：oxide prepn. -by acid treatment of lithium manganese spinel,

US4246253-A

Jahn H A, Teller F. 1937. Stability of polyatomic molecules in degnerate electronic states. I. orbital degeneracy. Proc R Soc Lond A, 161: 220-235

Jang D H, Shin Y J, Oh S M. 1996. Dissolution of spinel oxides and capacity losses in 4V $Li/Li_xMn_2O_4$ cells. J Electrochem Soc, 143(7): 2204-2211

Jayaprakash N, Kalaiselvi N, Gangulibabu, et al. 2011. Effect of mono-(Cr) and bication(Cr, V) substitution on $LiMn_2O_4$ spinel cathodes. J Solid State Electrochem, 15: 1243-1251

Kitaura H, Hayashi A, Tatsumisago M, et al. 2011. Improvement of electrochemical performance of all-solid-state lithium secondary batteries by surface modification of $LiMn_2O_4$ positive electrode. Solid State Ionics, 192(1): 304-307

Lee H W, Muralidharan P, Ruffo R, et al. 2010. Ultrathin Spinel $LiMn_2O_4$ nanowires as high power cathode materials for Li-ion batteries. Nano Lett, 10: 3852-3856

Li G H, Ikuta H, Uchida T, et al. 1996. The spinel phase $LiM_yMn_{2-y}O_4$ (M=Co, Cr, Ni) as the cathode for rechargeable lithium batteries. J Electrochem Soc, 143: 178-182

Manev V, Banov B, Momchilov A, et al. 1995. $LiMn_2O_4$ for 4 V lithium-ion batteries. J Power Sources, 57: 99-103

Miura K, Yamada A, Tanaka M. 1996. Electric state of spinel $Li_xMn_2O_4$ as a cathode of the rechargeable battery. Electrochim Acta, 41(2): 249-256

Myung S T, Komaba S, Kumagai N. 2001. Enhanced structural stability and cyclability of Al-doped $LiMn_2O_4$ spinel synthesized by the emulsion drying method. J Electrochem Soc, 148(5): A482-A489

Okubo M, Mizuno Y, Yamada H, et al. 2010. Fast Li-ion insertion into nanosized $LiMn_2O_4$ without domain boundaries. Acs Nano, 4: 741-752

Park S B, Shin H C, Ho C, et al. 2008. Improvement of capacity fading resistance of $LiMn_2O_4$ by amphoteric oxide. J Power Sources, 180(1): 597-601

Pistoia G, Antonini A, Rosati R. 1997. Doped Li-Mn Spinel: physical/chemical characteris. Chem Mater, 9: 1443-1450

Sahan H, Goktepe H, Patat S, et al. 2011. Improvement of the electrochemical performance of $LiMn_2O_4$ cathode active material by lithium borosilicate(LBS) surface coating for lithium ion batteries. J Alloy Compd, 509(12): 4426-4432

Sigara C, Guyomard D, Verbaere A, et al. 1995. Position eletrode materials with high operating voltage for lithium batteries: $LiCr_yMn_{2-y}O_4$ ($0 \leqslant y \leqslant 1$). Solid State Ionics, 81: 167-170

Song J W, Nguyen C C, Song S W, et al. 2011. Impacts of surface Mn valence on cycling performance and surface chemistry of Li-and Al-substituted spinel battery cathodes. J Electrochem Soc, 158 (5): A458-A464

Sun Y K, Jeon Y S, Lee H J. 2000. Overcoming Jahn-Teller distortion for spinel Mn phase. Electrochem Solid ST, 3(1): 7-9

Thackeray M M. 1995. Structural consideration of layered and spinel lithiated oxide for lithium ion batteries. J Electrochem Soc, 142(8): 2558-2563

Thirunakaran R, Sivashanmugam A, Gopukumar S, et al. 2009. Cerium and zinc: Dual-doped $LiMn_2O_4$ spinels as cathode material for use in lithium rechargeable batteries. J Power Sources, 187: 565-574

Yamada A, Miura K, Hinokuma K, et al. 1995. Synthesis and Structural Aspect of $LiMn_2O_{4\pm\delta}$ as a cathode for rechargeable lithium ion batteries. J Electrochem Soc, 142(7): 2149-2156

Yamada A, Tanaka M, Tanaka K, et al. 1999. Jahn-Teller instability in spinel Li-Mn-O. J Power Sources, 81-82: 73-78

Yamada A, Tanaka M. 1995. Jahn-teller structural phase transition around 280K in LiMn₂O₄. Mater Res Bull, 39(6): 715-721

Yamada A. 1996. Lattice instability in Li(Li$_x$Mn$_{2-x}$)O₄. J Solid State Chem, 122: 160-165

Zhong Q M, Bonakdarpour A, Dahn J R, et al. 1997. Synthesis and electrochemistry of LiNi$_x$Mn$_{2-x}$O₄. J Electrochem Soc, 144(1): 205-213

第4章 层状 $LiMnO_2$ 和 $Li(NiCoMn)_{1/3}O_2$ 材料及其衍生物

4.1 $LiMnO_2$ 的结构

层状 $LiMnO_2$ 材料具有锰资源丰富、低毒性、高容量（285mA·h/g）等优点，是一种很有潜力的正极材料。$LiMnO_2$ 是一种同质多晶化合物，有三种结构形式，即斜方结构的 m-$LiMnO_2$、正交结构的 o-$LiMnO_2$、菱方结构的 r-$LiMnO_2$。正交相的 o-$LiMnO_2$ 是一个有序的岩盐结构，其中 LiO_6 和 MnO_6 八面体位于褶皱层上，而单斜的 m-$LiMnO_2$ 也是有序的岩盐结构，但是 Li 离子位于 MnO_6 层间的八面体间隙位置。这两种结构的 $LiMnO_2$，会因为高自旋的 Mn^{3+}（$t_{2g}^3 e_g^1$）引起的 Jahn-Teller 效应使得氧阵列的立方紧密堆积发生扭曲。o-$LiMnO_2$ 可以用高温固相反应方法制备；m-$LiMnO_2$ 的结构不如 o-$LiMnO_2$ 稳定，可采用低温方法如离子交换和水热反应法制备，在 150℃ 退火时，它会缓慢转变为四方相的 $Li_2Mn_2O_4$ 和 o-$LiMnO_2$，所以是亚稳相的结构，如果不掺杂其他元素，m-$LiMnO_2$ 很难在高温条件下合成（图 4-1）。

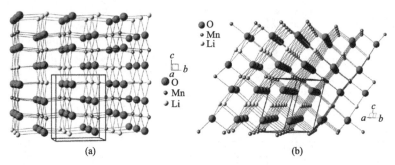

图 4-1 晶体结构(Pang et al.，2013)

(a) o-$LiMnO_2$($Pmnm$)；(b) m-$LiMnO_2$($C2/m$)

1996 年 Armstrong 和 Bruce 首次报道了用离子交换法合成纯相的单斜相 m-$LiMnO_2$，具体步骤为：先将 Na_2CO_3 和 Mn_2O_3 在氩气气氛下于 700～730℃ 固相反应 18～72h，得到 α-$NaMnO_2$，将所得的 α-$NaMnO_2$ 和 LiCl（或 LiBr）在己醇中以 145～150℃ 回流 8h 左右，反应后分别用己醇和乙醇洗涤不溶物，干燥后得到产物。在充电电流密度为 $10\mu A/cm^2$ 时，首次充电容量达 270mA·h/g；充电

电流密度为 $0.15mA/cm^2$ 时，首次充电容量为 $200mA \cdot h/g$，但循环性能不理想。现在可以在 220℃下用水热方法直接从 Mn_2O_3 及 LiOH 和 KOH 的混合溶液合成带有少量正交型 $o\text{-}LiMnO_2$ 和 Li_2MnO_3 的单斜相 $m\text{-}LiMnO_2$。单斜相 $m\text{-}LiMnO_2$ 是热力学不稳定相，Li 离子进行嵌入和脱嵌反应时不是可逆进行的，单斜相 $m\text{-}LiMnO_2$ 将转变成尖晶石相。在 $m\text{-}LiMnO_2$ 中掺杂金属元素，已经引起广泛的注意，因为掺杂金属能够抑制这种结构的变化。例如，将 $m\text{-}LiMnO_2$ 中 5% 的 Mn 用 Al 或者 Cr 替代，即可抑制结构变化。

图 4-2 为 $o\text{-}LiMnO_2$ 和 $m\text{-}LiMnO_2$ 的晶体结构数据。

正交型的 $LiMnO_2$，具有一个岩盐相结构，空间群为 $Pmnm$，晶胞参数 $a = 0.2805nm$，$b = 0.5757nm$，$c = 0.4572nm$。在进行电化学循环时，转变为尖晶石结构，为不可逆转变。

Mosbah 等调查了从 $LiMnO_2$ 中用化学方法萃取 Li 引起的结构变化的情况，提出了一个氧化/还原反应机理。

从 $LiMnO_2$ 中萃取 Li 可以分为两种反应类型，离子交换和氧化还原反应。
离子交换反应

$$LiMn^{III}O_2 + xH^+ \longrightarrow Li_{1-x}H_xMn^{III}O_2 + xLi^+ \tag{4-1}$$

氧化还原反应

$$LiMn^{III}O_2 - xe^- \longrightarrow Li_{1-x}Mn^{III}_{1-x}Mn^{IV}_xO_2 + xLi^+ \tag{4-2}$$

在离子交换中，Mn 的价态没有改变，但是在氧化还原反应中，萃取 Li 时，Mn 的价态从 +3 升到 +4。在酸性环境中，固相中的 Mn^{3+} 发生歧化反应，生成 Mn^{2+} 和 Mn^{4+}，伴随着 Mn^{2+} 和 Li^+ 的溶解：

$$3LiMn^{III}O_2 + 4xH^+ \longrightarrow Li_{3-2x}Mn^{III}_{3-2x}Mn^{IV}_xO_{6-2x} + xMn^{2+}$$
$$+ 2xLi^+ + 2xH_2O \quad (0 < x < 3/2) \tag{4-3}$$

化学反应法萃取 Li 的过程如下：将 40g LiCl、10g LiOH 和 5g $\gamma\text{-}MnOOH$ 混合，在 650℃的 N_2 气氛下焙烧 2h。将产物浸入去离子水中，将盐溶解掉，得到的 $LiMnO_2$ 用水清洗、过滤，在 70℃下干燥。

将 $LiMnO_2$ 置于 $0.5mol/dm^3$ 的 $(NH_4)_2S_2O_8$ 中，间歇摇动，萃取反应以后，将固体清洗、过滤、在 70℃下干燥。作为比较，在相同的条件下，用 $0.1mol/dm^3$ 的 HNO_3 萃取 Li 离子。

将不同充放电状态下的 $LiMnO_2$ 溶解于 H_2O_2 和 HCl 混合溶液中，用原子吸收光谱的方法分析溶液中的 Li 和 Mn，确定它们在材料中的含量。

萃取出的 Li^+ 成分＝从溶液中得到的 Li^+ 的量/原始的 $LiMnO_2$ 中 Li^+ 的量

XRD 显示 $o\text{-}LiMnO_2$ 为主要成分，含有少量的 Li_2MnO_3。从 (120)、(010) 和 (021) 晶面计算得到晶格常数分别为：$a = 2.82$Å、$b = 5.73$Å 和 $c = 4.60$Å。DTA-TG 曲线上在 462℃处有一个放热峰，伴随着重量增加 (图 4-3)。对样品在

⠿ Published crystallographic data

Space group	Pmmn O2 (59)
Cell parameters	a = 0.45780(2), b = 0.57488(3), c = 0.28054(1) nm, α = 90, β = 90, γ = 90°
	V = 0.07383 nm^3, a/b = 0.796, b/c = 2.049, c/a = 0.613

Atom coordinates	Site	Elements	Wyck.	Sym.	x	y	z	SOF
	Mn	0.929Mn + 0.071Li	2a	m2m	1/4	0.630(1)	1/4	
	Li	0.929Li + 0.071Mn	2a	m2m	1/4	0.099(5)	1/4	
	O1	O	2b	m2m	3/4	0.132(6)	1/4	
	O2	O	2b	m2m	3/4	0.612(5)	1/4	

⠿ Standardized crystallographic data

Space group	Pmmn O2 (59)
Cell parameters	a = 0.28054, b = 0.4578, c = 0.57488 nm, α = 90, β = 90, γ = 90°
	V = 0.0738 nm^3, a/b = 0.613, b/c = 0.796, c/a = 2.049

Atom coordinates	Site	Elements	Wyck.	Sym.	x	y	z	SOF
	O2	O	2b	mm2	1/4	3/4	0.112	
	O1	O	2b	mm2	1/4	3/4	0.632	
	Mn	0.929Mn + 0.071Li	2a	mm2	1/4	1/4	0.13	
	Li	0.929Li + 0.071Mn	2a	mm2	1/4	1/4	0.599	

Transformation	new axes c,a,b; origin shift 0 0 1/2

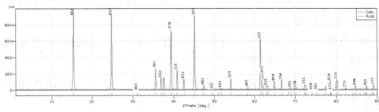

d-spacing [nm]	2theta [deg.]	Int.	h k l	MuL
0.5751	15.400	1000.0	0 0 1	2
0.3580	24.840	948.1	0 1 1	4
0.2875	31.080	1.8	0 0 2	2
0.2522	35.580	275.9	1 0 1	4
0.2435	36.900	159.6	0 1 2	4
0.2392	37.580	155.4	1 1 0	4
0.2288	39.360	756.7	0 2 0	2
0.2209	40.820	245.4	1 1 1	8
0.2126	42.500	139.4	0 2 1	4
0.2008	45.120	925.3	1 0 2	4
0.1917	47.380	65.7	0 0 3	2
0.1839	49.520	9.9	1 1 2	8
0.1790	50.980	0.6	0 2 2	4
0.1768	51.660	30.2	0 1 3	4
0.1694	54.080	152.1	1 2 1	8
0.1583	58.240	62.2	1 0 3	4
0.1509	61.380	1000.0	1 2 2	8
0.1496	62.000	323.6	1 1 3	8
0.1474	63.000	89.8	0 3 1	4
0.1469	63.240	83.4	0 2 3	4
0.1438	64.900	178.3	0 0 4	2
0.1403	66.600	195.8	2 0 0	2
0.1372	68.340	9.4	0 1 4	4
0.1363	68.820	44.3	2 0 1	4
0.1347	69.740	49.8	0 3 2	4
0.1340	70.180	50.2	1 3 0	4
0.1306	72.260	113.3	2 1 1	8
0.1305	72.360	61.1	1 3 1	8
0.1302	72.560	58.3	1 2 3	8
0.1279	74.040	0.4	1 0 4	4
0.1261	75.300	0.2	2 0 2	4
0.1232	77.380	334.9	1 1 4	8
0.1217	78.520	881.9	0 2 4	4
0.1216	78.640	345.6	2 1 2	8
0.1214	78.720	13.0	1 3 2	8
0.1196	80.180	1000.0	2 2 0	4
0.1193	80.400	57.0	0 3 3	4
0.1171	82.280	243.2	2 2 1	8
0.1150	84.100	33.3	0 0 5	2
0.1144	84.660	427.8	0 4 0	2
0.1132	85.740	161.1	2 0 3	4
0.1122	86.740	106.4	0 4 1	4
0.1117	87.220	2.5	1 2 4	8
0.1115	87.360	394.1	0 1 5	4
0.1104	88.460	1.0	2 2 2	8
0.1099	89.000	89.6	2 1 3	8

(a)

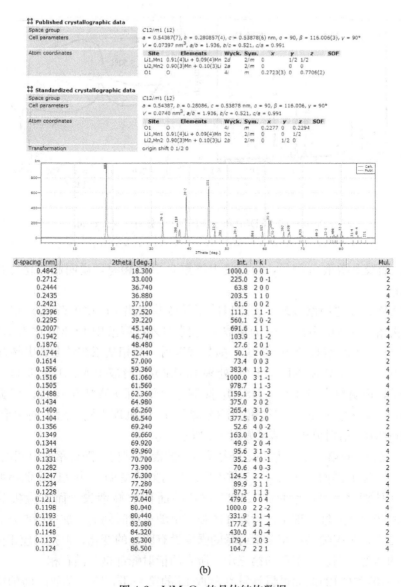

d-spacing [nm]	2theta [deg.]	Int.	h k l	Mul.
0.4842	18.300	1000.0	0 0 1	2
0.2712	33.000	225.0	2 0 -1	2
0.2444	36.740	63.8	2 0 0	2
0.2435	36.880	203.5	1 1 0	4
0.2421	37.100	61.6	0 0 2	2
0.2396	37.520	111.3	1 1 -1	4
0.2295	39.220	560.1	2 0 -2	2
0.2007	45.140	691.6	1 1 1	4
0.1942	46.740	103.9	1 1 -2	4
0.1876	48.480	27.6	2 0 1	2
0.1744	52.440	50.1	2 0 -3	2
0.1614	57.000	73.4	0 0 3	2
0.1556	59.360	383.4	1 1 2	4
0.1516	61.060	1000.0	3 1 -1	4
0.1505	61.560	978.7	1 1 -3	4
0.1488	62.360	159.1	3 1 -2	4
0.1434	64.980	375.0	2 0 2	2
0.1409	66.260	265.4	3 1 0	4
0.1404	66.540	377.5	0 2 0	2
0.1356	69.240	52.6	4 0 -2	4
0.1349	69.660	163.0	0 2 1	4
0.1344	69.920	49.9	2 0 -4	2
0.1344	69.960	95.6	3 1 -3	4
0.1331	70.700	35.2	4 0 -1	2
0.1282	73.900	70.6	4 0 -3	2
0.1247	76.300	124.5	2 2 -1	4
0.1234	77.280	89.9	3 1 1	4
0.1228	77.740	87.3	1 1 3	4
0.1211	79.040	479.6	0 0 4	2
0.1198	80.040	1000.0	2 2 -2	4
0.1193	80.440	331.9	1 1 -4	4
0.1161	83.080	177.2	3 1 -4	4
0.1148	84.320	430.0	4 0 -4	2
0.1137	85.300	179.4	2 0 3	2
0.1124	86.500	104.7	2 2 1	4

(b)

图 4-2　$LiMnO_2$ 的晶体结构数据

(a) o-$LiMnO_2$（$Pmnm$）；(b) m-$LiMnO_2$（$C2/m$）

500℃下进行 XRD 分析，发现有尖晶石 $LiMn_2O_4$ 相和 $LiMn_2O_3$ 相，证明了在 462℃处的放热峰发生了由正交 o-$LiMnO_2$ 相转变为混合物 $LiMn_2O_4$ 和 $LiMn_2O_3$，同时吸收了 O_2。这个反应可以写成

$$3LiMnO_2 + 1/2O_2 \longrightarrow Li_2MnO_3 + LiMn_2O_4 \qquad (4\text{-}4)$$

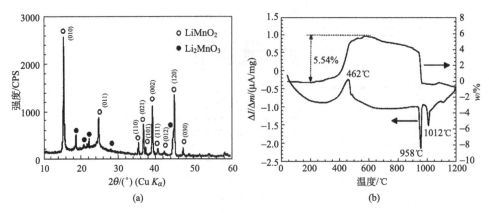

图 4-3　LiMnO$_2$ 的 XRD(a)和 TG-DTA(b)分析(Tang et al.，1999)

　　TG 曲线上增重 5.54%，与理论上增重 5.68%相符，说明起始化合物主要为 LiMnO$_2$。

　　对 LiMnO$_2$ 进行酸处理 1 天可以除了导致萃取出 Li 外(9.6mmol/g)，还能使 Mn 溶解(4.4mmol/g)。Li 的萃取率达到 84%，溶液中 Li/Mn 比为 2.2，接近式(4-3)的理论值(Li/Mn=2.0)。酸处理以后，晶相从正交转变成尖晶石型。

　　用 0.5mol/dm^{3}的(NH$_4$)$_2$S$_2$O$_8$ 处理 LiMnO$_2$，溶液中 Mn 的浓度低于 10^{-6} mol/dm^3，说明氧化剂(NH$_4$)$_2$S$_2$O$_8$ 抑制了 Mn(Ⅲ)的歧化反应。因此，用(NH$_4$)$_2$S$_2$O$_8$ 萃取 Li 的机理与用 HNO$_3$ 萃取 Li 的机理不同。对不同萃取 Li 的阶段进行 XRD 衍射分析，结果如图 4-4 所示。

　　在萃取 Li 的第一步，为正交和尖晶石相的混合结构，随着萃取时间的增加，对应 LiMnO$_2$ 的晶面(010)、(011)和(021)的衍射峰变弱，并且向较低衍射角方向偏移。处理 2 h，样品的(002)和(120)晶面衍射峰消失，而对应尖晶石的(111)和(400)衍射峰出现了，衍射峰的强度也随萃取时间的增加逐渐增强。在萃取的第二步，对应尖晶石相的衍射峰的强度没有明显的变化，但是对应正交相的衍射峰的强度变弱。在萃取的第三步，所有的衍射峰都是尖晶石相。

　　由(010)和(012)晶面可以计算在萃取 Li 的第一步，随着萃取时间的增加正交晶系 LiMnO$_2$ 的晶格常数 b 从 5.73Å 增加到 5.82Å，而 c 值从 4.6Å 减小到 4.39Å。沿 c 轴方向收缩有利于在萃取 Li 的过程中稳定八面体[MnO$_6$]的结构，因为 LiMnO$_2$ 中的[MnO$_6$]八面体在 Jahn-Teller 效应下将沿 c 轴延长。在萃取 Li 的第二步，b 和 c 保持不变。尖晶石相的(400)峰的强度比其他衍射峰的强度高，在第一、二步阶段，该峰没有移动，在第三步阶段，该峰向高衍射角方向移动，晶格常数从 8.25Å 减小到 8.20Å。

　　以上这些结果说明在第一、二步萃取 Li 阶段，伴随着结构变化。第一步从

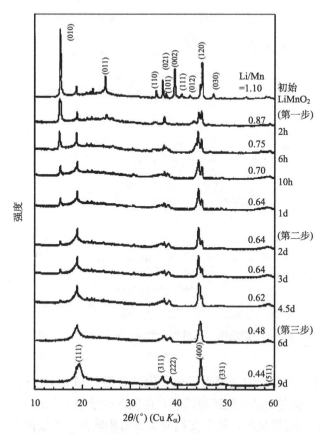

图 4-4　萃取 Li^+ 样品的 XRD 图谱(Fang et al.，1999)

正交相向尖晶石相转变的速度大于第二步，结构转变的速度与固相中 Li/Mn 比值的减小速度相关。

　　根据对萃取反应的化学分析，提出萃取锂离子的机理，如图 4-5 所示。第一步萃取 Li 的反应主要是一个氧化还原过程，因为 H^+/Mn 的比值增加很小，$(NH_4)_2S_2O_8$ 在水溶液中具有较高的氧化性，又因为 O 在 $S_2O_8^{2-}$ 中以 O_2^{2-} 形式存在而不是 O^{2-}，故 $(NH_4)_2S_2O_8$ 可以促进萃取 Li 的氧化还原反应发生，反应可以用下面的方程式表示：

$$2LiMn^{III}O_2(s) + xS_2O_8^{2}(l) \longrightarrow 2Li_{1-x}Mn^{III}_{1-x}Mn^{IV}_xO_2(s) + 2xLi^+(l) + 2xSO_4^{2-}(l)$$

$$(4-5)$$

　　氧化还原型萃取 Li 能够引起 $LiMnO_2$ 的结构从正交型转变成尖晶石型，因为萃取 Li 以后，在材料的结构中产生空位，这样的正交结构不稳定，容易向尖晶石转变。

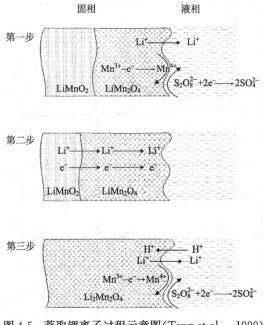

图 4-5　萃取锂离子过程示意图(Tang et al.，1999)

萃取 Li 的第二步较慢是因为形成了尖晶石相 $LiMn_2O_4$，Li^+ 在尖晶石中的扩散较慢。第三步主要是氧化还原机理，伴随着少量的 H^+ 交换。

图 4-6 表示相转变机理，从正交相向尖晶石相转变，不仅需要迁移全部的 Li 离子，而且需要迁移一半的 Mn 离子。一半的 Li 离子萃取进入溶液，另一半留在四面体间隙的位置，从而形成八面体间隙出现空位，然后一半的 Mn 离子进入八面体间隙位置。Li 和 Mn 离子迁移是通过邻近的四面体间隙发生的，另外沿着正交相 $LiMnO_2$ 的 c 轴扭曲的 $[MnO_6]$ 阵列使得 Li 离子和 Mn 离子的迁移变得容易。

图 4-7 显示为棒状晶体，具有不同大小的颗粒。萃取 6 天后材料的形貌没有明显的变化。

根据以上结果可知，Li 离子可以在氧化性溶剂 $(NH_4)_2S_2O_8$ 中从正交相 $LiMnO_2$ 中被萃取出来，而 Mn 不溶解。这个反应主要进行的是氧化还原反应，反应物能够保持原来的形状，但是结构却发生了从正交相向尖晶石相转变。正交相 $LiMnO_2$ 转变成尖晶石相 $LiMn_2O_4$ 的过程中，不仅 Li 要发生迁移，Mn 也要在氧的框架中迁移。

在充放电循环过程中，$LiMnO_2$ 化合物也进行从正交相向尖晶石相的转变，因为该材料中的 Mn 的化学价态为 +3，引发 Jahn-Teller 效应。在充电过程中，一部分 Mn^{3+} 氧化为 Mn^{4+}，所以充放电过程发生 $[MnO_6]$ 八面体的 Jahn-Teller

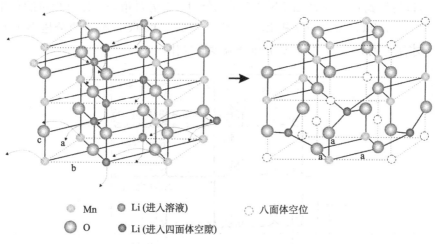

● Mn	● Li(进入溶液)	○ 八面体空位
○ O	● Li(进入四面体空隙)	

图 4-6　正交相 $LiMnO_2$ 转变为尖晶石相 $LiMn_2O_4$ 的机理示意图(Tang et al.，1999)

图 4-7　原始的 $LiMnO_2$ 的 SEM(a)，处理 6 天后样品的 SEM(b)(Tang et al.，1999)

扭曲，将直接影响到 Li 离子扩散的可逆性，因为一部分 Li 离子在变形中被束缚起来。如果用其他过渡金属元素替代 Mn，Jahn-Teller 扭曲将被抑制。

4.2　掺杂元素的作用

在对 $LiMnO_2$ 进行掺杂时，氧分压的控制极为重要，在掺 Al 的过程中，焙烧温度为 950℃，时间 2h，氧的分压控制在 $P_{O_2} = 10^{-12} \sim 10^{-2}$ atm，气体采用 $Ar\text{-}O_2$ 和 $CO\text{-}O_2$ 混合气体，图 4-8 为在各种氧分压条件下 $LiMnO_x$ 的 XRD 图谱。在较高的氧分压 10^{-2} atm 和 10^{-3} atm 下，最终相为 $LiMn_2O_4$ 和 Li_2MnO_3，它们是等摩尔分数。当氧分压进一步减小到 10^{-4} atm 以下，$o\text{-}LiMnO_2$ 开始形

成，可以检测到有少量的 Li_2MnO_3，在 $2\theta = 18.3°$衍射角处，还有少量的杂相物质，为 m-$LiMnO_2$ 或者正交相 $Li_2Mn_2O_4$。所以在 950℃，要求氧分压小于 10^{-4} atm，才能得到 Mn^{3+}，临界氧分压随温度而变化。

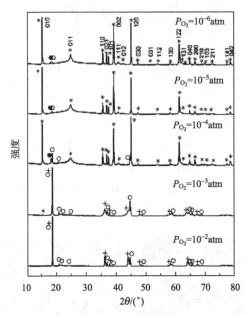

图 4-8　在不同氧分压、950℃下煅烧 2h 得到的 $LiMnO_x$ 的 XRD 图谱

(Jang and Chiang, 2000)

* : o-$LiMnO_2$；＋：$LiMn_2O_4$；○：Li_2MnO_3；● : m-$LiMnO_2$ 或 $Li_2Mn_2O_4$

单斜相 $LiMnO_2$ 和正方相 $LiMnO_2$ 的 XRD 的区分见图 4-9。掺杂元素对氧分压作用的影响见图 4-10，如图所示，随着掺杂 Al 量的增加，在 $2\theta = 18.3°$衍射角处杂相衍射峰强度亦增加。当 $LiAl_yMn_{1-y}O_2$ 中 $y = 0$ 和 $y = 0.01$ 时，正交相是主要相，当掺杂量 $y \geqslant 0.03$ 时，正交相的含量减少。当掺杂量 $y \geqslant 0.03$ 时，

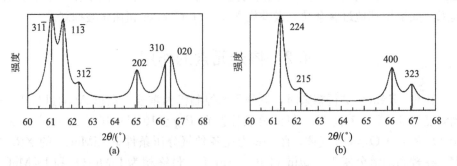

图 4-9　m-$LiMnO_2$ 的 XRD 图谱(a)，o-$LiMnO_2$ 的 XRD 图谱(b)(Jang and Chiang, 2000)

$2\theta=18.3°$ 衍射角处的衍射峰成为主要相，根据 $66°\sim68°$ 衍射角范围的衍射峰可知为单斜相，而非四方相 $Li_2Mn_2O_4$。当 $y\geqslant0.07$ 时，出现了 γ-LiAlO₂，随着 Al 量的增加，其含量也增加，这说明在 950℃、氧分压为 $P_{O_2}=10^{-7}$ atm 条件下，Al 在 $LiAl_yMn_{1-y}O_2$ 中固溶度是 5%～7%。在相同的温度和氧分压条件下，当 $y=1$ 时，得到单一相的 γ-LiAlO₂，由 LiO_4 和 AlO_4 四面体组成。这些结果说明掺杂 Al 能够对单斜相 LiMnO₂ 在高温条件下的结构起稳定作用。

（1）温度对相的稳定性的影响。采用 $y=0.05$，即 $LiAl_{0.05}Mn_{0.95}O_2$ 的样品检查温度对相稳定的效果。图 4-10 为在固定氧分压 10^{-7} atm 条件下、在不同温度下样品焙烧 2h 的 XRD 图谱。固定氧分压通过随温度变化调整 CO：CO₂ 的比值来获得，在 950℃下，单斜相为主要相，正交相和 Li_2MnO_3 为含量较少的相。随温度从 950℃降低到 800℃，Li_2MnO_3 相的含量增加，而当温度升高到 1000℃时，Li_2MnO_3 量减少，出现 Mn_3O_4。Li_2MnO_3 和 Mn_3O_4 分别在低温和高温下存在，这与一般的氧化现象一致，即在固定氧分压下，低温时呈氧化态，高温时呈还原态。实验结果说明制备单一相 $LiAl_yMn_{1-y}O_2$ 需要同时控制温度和氧分压。比较有趣的是正交相的含量随温度从 950℃降到 800℃而增加。

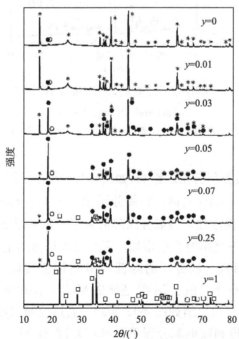

图 4-10　在氧分压 $P_{O_2}=10^{-7}$ atm、950℃下煅烧 2h 得到的样品 $LiAl_yMn_{1-y}O_2$

的 XRD 图谱（Jang and Chiang，2000）

＊：o-LiMnO₂；○：Li_2MnO_3；●：m-LiMnO₂；□：γ-LiAlO₂

（2）Al 的固溶度。图 4-11 显示随着温度从 950℃升高到 1000℃，正交相的含量也增加。在 1000℃下氧化物中出现 γ-LiAlO$_2$，说明化合物已经超过了 Al 的固溶度，在 850～950℃没有 γ-LiAlO$_2$，所以在 1000℃正交相含量的增加是由于高温下 Al 的固溶度较低温下的低。

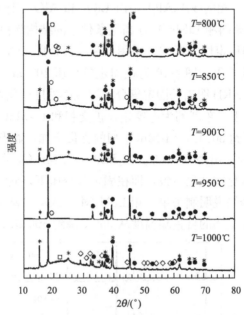

图 4-11　在 $P_{O_2}=10^{-7}$ atm 及不同温度下煅烧 2h 得到的 LiAl$_{0.05}$Mn$_{0.95}$O$_2$ 样品的 XRD 图谱

（Jang and Chiang，2000）

*：o-LiMnO$_2$；○：Li$_2$MnO$_3$；●：m-LiMnO$_2$；□：γ-LiAlO$_2$；◇：Mn$_3$O$_4$

Al 的固溶度也受到氧分压的影响，如图 4-12 所示。图中为 LiAl$_{0.05}$Mn$_{0.95}$O$_2$ 在 950℃下焙烧 2h 的 XRD 图谱，在氧分压 10^{-9}～10^{-7} atm 范围内，γ-LiAlO$_2$ 的量随氧分压的降低而增加，当氧分压降低到 10^{-7} atm 以下时，Al 的固溶度减低到 5% 以下，结果正交相的含量增加。因此可以得出结论，在 γ-LiAlO$_2$ 稳定范围，随着温度的升高、氧分压的降低，Al 的固溶度降低。在 950℃、低于 10^{-7} atm 的氧分压条件下，由于 Mn^{3+} 还原成 Mn^{2+}，出现少量的 Mn$_3$O$_4$。

综合以上结果，可以总结如图 4-13 所示。通过控制温度和氧分压，可以得到 Mn^{3+}；在较高温度和较低氧分压下，Mn$_3$O$_4$（含有 Mn^{3+} 和 Mn^{2+}）的含量增加；在较低温度和较高氧分压下，Li$_2$MnO$_3$（含 Mn^{4+}）的含量增加。在 Mn^{3+} 稳定的区间，在较高温度和氧分压下，单斜相是主要相。在 950℃、$P_{O_2}=10^{-7}$ atm 条件下，可以得到近 100% 的单斜相。在低温和低氧分压下，正交相是主要

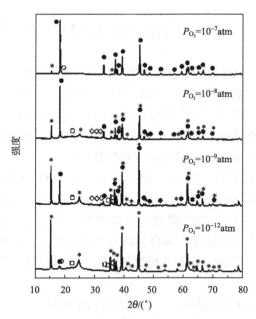

图 4-12　在 950℃ 各种氧分压下煅烧 2h 得到的 LiAl$_{0.05}$Mn$_{0.95}$O$_2$ 样品的 XRD 图谱

*：o-LiMnO$_2$；○：Li$_2$MnO$_3$；●：m-LiMnO$_2$；□：γ-LiAlO$_2$

相，在 800℃、$P_{O_2} = 10^{-12}$ atm 条件下，可以得到近 100% 的正交相。在 γ-LiAlO$_2$ 相稳定时，存在一个最大的 Al 的固溶度，在 950℃、$P_{O_2} = 10^{-7}$atm 条件下得到最大固溶度，为 5%～7%。在固溶度范围内，掺杂 Al 可以提高单斜相的含量。

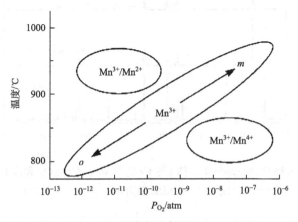

图 4-13　LiAl$_{0.05}$Mn$_{0.95}$O$_2$ 相稳定示意图（Jang and Chiang，2000）

4.3　掺 Cr 的化合物 $LiMn_{1-x}Cr_xO_2$

$LiMnO_2$ 化合物的理论容量较高，但是循环性能不理想，因为循环过程中发生了相变，转变为尖晶石相；Mn 溶解；Mn^{3+} 引发 JT(Jahn-Teller)效应等，导致容量衰减。为了提高材料的循环性能，采取了一些改进措施，如表面修饰、离子掺杂等。其中，离子掺杂是改进 $LiMnO_2$ 化合物循环性能较常用的方法，掺杂 Cr 部分 Mn，可以有效地提高 $LiMnO_2$ 的性能。

以 $LiNO_3$、$Mn(NO_3)_2 \cdot 6H_2O$ 和 $Cr(NO_3)_3 \cdot 6H_2O$ 为反应物，加入柠檬酸和乙二醇，柠檬酸和乙二醇的物质的量比为 1 : 4。在 90℃酯化以后，在 140～180℃发生螯合，在 180℃发生聚合，混合物为一种黑色的胶体。将该胶体在 300℃空气中焙烧 6h 成为粉末，再将得到的粉末研磨、在通氮气流下于 600℃退火 6h，再在 800℃下焙烧 15h。将得到活性物质与 PVDF 和乙炔黑混合制成电极，比例为 83 : 7 : 10。

图 4-14 为未掺 Cr 的 $LiMnO_2$、掺 5％ Cr 的 $LiMn_{0.95}Cr_{0.05}O_2$ 和掺 10％ Cr 的 $LiMn_{0.90}Cr_{0.10}O_2$ 的 XRD 图谱。$LiMnO_2$ 的空间群为 $Pmnm$，掺杂 Cr 的化合物的空间群为 $C2/m$。衍射图谱上没有 Cr_2O_3、CrO_2 等杂质相的衍射峰，这说明没有铬的氧化物生成，Cr 进入了 $LiMnO_2$ 的晶格中。对 XRD 进行精修，得到数据如表 4-1 所示。

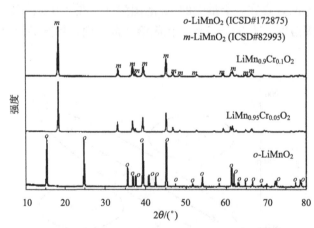

图 4-14　未掺 Cr 的 $LiMnO_2$、掺 5％ Cr 的 $LiMn_{0.95}Cr_{0.05}O_2$ 和掺 10％ Cr 的 $LiMn_{0.90}Cr_{0.10}O_2$ 的 XRD 图谱(Pang et al. ，2013)

因为 Cr^{3+} 的离子半径为 0.61Å(CN＝6)，Mn^{3+} 的离子半径是 0.645Å(CN＝6)，当结构从正交相转变成单斜相时，晶格常数随掺杂 Cr 的量而变化，有助于

表 4-1　计算的单斜和正交 LiMnO$_2$ 的晶格常数

目标计量式 Li[Ni$_{1/3}$Co$_{1/3}$Mn$_{1/3}$]O$_2$	测量计量式 （ref. oxygen＝2） Li$_{1.00}$[Ni$_{0.329}$Co$_{0.340}$Mn$_{0.330}$]O$_2$
精修结果	
晶格参数 a（Å）	2.8622±0.0002
晶格参数 c（Å）	14.2502±0.0013
c/a	4.9788
占据 3a 点	
Li	0.9411±0.0001
Ni	0.0590±0.0020
占据 3b 点	
Li	0.0589±0.0020
Ni	0.2743±0.0020
Co	0.3333
Mn	0.3333
占据 6c 点	
O	2.0000
Z_{oxy}（氧在 6c 点的 Z 值）	0.2589±0.001
B_{ow}（总的热参数）/Å^2	0.6088±0.052
R_{wp}（%）	7.06
R_B（%）	5.22

形成掺 Cr 的 LiMn$_{1-x}$Cr$_x$O$_2$ 固溶体。掺杂 Cr 以后，Jahn-Teller 效应减小，所以掺 Cr 后化合物的结构稳定性比 o-LiMnO$_2$ 好，虽然 o-LiMnO$_2$ 的结构比 m-LiMnO$_2$ 稳定。

图 4-15 为未掺杂和掺杂 10%Cr 的 LiMnO$_2$ 的 SEM 形貌，LiMnO$_2$ 为棒状颗粒，宽为 1μm，长为 1～6μm。掺 Cr 的化合物颗粒表面粗糙，呈现不规则的团聚，颗粒的大小随着掺杂 Cr 量的增加而减少，掺杂 5%Cr 的平均颗粒为 800nm，掺杂 10%Cr 的平均颗粒为 150nm。

图 4-16 为 o-LiMnO$_2$、LiMn$_{0.95}$Cr$_{0.05}$O$_2$ 和 LiMn$_{0.90}$Cr$_{0.10}$O$_2$ 三种材料制成电极的循环伏安曲线，电压范围为 2.5～4.5V，扫描速度为 0.1mV/s。对于 o-LiMnO$_2$，首次循环中，只有一个高的氧化峰位于 4.15V，一个宽的还原峰位于 3.0V。从第二次循环开始，在 3.10V/2.85V 处出现了氧化还原峰，对应 Mn^{3+}/Mn$^{3.5+}$ 的氧化还原反应。第 5 次循环以后，在 4.05V/3.9V 和 4.2V/4.1V 处出现了氧化还原峰，对应 Mn$^{3.5+}$/Mn^{4+} 的氧化还原反应，由富锂相转变为贫锂相。对于 LiMn$_{0.95}$Cr$_{0.05}$O$_2$ 和 LiMn$_{0.90}$Cr$_{0.10}$O$_2$ 材料，在首次循环中，在 4.2V 处出现

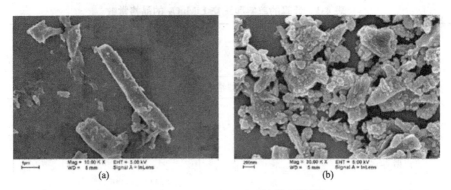

图 4-15　o-LiMnO$_2$(a) 和 LiMn$_{0.90}$Cr$_{0.10}$O$_2$(b)的 SEM(Pang et al.，2013)

了较大的氧化峰，在 3.0V 处出现了还原峰，另外在 3.5V 处也出现氧化峰，在 3.85V 处出现还原峰，在 4.40V 和 4.35V 处也可以检测出有一对氧化还原峰。 3.5V 的峰对应 Mn^{3+}/Mn$^{3.5+}$，3.85V 的峰对应 Mn$^{3.5+}$/Mn^{4+}。4.40V 和 4.35V 处的氧化还原峰对应 Cr^{3+}/Cr^{4+}，在随后的循环中这对峰消失，但是 3.22V/ 2.98V 处的 Mn^{3+}/Mn$^{3.5+}$ 和 4.20V/3.88V 处的 Mn$^{3.5+}$/Mn^{4+} 还保留。

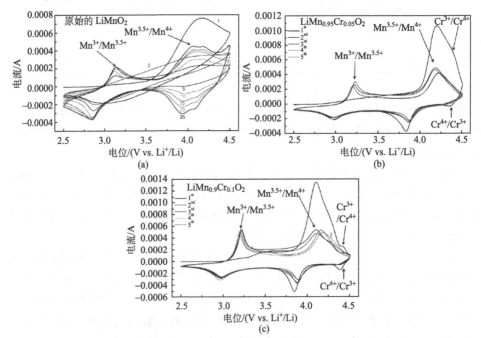

图 4-16　(a) o-LiMnO$_2$、(b) LiMn$_{0.95}$Cr$_{0.05}$O$_2$ 和(c) LiMn$_{0.90}$Cr$_{0.10}$O$_2$ 三种材料的循环
伏安曲线，0.1mV/s，30℃(Pang et al.，2013)

o-LiMnO$_2$ 在 4V 区有两对氧化还原峰，而对于 LiMn$_{0.95}$Cr$_{0.05}$O$_2$ 和 LiMn$_{0.90}$Cr$_{0.10}$O$_2$ 材料，对应 Mn$^{3.5+}$/Mn^{4+} 的只有一对氧化还原峰，这是由于掺杂 Cr 的缘故，增加了尖晶石结构的无序性，降低了富锂和贫锂相间的电位差。在 3V 区，与 o-LiMnO$_2$ 相似，有一个氧化峰位于 3.22V，还原峰位于 2.98V，在第二次循环中变得很突出。4.40V 和 4.35V 对应 Cr^{3+}/Cr^{4+} 的氧化还原峰在第二次循环以后消失，意味着掺杂 Cr 的样品在首次放电至低于 3.3V 完全转变为尖晶石相，掺杂 Cr 能够稳定尖晶石相和单斜相之间的转变。

将样品 LiMn$_{0.90}$Cr$_{0.10}$O$_2$ 的电极在 2.8V、4.5V 和 5.1V 处进行充放电后进行异位 X 射线吸收近边结构（X-ray absorption near edge structure，XANES）分析，如图 4-17 所示。

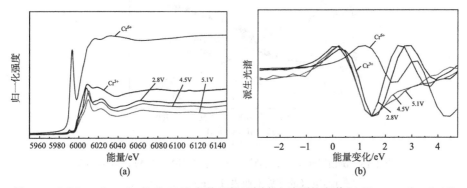

图 4-17　LiMn$_{0.90}$Cr$_{0.10}$O$_2$ 的 Cr K-边光谱(a)和不同充电阶段的光谱(b)(Pang et al.，2013)

从实验结果可以看到，当电极充电至 5.1V 时，Cr 没有从 +3 价氧化到 +6 价。虽然首次循环中，4.40V 和 4.37V 是 Cr^{3+}/Cr^{4+} 的氧化还原反应电位，但是 Cr^{6+} 的信息并没有在掺杂 Cr 的样品中发现，而除了首次循环外 Cr 离子是电化学惰性的，但是它能够稳定层状—尖晶石结构的相转变。

图 4-18 为 o-LiMnO$_2$、LiMn$_{0.95}$Cr$_{0.05}$O$_2$ 和 LiMn$_{0.95}$Cr$_{0.05}$O$_2$ 电极的充放电曲线，电流倍率为 0.1C，电压范围为 2.5~4.5V。对于 o-LiMnO$_2$ 电极，首次充放电时，在 3.66V 处有一个很长的充电平台，在 2.85V 处有一个短的放电平台。从第二次循环开始出现 3V 和 4V 的氧化还原电压，而且随着循环的进行，电压平台伸长。放电比容量从首次的 50mA·h/g 增加到第 30 次的 160mA·h/g。这些结果与循环伏安结果一致，这是因为在循环过程中材料发生了从层状结构向尖晶石结构的转变。容量的增加来源于循环中 3V 和 4V 平台容量的增加，但是它们的增加是不对称的。例如，4V 平台充电容量大于放电容量，而 3V 平台的充电容量则低于放电容量。在进行层状结构—尖晶石结构转变的过程中需要一定的能量，所以充放电的能量效率较低，这不利于锂离子电池材料性能的发挥。

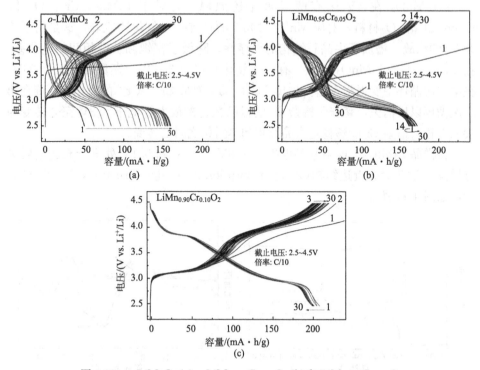

图 4-18 o-LiMnO$_2$(a)、LiMn$_{0.95}$Cr$_{0.05}$O$_2$(b)和 LiMn$_{0.95}$Cr$_{0.05}$O$_2$
(c)电极的充放电曲线(Pang et al.，2013)

对于掺杂 5% 的 Cr 的样品，首次充电平台位于 2.8V，放电平台位于 3.8V 和 3.0V。在随后的循环中，4V 和 3V 放电平台更加明显，充电曲线没有明显的改变。其初始放电容量为 166mA·h/g，接近于它的理论值。说明在首次循环中，单斜相转变为尖晶石相，在随后的循环中，结构的转变连续地进行。

图 4-19 为电极的循环性能。

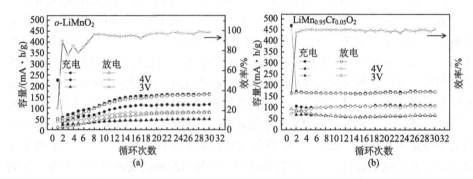

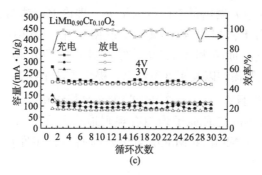

图 4-19 o-$LiMnO_2$(a)、$LiMn_{0.95}Cr_{0.05}O_2$(b)和 $LiMn_{0.95}Cr_{0.05}O_2$
(c)电极的循环性能(Pang et al.，2013)

对于掺杂 10% 的 Cr 的样品，在首次循环中，在 3V 和 4V 处有氧化还原平台，在以后的循环中，情况相似。这说明在首次充电过程中，单斜相转变为尖晶石相。除了在 3.88V 和 2.97V 处出现放电平台，在 4.36V 也出现了放电平台，是由 Cr^{4+}/Cr^{3+} 的还原反应造成的。从以上结果可知，掺 Cr 的材料在循环中比正交相更容易转变为尖晶石相，由于 Cr^{3+} 的电子结构 $t_{2g}^3e_g^0$ 有利于形成尖晶石。循环 30 次以后，$LiMn_{0.95}Cr_{0.05}O_2$ 电极在 C/10 倍率下的可逆容量为 170mA·h/g，高于未掺 Cr 的材料，而掺 Cr10% 的材料放电容量为 200mA·h/g。

因此在 $LiMnO_2$ 中掺杂一定量的 Cr，能够提高 $LiMnO_2$ 材料的循环性能，有效地提高其电化学性能。除了掺杂 Cr，掺杂 Zn 和 Fe 也在一定程度上提高了 $LiMnO_2$ 的循环能力。

4.4 三元材料 $LiNi_{1/3}Co_{1/3}Mn_{1/3}O_2$

$LiNi_xCo_yMn_zO_2$($0 \leqslant x$，y，$z \leqslant 1$，$x+y+z=1$)系列材料均为层状材料，理论容量均很高，为 $270 \sim 285$mA·h/g。其中 $LiNiO_2$ 具有与 $LiCoO_2$ 相同的 α-$NaFeO_2$ 型层状结构，比容量达到 200mA·h/g，但是由于其合成困难以及稳定性差，会发生放热分解反应，无法单独作为正极材料使用。

1999 年 Liu 等报道了结构式为 $LiNi_{1-x-y}Co_xMn_yO_2$($0<x<0.5$，$0<y<0.5$)的镍钴锰三元过渡金属复合氧化物，该三元材料综合了 $LiMnO_2$、$LiCoO_2$ 和 $LiNiO_2$ 三种层状材料的特点，性能优于单一组分的正极材料。这是因为三种过渡金属元素存在协同效应，Co 能够减少阳离子混合占位，稳定材料的层状结构；Ni 可以提高材料的容量；Mn 可以降低成本、提高材料的安全性和循环稳定性。因此可以对 Co、Ni 和 Mn 三种元素的含量进行调整，得到不同性能的材料。

LiNi$_{1/3}$Co$_{1/3}$Mn$_{1/3}$O$_2$ 材料的空间群为 $R\bar{3}m$，理论上，锂离子占据岩盐结构的 3a 位，过渡金属离子占据 3b 位，氧离子占据 6c 位。其中，Co 的电子结构与 LiCoO$_2$ 中 Co 的一致，而 Ni 和 Mn 的电子结构则与 LiNiO$_2$ 和 LiMn$_2$O$_4$ 中的不同。Koyama 等通过从头算模型以及密度态计算，提出了两个描述 LiNi$_{1/3}$Co$_{1/3}$Mn$_{1/3}$O$_2$ 晶体结构的模型，即具有 ($[\sqrt{3}\times\sqrt{3}]R30°$) 型超晶格结构 [Ni$_{1/3}Co_{1/3}Mn_{1/3}$] 层的复杂模型，Ni、Co 和 Mn 三种原子均匀有规则地排列在 3b 层，如图 4-20(a) 所示；第二种是 CoO$_2$、NiO$_2$ 和 MnO$_2$ 层交替排列的有序堆积模型如图 4-20(b) 所示。

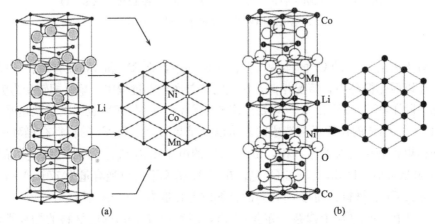

图 4-20　LiNi$_{1/3}$Co$_{1/3}$Mn$_{1/3}$O$_2$ 的超晶格结构模型(a)和有序堆积模型(b)
(Koyama et al.，2003)

Ohzuku 等合成的 LiNi$_{1/3}$Co$_{1/3}$Mn$_{1/3}$O$_2$ 材料通过 HRTEM 检测可知，该材料含有立方密堆积的氧原子层状构型，[001] 区电子衍射显示出 $[\sqrt{3}\times\sqrt{3}]R30°$ 超晶格。XRD 分析得到产物为 $P3_112$ 对称点阵，而非简单的 NaFeO$_2$($R\bar{3}m$) 构型。而且在 EXAFS 检测结构中发现 Co—O、Ni—O 和 Mn—O 的键长分别为 1.93Å、2.03Å 和 1.92Å。此结果与第一原理计算结果一致，同时还得到第一种模型晶格形成能为 −0.0117eV，第二种模型晶格形成能为 +0.106eV。

Whitfield 等（2005）采用中子粉末衍射和不规则粉末衍射研究材料 LiNi$_{1/3}$Co$_{1/3}$Mn$_{1/3}$O$_2$ 的超结构和阳离子混排，发现其中并不存在图 4-20 所示的超晶型结构，而且过渡金属在 $R\bar{3}m$ 点阵中 3a 位置的分布并不是随机的，提出了 Ni、Co 和 Mn 三种原子随机占据 3b 位的第三种晶体结构模型（图 4-21），晶体内部局部分布并无一定规则。

Whitfield 等（2005）利用中子衍射测试得到 3 种过渡元素之间的距离，结果

与 Ohzuku 的结果不一致，Ni、Co 和 Mn
等 3 种元素在 $R\bar{3}m$ 点阵中 $3a$ 的位置分布
并不是随机的。Rietveld 结构精修分析结
果发现 2% 的 Ni 从 $3a$ 位置迁移到 $3b$ 位
置取代 Li 原子，而 Co、Mn 只占据晶格
中过渡金属的 $3a$ 位置。到目前为止，
LiNi$_{1/3}$Co$_{1/3}$Mn$_{1/3}$O$_2$ 材料内部精细结构以
及层间过渡金属原子的排布和作用机理还
未形成统一的理论，限制了在新型锂离子
电池材料设计和制备中的指导作用。

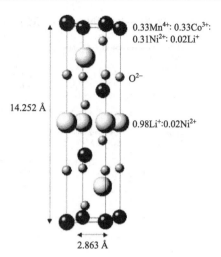

图 4-21　LiNi$_{1/3}$Co$_{1/3}$Mn$_{1/3}$O$_2$ 的第三种
结构模型（Whitfield et al.，2005）

　　目前商业化的三元材料有三种，为
LiNi$_{1/3}$Co$_{1/3}$Mn$_{1/3}$O$_2$、LiNi$_{0.4}$Co$_{0.3}$Mn$_{0.4}$O$_2$ 和
LiNi$_{0.5}$Co$_{0.2}$Mn$_{0.3}$O$_2$，即 333、424 和 523 型，
其中 LiNi$_{1/3}$Co$_{1/3}$Mn$_{1/3}$O$_2$ 最为普遍。

　　LiNi$_{1/3}$Co$_{1/3}$Mn$_{1/3}$O$_2$ 中过渡金属元素 Co、Ni 和 Mn 的化学价态分别为 +3、
+2 和 +4，Li 离子占据岩盐结构的 $3a$ 位置，Ni、Co 和 Mn 占据 $3b$ 位置，O 占据
$6c$ 位置。参与电化学反应的电对分别为 Ni^{2+}/Ni^{3+}、Ni^{3+}/Ni^{4+} 和 Co^{3+}/Co^{4+}。

　　LiNi$_{0.4}$Co$_{0.3}$Mn$_{0.4}$O$_2$ 与 LiNi$_{1/3}$Co$_{1/3}$Mn$_{1/3}$O$_2$ 属于一个系列的正极材料，Ni、
Co 和 Mn 化学价态分别为 +2、+3 和 +4。LiNi$_{0.5}$Co$_{0.2}$Mn$_{0.3}$O$_2$ 具有更高的 Ni
含量，因此理论容量更高，其中 Ni 有一部分以 +3 价形式存在。

　　目前 LiNi$_{1/3}$Co$_{1/3}$Mn$_{1/3}$O$_2$ 存在的问题主要是材料的首次充放电效率低、锂
层中阳离子的混排，影响材料的稳定性以及材料的放电电压平台较钴酸锂较低
等。为了提高材料性能，需要对其进行改性，常用的改性方法有两种，即离子掺
杂和表面包覆。离子掺杂改性的原理在于锂离子电池的输出功率与材料中的电子
电导及锂离子的离子电导有直接关系，所以不同手段提高电子电导及离子电导是
提高材料性能的关键，进行离子掺杂改性可以达到这个目的。各种离子掺杂改性
方法和效果见表 4-2。

表 4-2　常见的掺杂方法及效果

掺杂方法	效果
阳离子等价态掺杂	等价态掺杂后不会改变原来材料中原子的化合价，但是一般可以稳定材料结构，扩展离子通道，提高材料的离子电导率
阳离子不等价态掺杂	掺杂价态更低的离子会导致过渡元素的价态升高，即产生空穴，改变材料的能带结构，大幅提高材料的电子电导率
阴离子掺杂	阴离子掺杂多见于 F$^-$ 取代 O^{2-}，通过氟离子体相掺杂可以使材料的结晶度更好，从而增加材料的稳定性

图 4-22 为一种 $LiNi_{1/3}Co_{1/3}Mn_{1/3}O_2$ 材料。

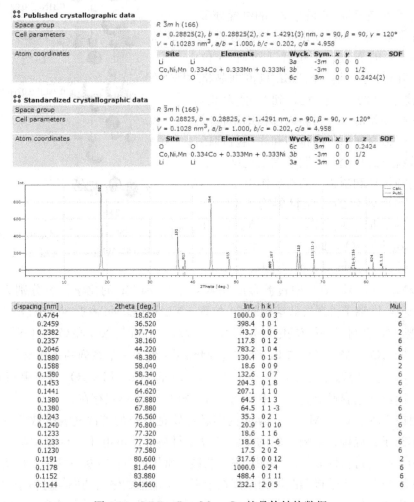

图 4-22 $LiNi_{1/3}Co_{1/3}Mn_{1/3}O_2$ 的晶体结构数据

表面包覆主要是用金属氧化物(Al_2O_3、ZnO、ZrO_2 等)修饰三元材料表面，使材料与电解液机械分开，减少材料与电解液副反应，抑制金属离子的溶解，优化材料的循环性能。同时表面包覆还可以减少材料在反复充放电过程中材料结构的坍塌，对材料的循环性能是有益的。

4.5 $LiNi_{1/3}Co_{1/3}Mn_{1/3}O_2$ 材料第一次充电循环的特征

以 $LiOH \cdot H_2O$、$Ni(OH)_2$、$Co(NO)_3 \cdot 6H_2O$ 和 Mn_3O_4 为原料，将它们在乙醇中混合、干燥，在空气气氛和 950℃下焙烧 12h。

图 4-23 为产物的 XRD 图谱和 SEM 形貌。产物的 XRD 衍射峰显示为 α-NaFeO₂型层状结构，空间群为 $R\bar{3}m$，晶胞参数为 $a = 2.8622$Å，$c = 14.2502$Å，$c/a = 4.98$。c/a 的值与 LiCoO₂($c/a = 4.99$)的接近。样品的平均粒径为 $1\sim2\mu m$。

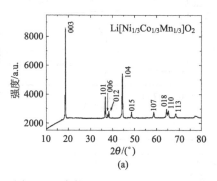

图 4-23　产物 LiNi₁/₃Co₁/₃Mn₁/₃O₂ 的 XRD(a)和 SEM(b) (Kim and Chung, 2004)

图 4-24 为产物 LiNi₁/₃Co₁/₃Mn₁/₃O₂ 中 Mn 的 K-边 XANES 光谱，以及 LiMnO₂中 Mn³⁺ 和 LiNi₀.₅Mn₀.₅O₂ 中 Mn⁴⁺ 的 K-边 XANES 光谱。LiNi₁/₃Co₁/₃Mn₁/₃O₂ 中 Mn 的 K-边 XANES 光谱与 LiNi₀.₅Mn₀.₅O₂ 中 Mn⁴⁺ 的 K-边 XANES 光谱几乎相同，说明 LiNi₁/₃Co₁/₃Mn₁/₃O₂ 中 Mn 的化学价态为 +4。产物 LiNi₁/₃Co₁/₃Mn₁/₃O₂中 Co 的 K-边 XANES 光谱与 LiNi₀.₈Co₀.₂O₂ 的 Co³⁺ 的 K-边 XANES 光谱很接近，说明 LiNi₁/₃Co₁/₃Mn₁/₃O₂ 中 Co 的价态为 +3。产物 LiNi₁/₃Co₁/₃Mn₁/₃O₂ 中 Ni 的 K-边 XANES 光谱与 LiNi₀.₅Co₀.₅O₂ 的 Ni²⁺ 的 K-边 XANES 光谱很接近，说明 LiNi₁/₃Co₁/₃Mn₁/₃O₂ 中大部分 Ni 的价态为 +2。

化合物 Li₁₋ₓNi₁₊ₓO₂ 中一些 Ni 的化合价为 +2，这些 Ni²⁺ 容易进入 Li⁺ 的位置，因为 Ni²⁺ 的离子半径为 0.69Å，与 Li⁺ 的离子半径接近，为 0.76Å。引起离子混排，有害于电池的性能。LiNi₁/₃Co₁/₃Mn₁/₃O₂ 中大部分 Ni 的化合价态为 +2，因此有可能发生离子混排，知道离子混排的量很重要。因为 Ni、Co 和 Mn 对 X 射线的散射因子接近，无法用 XRD 区分它们，另外，X 射线对 Li 离子的散射效果小，不能识别结构中的 Li 离子，所以用 XRD 不能精确分析 LiNi₁/₃Co₁/₃Mn₁/₃O₂ 的结构。Li 离子中子散射的效果强，另外中子衍射可以区分 Ni、Co 和 Mn，所以中子衍射是分析 LiNi₁/₃Co₁/₃Mn₁/₃O₂ 的结构的有效方法。图 4-25 是中子粉末衍射精修结果，根据 α-NaFeO₂ 结构(空间群为 $R\bar{3}m$)，Li 原子位于 $3a$(000)位置，过渡金属原子位于 $3b$(001/2)位置，氧原子位于 $6c$(00z) 的位置。结果显示 LiNi₁/₃Co₁/₃Mn₁/₃O₂中 6% Ni²⁺ 位于 Li 离子位置，如表 4-1 所示。离子混排较小，考虑到 LiNi₁/₃Co₁/₃Mn₁/₃O₂ 中 Ni²⁺ 占过渡金属总量的 33%，混排程度较低。

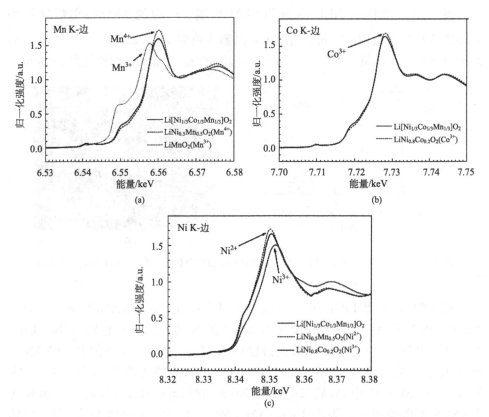

图 4-24　产物 $LiNi_{1/3}Co_{1/3}Mn_{1/3}O_2$ 的 K-边 XANES 光谱（Kim and Chung，2004）

(a) Mn K-边；(b) Co K-边；(c) Ni K-边

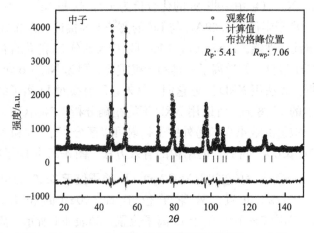

图 4-25　$LiNi_{1/3}Co_{1/3}Mn_{1/3}O_2$ 的中子衍射精修结果（Kim and Chung，2004）

图 4-26 为首次电化学充电曲线和差分容量曲线。在 3.75V 和 4.54V 处有两个平台，对应的充电容量为 $250mA \cdot h/g$。3.8V 处较低电位平台对应 Ni 的氧化过程，但是 4.54V 处的电位对应的电化学过程还不明确。在 $Li[Ni_x Li_{(1/3-2x/3)} Mn_{(2/3-x/3)}]O_2$ 化合物中，在 4.5V 处电压对应 Li^+ 和 O^{2-} 从材料结构中萃取出来的过程，因为这两个化合物成分不同，所以不能确定是否发生同样的过程。

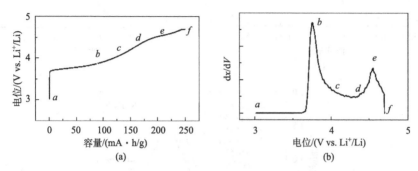

图 4-26　$LiNi_{1/3} Co_{1/3} Mn_{1/3} O_2$ 的首次充电曲线(a)和差分容量曲线(b)，

充电至 4.7V(Kim and Chung，2004)

图 4-27 为对 $LiNi_{1/3} Co_{1/3} Mn_{1/3} O_2$ 样品中过渡金属做的异位 XANES 光谱。对于 Ni，充电过程分两步，第一步为 $a-b$（从 OCV 到 3.9V），第二步为 $b-d$（从 3.9V 到 4.1V）。

在 4.1V 以上，Ni 的 K-边光谱没有向高能量方向移动，可以认为充电过程中，Ni 发生两电子氧化，即 Ni^{2+}/Ni^{3+} 和 Ni^{3+}/Ni^{4+}。Co 的 K-边光谱逐渐向高能量方向移动，一直到充电至 4.7V，指示 Co^{3+} 的氧化过程。一般认为 Mn^{4+} 没有电化学活性，但是从 Mn 的 K-边光谱看，它逐渐向高能量方向移动。

从 EXAFS 光谱可以得到原子之间距离的信息，如图 4-28 所示。充电过程中 Mn-O 原子间距不变化，过渡金属与氧之间的距离与过渡金属的化学价态有关，因此得到充电过程中 Mn 的价态不变。进而可知，Mn 的 K-边 XANES 光谱的移动不能解释为 Mn 的价态的变化，而是 Mn 的环境的变化。Co-O 原子间的距离在充电至 4.7V 时慢慢减小，而 Ni-O 原子之间的距离减少至 4.1V，然后不再减小直至 4.7V。Co 和 Ni 的 EXAFS 光谱与 XANES 光谱一致。因此可以得到结论：Ni^{2+}/Ni^{4+} 的氧化反应与较低的 3.75V 电位平台相对应，而 Co^{3+}/Co^{4+} 的氧化过程与 3.75V 和 4.75V 两个电位平台都有关。

图 4-29 为对 $LiNi_{1/3} Co_{1/3} Mn_{1/3} O_2$ 材料进行首次循环时做的异位 XRD 图谱，充电时，随着电位的升高，XRD 衍射峰变宽，但是放电结束时又能恢复至原来的形状，说明充电时结晶度下降，但是放电后还能恢复。另外，在充放电过程中

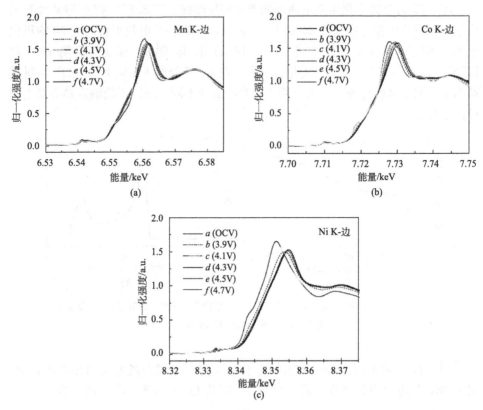

图 4-27　异位 XANES 光谱(Kim and Chung，2004)

(a) Mn K-边；(b) Co K-边；(c) Ni K-边

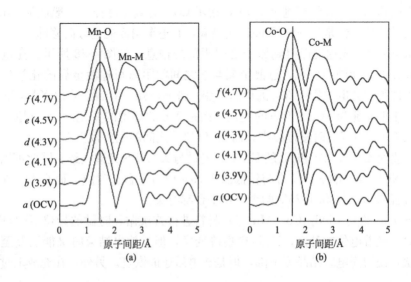

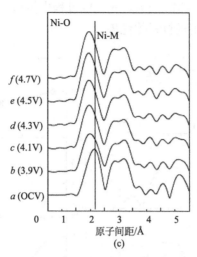

图 4-28　LiNi₁/₃Co₁/₃Mn₁/₃O₂ 的异位 EXAFS 光谱(Kim and Chung，2004)

(a) Mn 的 K-边；(b) Co 的 K-边；(c) Ni 的 K-边，充电至 4.7V

没有新相出现。晶格常数 a 在充电至 4.2V 前减小，然后略有增加。晶格常数 c 在充电至 4.4V 前增加，然后突然下降。a 和 c 的这种相反方向的变化是有益的，因为它们能互相补偿体积的变化。充放电循环中，体积的变化仅为 2%，如图 4-30 所示。

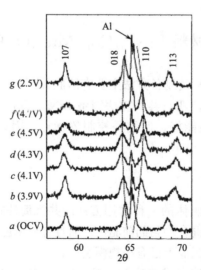

图 4-29　LiNi₁/₃Co₁/₃Mn₁/₃O₂ 样品在第一次循环过程中
的异位 XRD 图谱，放电截止电压为 2.5V

对于材料 $LiNi_{1/3}Co_{1/3}Mn_{1/3}O_2$，充放电过程中体积变化小，不产生新相，是该材料作为锂离子电池正极材料的优势。

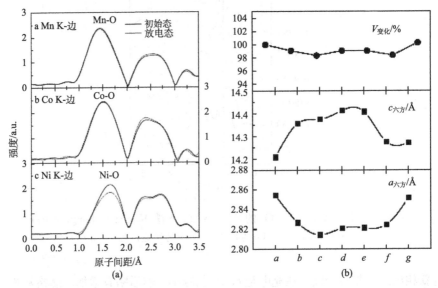

图 4-30　(a)异位 EXAFS 光谱(a 为 Mn K-边，b 为 Co K-边，c 为充电中间和结束时的 Ni K-边)；(b) $LiNi_{1/3}Co_{1/3}Mn_{1/3}O_2$ 首次充电时的结构参数的变化(Kim and Chung，2004)

4.6　三元材料 $LiNi_{1/3}Co_{1/3}Mn_{1/3}O_2$ 的制备方法

$LiNi_{1/3}Co_{1/3}Mn_{1/3}O_2$ 的制备方法主要有溶胶-凝胶法、喷雾干燥法、固相反应法和共沉淀法。实践证明，共沉淀法制备 $LiNi_{1/3}Co_{1/3}Mn_{1/3}O_2$ 的三元材料具有振实密度高、加工性能好、形貌易控制等优点，因此成为目前工业化主流方法。

4.6.1　共沉淀法

共沉淀法是制备前驱体的一种常用方法。共沉淀法操作简单，条件容易控制，能够得到粒径小、混合均匀的前驱体，而且合成温度低，烧结后的产物组分均匀、重现性好，目前工业上已有小规模生产。

采用碳酸盐共沉淀法合成的球形 $LiNi_{1/3}Co_{1/3}Mn_{1/3}O_2$，产品半径在 5μm 左右，在电压范围为 2.8～4.5V 内放电容量达到 186.7mA·h/g；可逆容量损失仅为 10.72%，倍率性能好，以 2.5C 放电，容量为 145mA·h/g。

采用氢氧化物共沉淀法，通过调整前驱体制备时的 pH、搅拌速度、络合剂的量，可制备得到粒径为 $10\mu m$、分布均一的类球形前驱体，与 LiOH 烧结后，能得到振实密度为 $2.39g/cm^3$ 的正极材料，其比容量可达 $177mA \cdot h/g(2.8\sim 4.5V)$，同时高温放电性能较好，在 $55\,^{\circ}\!C$ 放电比容量高达 $168mA \cdot h/g$。

4.6.2　固相反应法及其他方法

固相反应法是将锂盐与过渡金属的盐类或氧化物按一定比例混合，高温煅烧形成产物的方法。锂的初始原料包括 Li_2CO_3、Li_2O_3、$LiOH \cdot H_2O$、$LiNO_3$、LiI 等，过渡金属化合物则可以是氧化物、碳酸盐、硝酸盐等。这种方法操作简单，但需要时间长且反应步骤较多。为了使反应完全，需要对材料作进一步处理，但能耗大、锂损失严重，难以控制化学计量比，易形成杂相，因此电化学性能不是很稳定。

利用镍钴锰 3 种过渡金属的乙酸盐和 $LiOH \cdot H_2O$ 进行固相法反应制备 $LiNi_{1/3}Co_{1/3}Mn_{1/3}O_2$，可逆容量达到 $160mA \cdot h/g$。而利用镍钴锰 3 种过渡金属的氧化物和 $LiOH \cdot H_2O$ 在 $1050\,^{\circ}\!C$ 烧结 24h，得到的 $LiNi_{1/3}Co_{1/3}Mn_{1/3}O_2$ 经过 20 次循环后可逆容量为 $160mA \cdot h/g$。用喷雾降解法制备 $Li[Ni_{1/3+x}Co_{1/3}Mn_{1/3-2x}Mo_x]O_2$，$(0 \leqslant x \leqslant 0.05)$，得到 $1\sim 2\mu m$ 半径均匀的球形产物，当 $x=0.01$ 时，材料的比容量达 $175mA \cdot h/g(2.8\sim 4.4V)$，在电压范围为 $2.5\sim 4.6V$ 时，$20mA/g$ 的大电流密度下，可获得 $188mA \cdot h/g$ 的容量，而且具有较好的循环性能。

比较喷雾干燥法和固相反应法所制备的材料，发现两种方法制得的材料具有不同的颜色、形貌、粒径和比表面。在电化学性质方面，喷雾降解得到的材料具有更好的比容量和容量保持性能。35 次循环后，比容量为 $166mA \cdot h/g(3\sim 4.5V$，$0.2mA/cm$，$50\,^{\circ}\!C)$，其电化学性能远远优于固相法所制备的材料。

用镍钴锰 3 种过渡金属硝酸盐与糖胶混合，在 $1400\sim 1500\,^{\circ}\!C$ 烧结，再在 $800\,^{\circ}\!C$ 保温 4h；另一种产物通过硝酸盐水溶液蒸干后，$900\,^{\circ}\!C$ 和 $1000\,^{\circ}\!C$ 烧结 12h 左右，结果发现，两种方法制备的产物的电化学性能均优于商业上采用的三元 $LiNi_{1/3}Co_{1/3}Mn_{1/3}O_2$ 材料。随着 $LiNi_{1/3}Co_{1/3}Mn_{1/3}O_2$ 研究的深入，该材料将逐步走向实用化，但材料的形貌、粒度分布和振实密度等物理性能对材料的应用至关重要，而材料的制备方法直接影响材料的性能。因此，今后在该材料的制备研究中，高密度、粒径分布均匀的球形 $LiNi_{1/3}Co_{1/3}Mn_{1/3}O_2$ 的制备将备受关注。

参 考 文 献

Chitrakar R, Kanoh H, Kim Y S, et al. 2001. Synthesis of layered-type hydrous manganese oxides from monoclinic-type LiMnO2. J Solid State Chem, 160: 69-76

Hashema A M A, Abdel-Ghany A E, Eid A E, et al. 2011. Study of the surface modification of $LiNi_{1/3}Mn_{1/3}Co_{1/3}O_2$ cathode material for lithium ion battery. J Power Sources, 196: 8632-8637

Jang Y I, Chiang Y M. 2000. Stability of the monoclinic and orthorhombic phases of $LiMnO_2$ with temperature, oxygen partial pressure, and Al doping. Solid State Ionics, 130: 53-59

Kim J M, Chung H T. 2004. The first cycle characteristics of $Li[Ni_{1/3}Co_{1/3}Mn_{1/3}]O_2$ charged up to 4.7 V. Electrochim Acta, 49: 937-944

Kobayashi T, Kobayashi Y, Tabuchi M, et al. 2013. Oxidation reaction of polyether-based material and its suppression in lithium rechargeable battery using 4 V class cathode, $LiNi_{1/3}Mn_{1/3}Co_{1/3}O_2$. ACS Appl Mater Interfaces, 5: 12387-12393

Koyama Y, Tanaka I, Ohzuku T, et al. 2003. Crystal and electronic structure of superstructure $Li_{1-x}[Co_{1/3}Ni_{1/3}Mn_{1/3}]O_2(0 \leqslant x \leqslant 1)$. J Power Sources. 119-121: 644-648

Pang W K, Lee J Y, Wei Y S, et al. 2013. Preparation and Characterization of Cr-doped $LiMnO_2$ cathode materials by Pechini's method for lithium ion batteries. Mater Chem Phys, 139: 241-246

Suresh P, Shukla A K, Munichandraiah N. 2006. Characterization of Zn- and Fe-substituted $LiMnO_2$ as Cathode Materials in Li-ion Cells. Journal of Power Sources, 161: 1307-1313

Tang W P, Kanoh H, Ooi K. 1999. Lithium ion extraction from orthorhombic $LiMnO_2$ in ammonium peroxodisulfate solutions. J Solid State Chem, 142: 19-28

Whitfield P S, Davidson I J, Cranswick L M D, et al. 2005. Investigation of possible superstructure and cation disorder in the lithium battery cathode material $LiMn_{1/3}Ni_{1/3}Co_{1/3}O_2$ using neutron and anomalous dispersion powder diffraction. Solid State Ionics, 176: 463-471

第5章 磷酸铁锂 LiFePO₄ 及其衍生物

5.1 概　述

1996 年，日本的 NTT 首次发现了 A$_y$MPO₄（A 为碱金属，M 为 Co 和 Fe 的组合，如 LiFeCoPO₄）橄榄石结构的锂电池正极材料，1997 年美国得克萨斯州立大学 John B. Goodenough 研究小组，报道了 LiFePO₄ 能够可逆地嵌入和脱出锂的特性，美国与日本不约而同地发表橄榄石结构（LiMPO₄），使得该材料受到了极大的重视，并引起广泛的研究。LiFePO₄ 的氧化还原电位为 3.5V，循环性能较好，理论容量达到 170mA·h/g。橄榄石结构的 LiFePO₄ 工作电压平稳，平台特性优良，容量较高，结构稳定，高温性能和循环性能好，安全无毒，成本低廉。与传统的锂离子二次电池正极材料、尖晶石结构的 LiMn₂O₄ 和层状结构的 LiCoO₂ 相比，LiMPO₄ 的原物料来源更广泛、价格更低廉且无环境污染。从性价比（价格竞争）、资源和环境等长远观点考虑，LiFePO₄ 是最有发展前景的新一代电池正极材料。

LiFePO₄ 在自然界是以磷铁锂矿形式存在的，具有有序规整的橄榄石结构，属于正交晶系，空间群为 Pmnb，是一种稍微扭曲的六方最密堆积结构（图 5-1）。晶体由 FeO₆ 八面体和 PO₄ 四面体构成空间骨架，P 占据四面体位置，而 Fe 和 Li 则填充在八面体的空隙中，其中 Fe 占据共角的八面体位置，Li 则占据共边的八面体位置。晶格中 FeO₆ 通过 bc 面的公共角连接起来，LiO₆ 则形成沿 b 轴方向的共边长链。一个 FeO₆ 八面体与两个 LiO₆ 八面体和一个 PO₄ 四面体共边，而 PO₄ 四面体则与一个 FeO₆ 八面体和两个 LiO₆ 八面体共边。Li⁺ 具有一维可移动性，充放电过程中可以可逆地脱出和嵌入。材料中由于基团对整个框架的稳定作用，使得 LiFePO₄ 具有良好的热稳定性和循环性能。

LiFePO₄ 最大的结构特点是所有的氧离子都以强共价键与磷离子相连形成 PO₄ 四面体多阴离子。它对材料性能的有利影响是：①O²⁻ 通过 Fe—O—P 的诱导效应削弱 Fe—O 间的共价作用，使 Fe³⁺/Fe²⁺ 电对相对于 Li/Li⁺ 的费米能级降低到 3.5 V，适合作为锂离子电池的正极材料。②稳定充放电过程中的橄榄石结构。充放电前后晶体结构基本没有变化，体积仅缩小 6.81%，Fe—O 键长变化很小，最多不超过 0.028nm。这在很大程度上决定了该材料具有良好的电化学性能。放电电压曲线极平坦，在允许使用范围内，其电压精度几乎可以与稳压电源相媲美，循环性能相当好。在实际电池充电过程中，正极 LiFePO₄ 缩小的

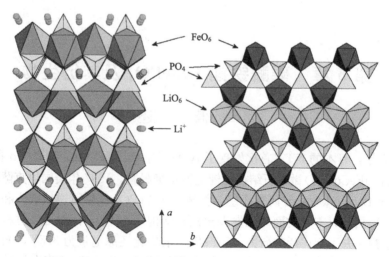

图 5-1　LiFePO$_4$ 的结构图（Tarascon and Armand，2002）

体积，正好可以补偿碳负极的膨胀体积，能更加有效地利用电池设计空间。③结构中的 O 很难析出，热稳定性明显优于已知的其他正极材料。过充时，340℃ 以下没有明显放热；放电时，400℃ 以下没有明显的放热，可以避免高能锂电池常出现的短路电流造成电池局部过热、正极析氧现象，电池安全性高。④在电解液中能稳定存储。橄榄石 LiFePO$_4$ 作为正极的电池在 85℃ 静置存储 4 天，铁离子浓度远远低于相同条件下尖晶石 LiMn$_2$O$_4$ 溶解的锰浓度。但是，PO$_4$ 四面体位于 Li 离子层面内，限制了 Li 离子在平面内的自由移动。此外，FeO$_6$ 八面体只有顶点相连，所以本征电导率比层状结构和尖晶石结构材料低，室温下电导率仅为 $10^{-9} \sim 10^{-10}$ S/cm。

5.2　LiFePO$_4$ 的充放电机理

　　LiFePO$_4$ 充放电是一个 LiFePO$_4$/FePO$_4$ 两相过程。锂嵌入后，LiFePO$_4$ 颗粒中产生 LiFePO$_4$/FePO$_4$ 两相界面。随着锂的不断嵌入，界面向颗粒中心迁移，界面面积减小。当达到临界面积时，锂通过该界面的迁移就不能支持该电流了，电化学行为受到扩散控制。锂离子在 LiFePO$_4$ 和 FePO$_4$ 中的扩散系数相当低，分别为 1.8×10^{-14} cm^2/s 和 2.2×10^{-16} cm^2/s，并且是嵌入锂量 x 的函数。电流密度越大，临界界面面积越大，电池电化学性能受到扩散控制之前所能嵌/脱锂的量就越小，导致容量损失；一旦电流密度减小，容量又恢复到以前的水平。在充放电过程中，锂离子扩散所需活化能是电荷迁移活化能的两倍多，升高温度对锂离子扩散速度影响更大，所以高温下 LiFePO₄ 电化学性能较好，容量接近理论容量。

LiFePO₄ 材料具有下列优点：

(1) LiFePO₄ 的充放电平台很平，约在 3.5 V(vs. Li/Li⁺)，即具有稳定的操作电压，可有效提升整个电池的稳定性。

(2) LiFePO₄ 的理论容量为 170mA·h/g。高于 LiCoO₂ 和 LiMn₂O₄ 的理论容量。

(3) LiFePO₄ 有很好的热稳定性(相比于 LiCoO₂ 和 LiMn₂O₄ 很安全)。

(4) LiFePO₄ 相比于 LiCoO₂ 和 LiMn₂O₄，在环境上考虑较为环保。

(5) LiFePO₄ 在大多数的有机电解液中，有高度的化学稳定性。

(6) LiFePO₄ 的生产成本低，容易生产(按国际金属价格 Co 为 59.0 美元/kg；Fe 为 9.0 美元/kg)。

缺点：

(1) LiFePO₄ 相比于 LiCoO₂ 及 LiMn₂O₄ 有较低的电导率。

LiFePO₄：$10^{-9} \sim 10^{-10}$ S/cm

LiCoO₂：约 10^{-3} S/cm

LiMn₂O₄：$2 \times 10^{-5} \sim 5 \times 10^{-5}$ S/cm

(2) 室温下 1 摩尔纯相 LiFePO₄ 约只有 0.6 摩尔 Li 离子进出(Li 离子的嵌入及脱嵌效应低，电容量低，约为 102mA·h)。

5.3　提高电化学性能的方法

LiFePO₄ 具有良好的电化学性能，但是其室温下极低的电导率严重制约了性能发挥。低电导率也是这类橄榄石结构材料存在的主要缺陷。主要改进方法包括以下三种。

5.3.1　通过在 LiFePO₄ 颗粒的表面包覆导电碳制备 LiFePO₄/C 复合材料来提高材料的导电性

在 LiFePO₄ 粒子表面进行碳包覆是目前改善电化学性能的重要方法之一。表面包覆导电碳，一方面可增强粒子与粒子之间的导电性，减少电池的极化；另一方面还能为材料提供电子隧道，抑制晶粒增长，增大比表面积，使材料与电解质充分接触以补偿 Li⁺ 在脱嵌过程中的电荷动态平衡，进而提高 LiFePO₄ 的电化学性能。图 5-2 为包覆碳得到的结果，LiFePO₄ 粉体以炭黑做表面改性有效提升 Li 离子的嵌入及脱嵌效应，脱嵌 Li 量从 0.6mol Li⁺/1.0mol LiFePO₄ 提高到 0.8mol Li⁺/1.0mol LiFePO₄。

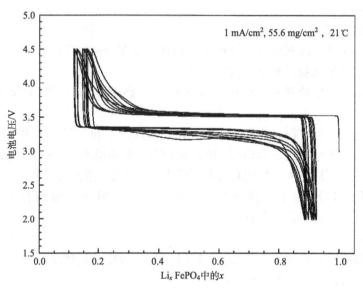

图 5-2　LiFePO$_4$ 粉体以炭黑做表面改性有效提高 Li 离子
的嵌入及脱嵌效应(Yang et al.，2003)

　　针对 LiFePO$_4$ 粉体进行碳热(carbothermal reduction)反应可有效提升电导率。

　　除了表面包覆碳，还可以在表面包覆铜(Cu) 或银(Ag)，作为表面改性，提高材料的充放电性能。由图 5-3 可知 LiFePO$_4$ 粉体用铜金属粉体做表面改性有效提高了 Li 离子的嵌入及脱嵌效应，从 0.7mol Li$^+$/1.0mol LiFePO$_4$ 提高到 0.85mol Li$^+$/1.0mol LiFePO$_4$。

5.3.2　通过掺杂高价金属离子合成缺陷半导体来改善材料的导电性

　　掺杂是稳定材料结构、改善材料电导率的常用方法，采用金属离子来提高 LiFePO$_4$ 电导率是一条有效的途径。磷酸亚铁锂电导率较低，纯磷酸亚铁锂的电导率在 10^{-10} S/m 数量级。第一性原理计算的结果表明 LiFePO$_4$ 是一种半导体化合物，导带与价带之间的能级宽度为 0.3eV。未掺杂的 LiFePO$_4$ 是 N 型半导体，其活化能接近 500eV，而掺杂的 LiFePO$_4$ 是 P 型半导体，其活化能降低到 60~80eV，掺杂后形成的 Fe^{3+}/Fe^{2+} 的混合价态，可以有效地增强 LiFePO$_4$ 的导电性。实际上，在高温下制备 LiFePO$_4$ 时，Li 容易挥发，而且在八面体位置中，掺杂的阳离子比铁离子半径小，容易占据 Li$^+$ 位置，易于形成缺锂化合物。掺杂高价阳离子的 LiFePO$_4$，室温下电导率达到 10^{-2} S/cm 以上，超过 LiCoO$_2$

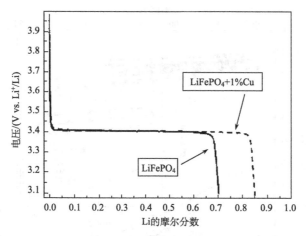

图 5-3　LiFePO₄ 粉体以铜金属粉体做表面改性有效提高 Li 离子
的嵌入及脱嵌效应(Croce et al.，2002)

(约 10^{-3} S/cm)和 $LiMn_2O_4$(2×10^{-5}～5×10^{-5} S/cm)。

　　针对 LiFePO₄ 粉体中的化学掺杂，如在锂和铁及磷的无机盐类前驱体(precursor)中掺杂锆(Zr)、钛(Ti)、铌(Nb) 或镁(Mg) 等金属的无机盐类，按照一定的化学剂量比进行固态反应(solid state reaction)，可烧结得到不同金属剂量比的化合物，也可以有效提高电导率，如图 5-4 所示。

5.3.3　细化材料的晶粒尺寸，改善材料的电化学性能

　　当 Li^+ 从 LiFePO₄ 的晶格中发生脱嵌时，LiFePO₄ 的晶格会相应地产生膨胀和收缩，但其晶格中八面体之间的 PO₄ 四面体使体积变化受限，导致 Li^+ 的扩散速率很低。另外，根据 LiFePO₄ 电化学反应过程中两相反应机理，LiFePO₄ 和 FePO₄ 两相并存，因此 Li^+ 的扩散和电荷补偿要经过两相界面，这更增加了扩散的困难。因此粒子的半径大小必然对电极容量有很大的影响。粒子半径越大，Li^+ 的扩散路程越长，Li^+ 的嵌入脱出就越困难，LiFePO₄ 的容量发挥就越受限制，因此能否有效控制 LiFePO₄ 的粒子大小是改善其电化学性能的关键。直接调整 LiFePO₄ 粉体颗粒大小的研究结果显示，当粉体颗粒越小越可有效提高放电容量，如图 5-5 与图 5-6 所示。

　　图 5-5 和图 5-6 显示当烧结温度逐渐增加时，粉体颗粒大小也随着逐渐增大，但是电池的放电容量与粉体颗粒大小的变化呈相反的趋势，结果显示当粉体颗粒越小时越能有效提高放电容量。

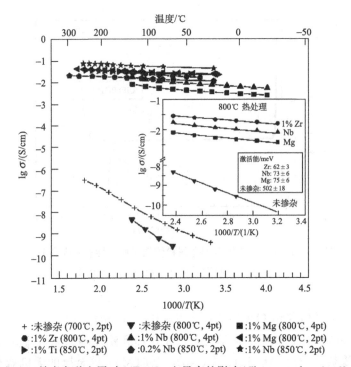

图 5-4　掺杂各种金属对 LiFePO₄ 电导率的影响（Chung et al.，2002）

图 5-5　不同烧结温度的 LiFePO₄ 粉体的 SEM 图（Takahashi et al.，2001）
(a) 800℃；(b) 725℃；(c) 675℃

　　目前大多数学术界和产业界主要通过以上的几种途径相互补充协同作用来改善材料的电化学性能，经过多年的研究及技术开发，磷酸亚铁锂的电化学性能得到了很大提高，已经达到或超过了传统过渡金属氧化物的大电流放电水平和循环寿命。

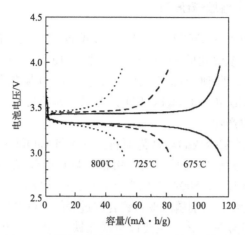

图 5-6　不同烧结温度的 LiFePO₄ 粉体颗粒大小
与放电容量的关系图(Takahashi et al.，2001)

5.4　LiFePO₄ 的制备方法

5.4.1　固相合成

固相合成反应以二价铁盐、磷酸盐和锂盐为原料，按化学计量比充分混匀后，在惰性气氛中先经过较低温预分解，再高温焙烧，研磨制成。为了防止 Fe^{2+} 氧化为 Fe^{3+}，避免带入 H_2O，反应必须在惰性气氛(N_2 或 Ar 气)保护中进行。常用的二价铁盐是 $FeC_2O_4 \cdot 2H_2O$ 和 $Fe(CH_3CO_2)_2$，磷酸盐是 $NH_4H_2PO_4$ 和 $(NH_4)_2HPO_4$，锂盐是 Li_2CO_3 和 $LiOII \cdot H_2O$。固相反应制备的终产物性能与烧结温度有关。固相反应中离子和原子通过反应物、中间体发生迁移需要活化能，反应温度太低则反应不均匀；提高温度使迁移速率加快，小颗粒易聚积生成大颗粒，比表面积减小，产物表面变得光滑。

5.4.2　碳热还原法

根据热力学熵变原理，在理论上只要达到足够高的温度，碳可以还原任何氧化物。碳热还原法(CTR)将 Fe^{3+} 还原为 Fe^{2+} 的同时使其结合 Li，因而许多还原性的含氧铁盐都可以用来制备单相的 LiFePO₄，如 $FePO_4$、Fe_3O_4、Fe_2O_3。该方法便于控制，成本低廉，容易工业化，是一种有前途的方法。

5.4.3　水热反应法和溶胶-凝胶法

水热反应合成原料为 $FeSO_4$、H_3PO_4、$LiOH$ 的溶液。首先混合 $FeSO_4$ 和 H_3PO_4，以避免产生易氧化的 $Fe(OH)_2$。再加入 $LiOH$ 溶液搅拌，转移到水热反应器中加热反应，得到浅绿色沉淀，低温（40℃）加热得到终产物。原料 $FeSO_4$ 也可以用 $FeCl_2$ 和 $(NH_4)_2Fe(SO_4)_2$ 代替。水热反应法最大的优点是能够在低能耗下迅速合成产物。

溶胶-凝胶法以乙酸盐或硝酸盐为原料。首先将 $LiOH$ 和 $Fe(NO_3)_3$ 加到抗坏血酸（还原剂）中，然后加入 H_3PO_4。用氨水调节 pH，在 60℃加热得到凝胶。将凝胶在 350℃加热 12 h，800℃焙烧 24 h，得到终产物。

从表 5-1 可以看出，目前磷酸亚铁锂合成过程的主流方法均存在明显的优点和缺点。传统的草酸亚铁工艺，主要以草酸亚铁、$NH_4H_2PO_4$ 为原料，整个反应过程需要采用有机溶剂球磨三次，并在高温下热处理三次，工艺非常繁复，并且存在大量的 NH_3 污染，烧失率也很高。而采用的 Fe_2O_3 碳热还原工艺，Fe_2O_3 原料非常成熟，但磷酸二氢锂的合成却是一个大问题，国内厂家提供的所谓磷酸二氢锂只不过是磷酸锂盐的混合物，如何保障磷酸根和锂的精确配比是一个很难解决的问题，这也是造成材料不稳定的一个重要因素，而目前高品质的磷酸二氢锂需要进口。另外，由于这种方法难以形成良好的碳包覆层，因此低温性能和倍率放电能力较差，在现有生产工艺下很难解决。水热反应法虽然能获得性

表 5-1　$LiFePO_4$ 不同产业化方法路线特征对比

工艺路线	主要原料	烧失率	所用溶剂	主要优点	主要缺点
固相反应法	草酸亚铁	52.4%	乙醇	工艺成熟，倍率及低温放电优异	工序非常烦琐，加工性能差，乙醇为溶剂，存在 NH_3 污染问题
碳热还原法	Fe_2O_3	16.9%	水	工艺简单，烧失率小，加工性能好	电化学容量低，低温特性差
	$FePO_4$	18.6%	水	原料简单，烧失率小，高容量	加工性能一般倍率性能一般
水热反应法	$FeSO_4$		水	一次粒径小，倍率及低温性能优异	设备投资巨大，调试困难，生产流程长，存在废水污染问题
溶胶-凝胶法等湿法合成	$Fe(NO_3)_3$ 及 Fe 粉等	43.2%	水或部分有机溶剂	高容量，加工性好	设备复杂，存在尾气污染问题，倍率一般

能优异的磷酸亚铁锂粉体，但生产过程需要昂贵的高压设备，并且存在废水问题，其中废水中含有的 LiOH 也难以回收。

5.5　LiFePO₄ 及其衍生物的合成与性能

5.5.1　LiFePO₄ 的固相法合成

反应原料为 LiH_2PO_4 和 $FeC_2O_4 \cdot 2H_2O$，将它们球磨混合后在不同温度下进行焙烧。图 5-7 为对 LiH_2PO_4 和 $FeC_2O_4 \cdot 2H_2O$ 进行的 TG/DTA/DSC 实验结果，根据得到的实验结果，可以推测出反应过程：

温度为 145～220℃ 的区间为原料 LiH_2PO_4 熔解以及脱去结晶水的过程，反应式如下：

$$2LiH_2PO_4(l) \longrightarrow LiH_2P_2O_7(l) + H_2O \tag{5-1}$$

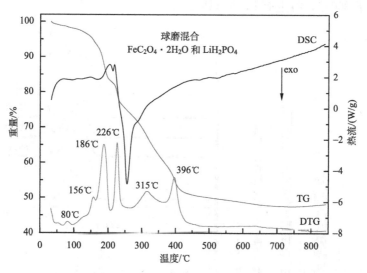

图 5-7　对 LiH_2PO_4 和 $FeC_2O_4 \cdot 2H_2O$ 进行的 TG/DTA/DSC 实验结果（Drozd et al.，2009）

温度低于 186℃ 的区间为原料 $FeC_2O_4 \cdot 2H_2O$ 去结晶水过程，反应式如下：

$$FeC_2O_4 \cdot 2H_2O \longrightarrow FeC_2O_4 + 2H_2O \tag{5-2}$$

温度大于 200℃ 的区间为原料 FeC_2O_4 的分解过程，反应式如下：

$$FeC_2O_4 \longrightarrow FeO + CO + CO_2 \tag{5-3}$$

以及中间物 FeO 的歧化反应（disproportionation），反应式如下：

$$4FeO \longrightarrow Fe_3O_4 + Fe \tag{5-4}$$

温度大于 350℃的区间生成 $LiFePO_4$，反应式如下：

$$Li_2H_2P_2O_7 + 2FeO(Fe_3O_4 + Fe) \longrightarrow 2LiFePO_4 + H_2O \quad (5\text{-}5)$$

图 5-8 为不同反应温度下（550～800℃）得到样品的 XRD 图谱。可以看到，当反应温度为 550℃时，在衍射角为 26.8°、27.6°和 27.9°处出现 Li_3PO_4 的衍射峰。当温度升高到 650℃时，在 40°衍射角处出现 Fe_2P 相，而且随着反应温度的升高，Fe_2P 的含量明显增加。最后，当温度升高到 800℃时，在 27.2°处出现衍射峰，表示 $LiFePO_4$ 分解产生 $Li_3Fe_2(PO_4)_3$。当 Fe^{3+} 还原成 Fe^{2+} 时，将产生一定量的 Fe_2P，化学反应式如下：

$$4LiFePO_4 + 9H_2 \longrightarrow 2Fe_2P + Li_4P_2O_7 + 9H_2O \quad (5\text{-}6)$$

$$4LiFePO_4 + 9C \longrightarrow 2Fe_2P + Li_4P_2O_7 + 9CO \quad (5\text{-}7)$$

$$4LiFePO_4 + 9CO \longrightarrow 2Fe_2P + Li_4P_2O_7 + 9CO_2 \quad (5\text{-}8)$$

当温度高于 800℃，将生成 $Li_3Fe_2(PO_4)_3$。

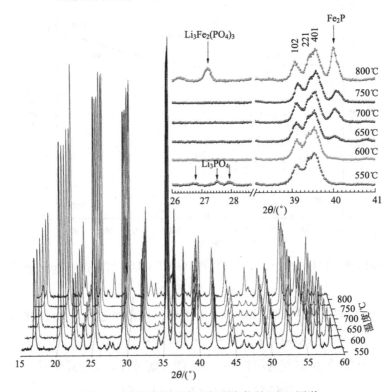

图 5-8　不同反应温度下得到产物的 XRD 图谱

图 5-9 为对样品 XRD 进行精修的结果，根据精修数据可知含有 Fe$_2$P 3‰（质量分数）。

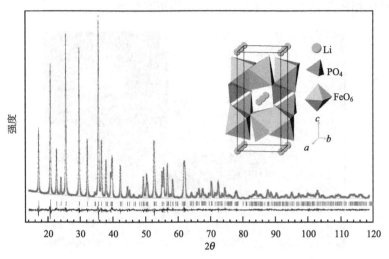

图 5-9　LiFePO$_4$ 的 XRD 图谱的 Rietveld 晶体结构精修

利用比表面积与孔径分析仪（brunauer，emmett，and teller，BET）可以探讨不同合成条件下以及助熔剂等添加物对产物粉体的表面积大小之影响。图 5-10 为 650℃下得到的 LiFePO$_4$/C 样品的 BET 氮气吸脱附曲线，测得的比表面积值为 47.96 m^2/g。吸附与脱附曲线造成的迟滞现象是样品的一次粒子堆聚而成的二次粒子粉体具有一些微孔洞，造成了毛细管冷凝（capillary condensation）现象所导致，从 TEM 图像可以清晰地看到样品的形貌。样品的 TEM 如图 5-11 所示。

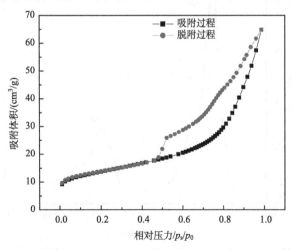

图 5-10　烧结温度为 650℃时样品 LiFePO$_4$/C 的 BET 图

从图 5-11 中可以清楚地看到粒子间有一些网状的网络交织物存在，推测应是包覆上的碳以网络交织状连接 LiFePO$_4$ 粒子。针对此粒子进行的选区绕射实验(SAED) 如图 5-11 的右上角插图，所示为正交单胞。

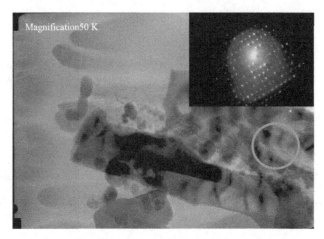

图 5-11　LiFePO$_4$/C 样品的 TEM 图

为了确定 LiFePO$_4$/C 系列样品中 Fe 的化学价数，利用同步辐射为光源进行 Fe L-边 X 射线吸收近边分析实验，再与 Fe$_2$O$_3$ 及 FeC$_2$O$_4$·2H$_2$O 的标准样品进行比较，可以看出 LiFePO$_4$/C 系列样品中 Fe 的化学价数与 FeC$_2$O$_4$·2H$_2$O 标准样品的二价 Fe 的曲线相符。图 5-12 为 LiFePO$_4$/C 系列样品的 Fe L-边的荧光效率能谱图。

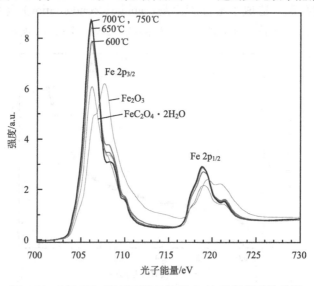

图 5-12　LiFePO$_4$/C 系列样品的 Fe L-边 X 射线吸收光谱

　　根据图 5-13 的结果，一般利用荧光效率能谱图主要是针对整个样品（bulk sensitive），而电子效率能谱图主要是针对样品的表面（surface sensitive），可以清楚地看出 LiFePO$_4$/C 系列样品的 O K-边的荧光效率能谱图边前（pre-edge）的强度几乎落在同一高度，而电子效率能谱图的边前的强度随着温度的增加而逐渐增大，说明当温度逐渐增加由 C 所造成的碳热还原效应（carbothermal reduction effect）所产生的 Fe$_2$P 量也随之增加，且是完全覆盖整个样品的表面而不是在内部，因此造成差异。温度升高时出现 Fe$_2$P 杂相，而且强度随之增加，Fe$_2$P 有助于提高电导率。

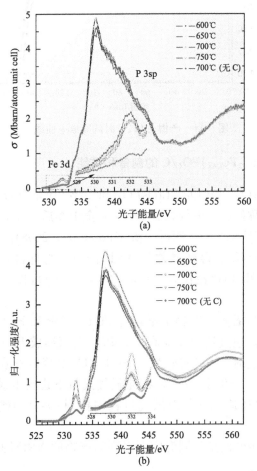

图 5-13　（a）LiFePO$_4$/C 系列样品的 O K-边的荧光效率能谱图；（b）LiFePO$_4$/C 系列样品的 O K-边的电子效率能谱图

图 5-14 为在 750℃下得到产物的充放电曲线，0.2C 倍率下的放电容量约为 151mA·h/g。

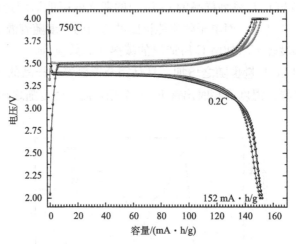

图 5-14　产物在 0.2C 时的充放电曲线

5.5.2　$Li(Mn_{0.35}Co_{0.2}Fe_{0.45})PO_4/C$ 的制备和性能

以 MnO、FeC_2O_4、Co_3O_4、LiH_2PO_4 和 10%（质量分数）的蔗糖为反应原料，按化学计量比称好后，进行球磨 18h，完全干燥后，在 5% H_2/Ar 或 Ar 气氛下在 600~800℃下焙烧 8h，制得产物（Kuo et al.，2008）。

图 5-15 为在 600℃下得到产物的 XRD 图谱，与标准的 $LiFePO_4$（ICSD：92198）一致，从嵌图（扫描范围是 40.5°<2θ<41.5°）可以看到有少量的 Co_2P 存在。

从实验结果可以看到，产物中不含有 Fe_2P、CoP 和 FeP 相。一般情况下，当温度为 600℃时，通过还原反应在 $LiFePO_4$ 表面形成 Fe_2P 和 FeP 相。当温度升高到 600℃以上时，FeP 将转变为 Fe_2P。Co_2P 峰的存在以及较高的 C 含量说明在还原气氛下产生了 Co_2P，在纯氩气气氛下进行的碳热还原反应则观察不到 Co_2P，所以还原性气氛对煅烧过程中控制 Co_2P 和残余 C 起着关键的作用。

在相同的实验条件但是不同温度下得到的产物的 XRD 图谱和 SEM 形貌如图 5-16 所示。

从 XRD 实验结果可以看到，随着反应温度的提高，Co_2P 的含量增加，因为 Co_2P 的衍射峰（112）和 $LiFePO_4$ 的衍射峰（111）的强度比值增加。从 SEM 形貌可以看到，在 600℃焙烧得到的样品的粒度小于 800℃焙烧得到的样品的粒度。小的颗粒有利于电导率的提高和锂离子在充放电过程中的扩散迁移；

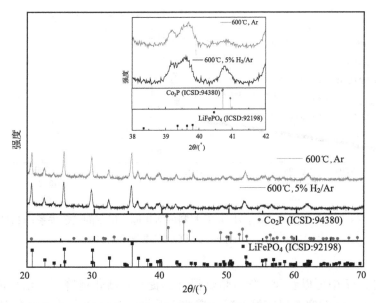

图 5-15　在 600℃ 和 5％ H₂/Ar 和 Ar 环境下得到的 Li(Mn₀.₃₅ Co₀.₂ Fe₀.₄₅)
PO₄/C 样品的 XRD 图谱为了比较，LiFePO₄（ICSD No. 92198）、Co₂ P（ICSD
No. 94380）、Fe₂ P（ICSD No. 200529）、CoP（ICSD No. 76113）和 FeP（ICSD
No. 15057)显示在底部(Kuo et al.，2008)

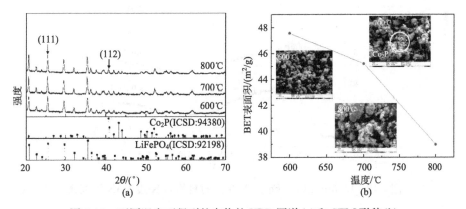

图 5-16　不同温度下得到的产物的 XRD 图谱(a)和 SEM 形貌(b)

Li(Mn₀.₃₅Co₀.₂Fe₀.₄₅)PO₄/C 表面分布有白色的圆球，为 Co₂P；随着焙烧温度的
提高，Co₂P 的量和颗粒大小也随着增加。图 5-17(a)和(b)分别为 Li(Mn₀.₃₅Co₀.₂
Fe₀.₄₅)PO₄/C 材料的活化能与温度的函数关系和 Co₂P 对 Li(Mn₀.₃₅Co₀.₂Fe₀.₄₅)
PO₄/C 电导率的影响。

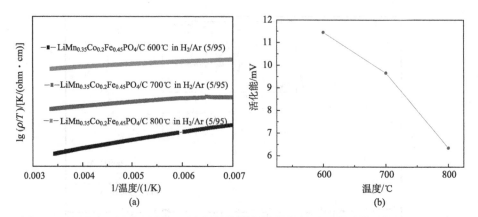

图 5-17　(a)Li(Mn$_{0.35}$Co$_{0.2}$Fe$_{0.45}$)PO$_4$/C 材料的活化能与温度的函数关系；(b)Co$_2$P 对
Li(Mn$_{0.35}$Co$_{0.2}$Fe$_{0.45}$)PO$_4$/C 电导率的影响

从图 5-17 中可以看到，随着焙烧温度的提高，活化能降低。活化能与能带的带隙有关，针对实验研究的情况，带隙降低是因为材料半导体中有空穴形成，这样电导率也增加。为了调查空穴的形成，进行了 O K-边 XANES 光谱实验，如图 5-18 所示。

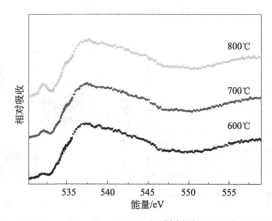

图 5-18　Li(Mn$_{0.35}$Co$_{0.2}$Fe$_{0.45}$)PO$_4$/C 材料的 O K-边 XANES 光谱

从图 5-18 中可以看到，最显著的差别是 O 的 K-边前峰的变化情况，已知这些光谱中低于 534 eV 的边前峰对应 O 的 1s 电子跃迁到过渡金属的杂化 3d 轨道和 O 的 2p 轨道上，而高于 534 eV 处的宽峰对应 O 的 1s 电子跃迁到 O 的 2p 轨道和过渡金属的 4sp 轨道。边前峰强度的增加是由于随着温度的增加样品中的空穴浓度也增加。

图 5-19 和图 5-20 分别为 Li$(Mn_{0.35}Co_{0.2}Fe_{0.45})PO_4$/C 材料的循环伏安和充放电曲线。CV 曲线显示了三个氧化和还原峰，即 Fe^{2+}/Fe^{3+}、Mn^{2+}/Mn^{3+} 和 Co^{2+}/Co^{3+}，分别位于 3.45V、4.0V 和 4.6V，所用的电解液在这个电化学窗口是稳定的，实验中还发现在 700℃ 合成的样品的 Fe^{2+}/Fe^{3+} 和 Mn^{2+}/Mn^{3+} 峰比 600℃ 和 800℃ 合成的样品的对应峰强，这是因为 700℃ 合成的样品因形成了 Co_2P 而使材料的电导率提高。然而在 600℃ 合成的样品 Li$(Mn_{0.35}Co_{0.2}Fe_{0.45})PO_4$/C 的 Co^{2+}/Co^{3+} 氧化峰比其他样品高。

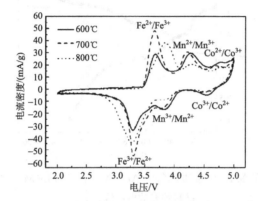

图 5-19　Li$(Mn_{0.35}Co_{0.2}Fe_{0.45})PO_4$/C 材料的 CV 曲线

扫描速度为 0.05mV/s

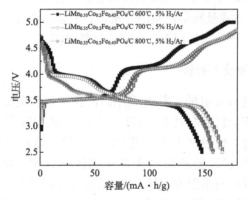

图 5-20　Li$(Mn_{0.35}Co_{0.2}Fe_{0.45})PO_4$/C 材料的充放电曲线

电压为 2.0~4.95V，电流倍率为 0.2C

可以看到充放电曲线在 3.5V、4.1V 和 4.6V 处有三个平台，对应 Li$(Mn_{0.35}Co_{0.2}Fe_{0.45})PO_4$/C 体系的三个氧化还原反应。3.5V 平台是 Fe^{2+}/Fe^{3+} 的氧化还原反应，而 4.1V 和 4.6V 则分别是 Mn^{2+}/Mn^{3+} 和 Co^{2+}/Co^{3+} 的氧化还原反应。值得注意的是在 5%H_2/Ar 气氛中制备的 Li$(Mn_{0.35}Co_{0.2}Fe_{0.45})PO_4$/C

材料的 Co^{2+}/Co^{3+} 的平台是减小的，这是因为在还原气氛下生成了 Co_2P。然而，在较高的焙烧温度，生成 Co_2P 的同时消耗了 $Li(Mn_{0.35}Co_{0.2}Fe_{0.45})PO_4$ 中的活性 Co 的量，影响到材料的充放电容量。总的效果是在 600℃ 的 5%H_2/Ar 气氛下合成的材料的放电容量高于在 600℃ 的 Ar 气氛下合成的材料，分别为 132mA·h/g 和 128mA·h/g。如图 5-21 所示。

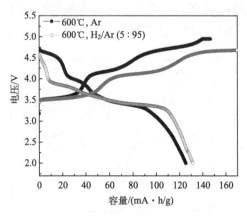

图 5-21　在 600℃ 的 Ar 气氛和 5%H_2/Ar 气氛下合成的 $Li(Mn_{0.35}Co_{0.2}Fe_{0.45})PO_4$ 材料的充放电曲线，0.2C

在 700℃ 下合成的材料具有最高的放电容量，为 166mA·h/g，影响放电容量的因素有 Co_2P 的生成量和活性炭的含量，它们影响到材料的电导率和活性 Co 的量，而这又与反应条件如反应温度和反应气氛有关。

5.5.3　$LiFePO_4$ 的溶液法制备

台湾大学刘如熹研究组的郭慧通采用溶液化学反应的方法制备了 $LiFePO_4$ 材料，反应过程如下：将反应物 $Fe(NH_4)_2(SO_4)_2$ 和 $NH_4H_2PO_4$ 分别溶解于去离子水中，充分混合，然后加入氧化剂 H_2O_2（35%，质量分数），产生白色的非晶态沉淀 $FePO_4$，沉淀过滤然后用去离子水清洗几次，最后在 400℃ 下干燥 24h。将得到的 $FePO_4$ 与溶解在 CH_3CN 中的还原剂 LiI 反应，反应在室温下进行 24h，然后用 CH_3CN 清洗几次，在真空条件下干燥，得到非晶态的 $LiFePO_4$，将其在 5% H_2/Ar 气氛中及 550℃ 下焙烧 1h，即得到晶体 $LiFePO_4$ 材料。

图 5-22 为以不同量的 LiI 为还原剂得到的反应产物的 XRD 图谱。从图中可以看到，当 LiI 的浓度为 2.5mol/L 时，得到的是结晶很好的单相 $LiFePO_4$ 材料；而当 LiI 的浓度小于 2.5mol/L 时，含有一些杂相物质，是 $FePO_4$ 分解产生的；当 LiI 的浓度为 4mol/L 时，产生 Li_3PO_4 不纯物。实验中当 LiI 的 CH_3CN

溶液逐滴加入非晶态 $FePO_4$ 中时，反应物的颜色逐渐转变为黑红色，因为 CH_3CN 溶液中产生了 I_2。当 LiI 的浓度为 2.5mol/L 时，未反应的 $FePO_4$ 在还原条件下转变成 $Fe_2P_2O_7$。

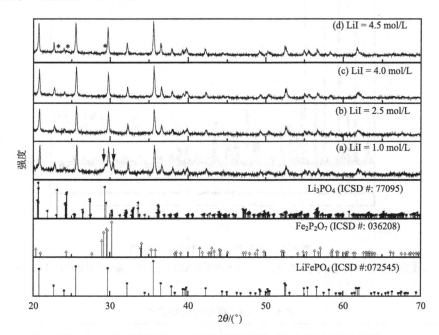

图 5-22　以不同量的 LiI 为还原剂得到的反应产物的 XRD 图谱

发生如下反应：

$$2LiI + 2FePO_4 \longrightarrow 2LiFePO_4 + I_2 \tag{5-9}$$

$$2\,FePO_4(s) \longrightarrow Fe_2P_2O_7(s) + 1/2O_2 \tag{5-10}$$

对得到的产物进行结构精修，结果如图 5-23 所示。最后得到的晶胞常数列于表 5-2 中，晶胞常数是 $a = 10.3095(7)$Å，$b = 5.9993(4)$Å 和 $c = 4.6932(3)$Å。

分子在物体界面富集的现象或物体界面层中物质浓度发生变化的现象皆称为吸附，被吸附的物质叫吸附质，起吸附作用的物质叫吸附剂。固体表面的原子，由于受到不对称的力场的作用，可吸附气体或液体分子，以减弱这种不对称的力场。在恒定温度下，对应一定的吸附质压力，固体表面上只能存在一定量的气体吸附。通过测定一系列相对压力下相应的吸附量，可得到吸附等温线。吸附等温线是对吸附现象以及固体的表面与孔进行研究的基本数据，可从中研究表面与孔的性质，计算出比表面积与孔径分布。

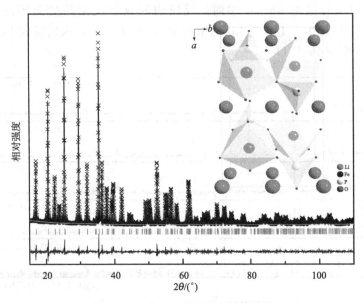

图 5-23　LiFePO₄ 的 XRD 精修结果

x 线为观察得到的，实线为计算得到的，两者的差见 XRD 图底部，理想的晶体结构见嵌入图

表 5-2　XRD 精修得到的数据

原子	x	y	z	占有率	Uiso(Å²)
Li	0	0	0	1	0.048(7)
Fe	0.2822(2)	0.25	0.9741(1)	1	0.032(8)
P	0.0956(3)	0.25	0.4186(7)	1	0.029(1)
O(1)	0.0948(9)	0.25	0.7499(1)	1	0.025(2)
O(2)	0.4540(9)	0.25	0.2074(1)	1	0.029(3)
O(3)	0.1658(8)	0.048(8)	0.2796(8)	1	0.023(2)
空间群：*Pnma*（正交晶系）				可靠因子	
晶胞参数： $a=10.3095(7)$Å $b=5.9993(4)$Å $c=4.6932(3)$Å 晶胞体积：290.27(3)Å³				$R_p=5.82\%$ $R_{wp}=7.64\%$ $\chi^2=2.12$	

1. 吸附等温线

吸附平衡时，单位质量的吸附剂吸附气体的（标态下）体积或物质的量叫吸附

量，用 G 表示，即

$$\Gamma = \frac{V}{m} \quad 或 \quad \Gamma = \frac{n}{m} \tag{5-11}$$

图 5-24 表示吸附等温线的类型。

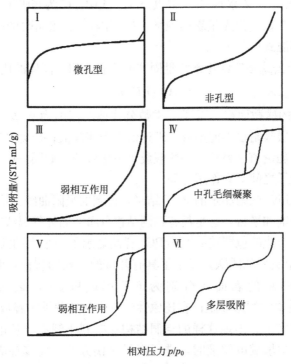

图 5-24　吸附等温线类型

2. BET 多分子层吸附理论

布鲁瑙尔(Brunauer)、埃米特(Emmett)和特勒(Teller)三人在 1938 年提出多分子层吸附理论。该理论是在兰格缪尔单分子层吸附理论的基础上提出的。该理论接受了兰格缪尔提出的吸附作用是吸附和解吸两个相反过程达到动态平衡，以及固体表面是均匀的，各处的吸附能力相同，被吸附分子解吸时不受四周其他分子影响的结果。但该理论认为被吸附分子和碰撞在其上面的气体分子之间存在着范德华力，仍可发生吸附作用，也就是说可形成多分子层吸附。如图 5-24 所示，在吸附过程中，不一定等待第一层吸附满了以后再吸附第二层。第一层吸附是气体分子与固体表面直接发生联系，吸附热一般较大，相当于化学反应热的数量级。而第二层以后的各层，是相同分子之间的相互作用，其吸附热都相等，且相当于该气体的冷凝热。

　　根据上述原则，在一定温度下，当吸附达到平衡后，气体的吸附量等于各层（层数为无穷）吸附量的总和。吸附量与平衡压力之间存在着下列定量关系：

$$\Gamma = \frac{\Gamma_\infty Cp}{(p_s - p)[1 + (C-1)p/p_s]} \tag{5-12}$$

　　这是 BET 公式，又称 BET 二常数公式。式中，C 为与吸附热和被吸附气体的冷凝热有关的常数，为无量纲的纯数；Γ_∞ 为第一层盖满时的吸附量，相当于兰格缪尔吸附等温式中的 Γ_∞。

　　BET 二常数公式被广泛用于测量固体的比表面积。固体的比表面积为

$$A = L\Gamma_\infty a \tag{5-13}$$

式中，a 为分子的横截面积。BET 二常数公式适用范围为 p/p_s 为 $0.05 \sim 0.35$，当压力低时，单层吸附也不能形成，理论值大于实验值；压力高时，毛细凝结发生，实验值大于理论值。另外，一些假设也不尽合理，如同一层分子之间无作用力，而上下层分子之间又有作用力等。

　　图 5-25 为用 N_2 吸附测定的 BET 结果，得到的吸附曲线为第 IV 类吸附曲线，缺少一个清晰的饱和平台，这是具有孔洞结构分布的固体等温线的特征。还可以看到用这种方法合成的包覆碳的 $LiFePO_4$ 样品显示了一个大的滞后环，在 p/p_0 约 0.47 处有一个突然的跳跃，显示了具有开口的空孔的特征，测得的 $LiFePO_4$ 和 $LiFePO_4/C$ 的总的表面积分别为 $6.7m^2/g$ 和 $50m^2/g$。这些结果显示 $LiFePO_4/C$ 样品中空洞形成是由在还原性气氛中加热蔗糖时释放的大量 H_2O 和 CO_2 导致的。事实上，出现这样的空洞结构更有利于锂离子从电解液进入材料的内部，当空洞中填满电解液时，进行离子交换方便，而修饰碳是为了提高电导率。

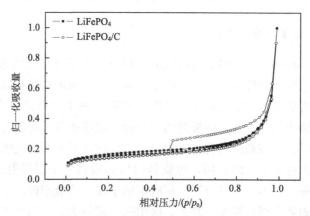

图 5-25　N_2 吸附测定的 BET 结果

图 5-26 为 LiFePO₄ 和 LiFePO₄/C 的充放电曲线，电压范围是 $2.0 \sim 4.2V$。
LiFePO₄ 和 LiFePO₄/C 在 0.1C 下的放电容量分别为 142mA·h/g 和 165mA·
h/g，其中 LiFePO₄/C 展示了接近理论容量的性能。

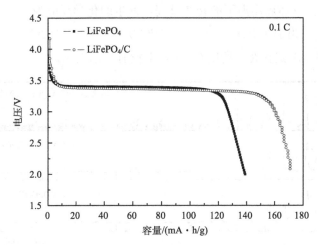

图 5-26　LiFePO₄ 和 LiFePO₄/C 的充放电曲线

5.5.4　从 α, β-LiVOPO₄ 向 α-Li₃V₂(PO₄)₃ 的结构转变

磷酸盐类化合物，如 Li₃V₂(PO₄)₃，含有 VO₆ 八面体和 PO₄ 四面体组元，
而且具有高的氧化还原电位（＞4V），聚阴离子 $(PO_4)^{3-}$ 中较强的 P—O 共价键构
成了稳定的三维空间结构，能够抑制在完全放电状态下氧的释放，这些特点能够
保证电池的安全性能。但是，它的导电性差，影响了它的电化学性能及应用。通
过采用一些改进措施如提高其本征电导率、减小锂离子的扩散路径，可以改进其
性能。磷酸钒锂化合物 LiVOPO₄ 具有两种晶体结构，即四方相的 α-LiVOPO₄
和正交相的 β-LiVOPO₄，其中 β-LiVOPO₄ 展示了较好的电化学性能，但仍然有
待提高。另外一种磷酸盐化合物 α-Li₃V₂(PO₄)₃ 也被认为是一种很有潜力的材
料，它的理论比容量达到 197mA·h/g，是磷酸盐类化合物中最高的一种。通过
控制反应条件，能够使这两种化合物之间进行转换，即从 LiVOPO₄ 转变为
α-Li₃V₂(PO₄)₃(Kuo et al.，2008)。

将 35%（质量分数）H₂O₂ 的溶液缓慢加入 V₂O₅ 中，搅拌，得到澄清的橘黄
色溶液，将化学计量的 NH₄H₂PO₄ 和 LiF 加入上述的 V₂O₅·nH₂O 胶体中，
室温下搅拌 8h，最后在 100℃下干燥，将得到的材料研磨，在管式炉中通入 5%
H₂/A 还原气氛，在 300℃下加热样品 4h，冷却到室温以后，再次研磨样品，然
后在 900℃下 5% H₂/Ar 还原气氛中焙烧样品 2h。

图 5-27 为将 α-LiVOPO$_4$ 在不同温度下焙烧得到产物的 XRD 图谱，600℃的时候有少量 α-Li$_3$V$_2$(PO$_4$)$_3$ 存在，为三斜晶系，空间群为 $P1$（ICSD：69-345）。当温度升高到 800℃的时候，α-LiVOPO$_4$ 完全转变为 α-Li$_3$V$_2$(PO$_4$)$_3$，XRD 图谱显示了在还原气体和高温下的转变过程，发生的化学反应为

$$3LiVOPO_4 \longrightarrow Li_3V_2(PO_4)_3 + VO_2 + 1/2O_2 \tag{5-14}$$

VO$_2$ 是以非晶态形式存在，所以在 XRD 上没有标示出来。

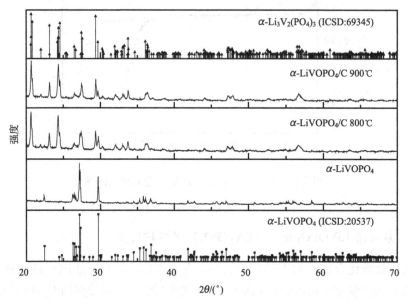

图 5-27　不同温度下焙烧得到产物的 XRD 图谱(Kuo et al.，2008)

图 5-28 为 α-LiVOPO$_4$-5 α-Li$_3$V$_3$(PO$_4$)$_3$ 转变的结构示意图。

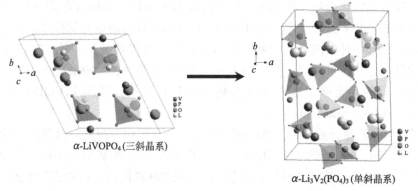

图 5-28　α-LiVOPO$_4$ 完全转变为 α-Li$_3$V$_2$(PO$_4$)$_3$ 的结构示意图

图 5-29 为 α-LiVOPO$_4$ 和 α-Li$_3$V$_2$(PO$_4$)$_3$ 的 SEM 形貌，颗粒的形状与岩石类似，如图 5-28(a)所示。随着温度升高到 700～900℃，颗粒的形貌发生了变化，如图 5-28(c)所示，(d)为放大倍率图。能够看到大的颗粒之间存在空洞，这些大的颗粒呈侵蚀形状，因此具有大的比表面积和锂离子快速迁移的优点，这种孔洞状结构能够减小锂离子的扩散路径。

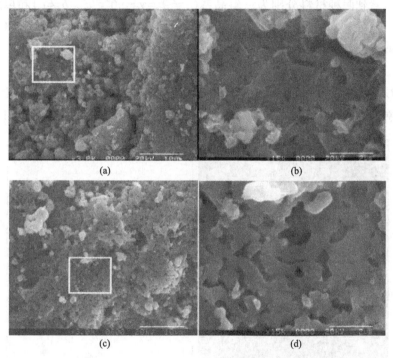

图 5-29　α-LiVOPO$_4$ 和 α-Li$_3$V$_2$(PO$_4$)$_3$ 的 SEM 形貌(Kuo et al.，2008)

透射电镜(TEM)是以电子束为光源的透射电子显微镜，可以观察微小物质的结构形貌。TEM 是波长极短的电子束经过电磁透镜进行聚焦后穿透样品成像。当电子束投射到样品中质量较大的区域时，电子被散射的多，透射荧光屏上的电子少，从而呈现暗像，电子照片则为黑色；反之，透射到荧光屏上的电子多则显示明像，电子照片相应区域的颜色则较亮。

选区电子衍射(SEAD)的原理是建立在德布罗意假设的基础上，即电子也能够像波一样，在遇到障碍物传播的过程中相互叠加，从而产生干涉现象，这种干涉现象在空间分布的不连续性即表现为电子衍射。目前 TEM 有两种常见的工作模式，在成像模式下，可以得到样品的形貌、结构等信息；而在衍射的模式下，可以对样品进行物相分析。

TEM 和 SEAD 的联合分析可以实现微区物像和晶面结构的同时分析，通过

TEM 拍摄所获得的高倍率微区图像，结合 SEAD 所获得的图谱信息，不但可以观测微区材料形貌信息，而且可以确定该区域的晶面结构、晶相组成，从而实现多角度获取分析样品的详细信息，增加样品分析的可靠性。

图 5-30 为用 SEAD 技术分析的 α-LiVOPO$_4$ 和 α-Li$_3$V$_2$(PO$_4$)$_3$ 的结构特征，电子衍射结果为(a)和(c)所示，(b)和(d)为用软件得到的模拟结果。从 SEAD 结果可以看到两种材料分别为三斜晶系($\alpha \neq \beta \neq \gamma \neq 90°$，$a \neq b \neq c$)和单斜晶系($\alpha = \beta = 90° \neq \gamma$，$a \neq b \neq c$)，$\alpha$-LiVOPO$_4$ 和 α-Li$_3$V$_2$(PO$_4$)$_3$ 的晶带轴分别为[111]和[112]，根据公式

$$Rd = L\lambda$$

式中，L 为相机长度；λ(0.037Å)为电子波长；R 为衍射斑距透射斑长度；d 为衍射斑对应的晶面间距。

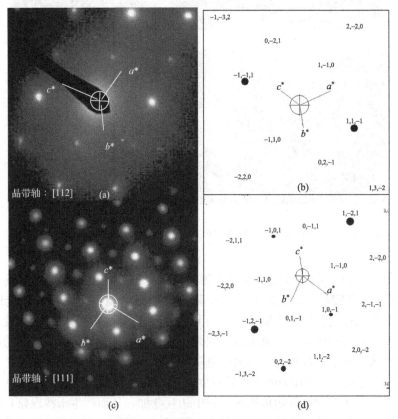

图 5-30　(a) α-LiVOPO$_4$ 的选区电子衍射(SAED)(b) 衍射图谱的模拟

(c) α-Li$_3$V$_2$(PO$_4$)$_3$ 的选区电子衍射(SAED)(d) 衍射图谱的模拟(Kuo et al.，2008)

　　图 5-31 为反应前驱体的 TGA-DTA 曲线，30～1000℃范围内可分为 5 个区，在 200℃以下为 a 区，由于失去少量的水分子，出现少量的失重；在 300～500℃为 b 区，在 360～500℃出现一个尖峰和一个较宽峰，该处的快速失重是由 $NH_4H_2PO_4$ 和 LiF 的分解造成的；在 529～650℃为 c 区，出现一个小峰和平稳的失重情况，这是由于形成了 α-LiVOPO₄；当温度升高到 700～900℃，为 d 区，出现较小的失重和较宽的峰，是由于从 α-LiVOPO₄ 结构向 α-Li₃V₂(PO₄)₃ 转变；当温度进一步升高到 1000℃，为 e 区，此时发生 α-Li₃V₂(PO₄)₃ 分解。

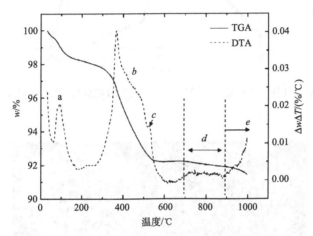

图 5-31　反应前驱体的 TGA-DTA 的曲线(Kuo et al.，2008)

　　图 5-32 为 α-LiVOPO₄ 和 α-Li₃V₂(PO₄)₃ 的充放电曲线，电压范围是 2.0～4.8V，电流倍率为 0.1C(分别为 0.031mA/g 和 0.022mA/g)。对于 α-LiVOPO₄，充电曲线在 3.25V 和 3.85V 出现平台，因为含有少量的 α-Li₃V₂(PO₄)₃。在 4.3V 处还出现一个典型的平台，源自 α-LiVOPO₄ 的 V^{3+}/V^{4+} 电对反应。对于 α-Li₃V₂(PO₄)₃，在 3.55～3.65V 出现一个平台，在 4.2V 和 4.6V 出现小的跳跃。α-LiVOPO₄ 和 α-Li₃V₂(PO₄)₃ 的放电容量分别为 140mA·h/g 和 164mA·h/g。

　　Chunwen Sun 和 John B. Goodenough 等采用水热法和高温反应相结合的方法制备了 LiFePO₄ 微球，该微球为具有 3D 微孔结构的颗粒(图 5-33)。

　　从图 5-33 中可以看到，该微球的大小为 1～3μm，由很多 80nm 厚的纳米花瓣组成，这样的结构能够保证电解液渗入电极材料中，为电解液与电极材料的接触提供更多的反应界面，得到的材料展现出很好的充放电性能。

　　制备的纳米 LiFePO₄ 展示了优异的电化学性能，图 5-34 显示纳米 LiFePO₄ 在 10C 倍率下，可以循环 1000 次，容量没有衰减，为 70mA·h/g；表面包覆导

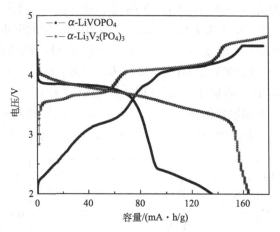

图 5-32　α-LiVOPO$_4$ 和 α-Li$_3$V$_2$(PO$_4$)$_3$ 的充放电曲线(Kuo et al.，2008)

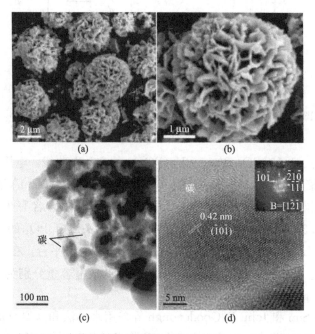

图 5-33　水热法制备的纳米 LiFePO$_4$(Sun et al.，2011)

电剂聚吡咯(ppy)后，10C 倍率下容量达到 86mA·h/g，仍可循环 1000 次，容量不衰减。

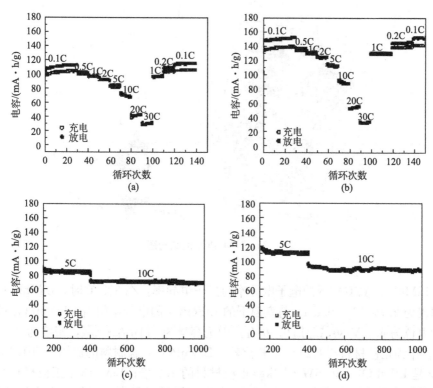

图 5-34　(a)和(c)为纳米 LiFePO$_4$；(b)和(d)包覆导电剂 ppy 的纳米 LiFePO$_4$
电化学性能(Sun et al.，2011)

5.6　LiMnPO$_4$ 正极材料

　　理想的橄榄石结构 LiMnPO$_4$ 属于正交晶系(D_{2h}^{16})，空间群为 $Pnmb$，每个晶胞中有 4 个 LiMnPO$_4$ 单元，晶胞参数为 $a = 0.6108$nm，$b = 1.0455$nm，$c = 0.4750$nm，其晶体结构如图 5-35 所示。在 LiMnPO$_4$ 晶体中，氧原子以稍微扭曲的六方密堆积排列，与磷原子形成 PO$_4^{3-}$ 四面体，磷原子占据四面体的中心位置，锂原子和锰原子分别占据氧原子八面体的 $4a$ 和 $4c$ 位置，形成 LiO$_6$ 八面体和 MnO$_6$ 八面体。每个 MnO$_6$ 八面体与两个 LiO$_6$ 八面体共边并与一个 PO$_4^{3-}$ 共边，一个 PO$_4^{3-}$ 四面体与一个 MnO$_6$ 八面体和两个 LiO$_6$ 八面体共边，由此构成 LiMnPO$_4$ 的三维空间网络结构。结构中 O^{2-} 与 P^{5+} 以强共价键相连形成 PO$_4^{3-}$ 聚阴离子，使 LiMnPO$_4$ 具有优异的热力学和动力学稳定性。LiMnPO$_4$ 形成的是具有一维 Li$^+$ 扩散通道的三维框架结构，限制了 Li$^+$ 在材料内部的快速传输。

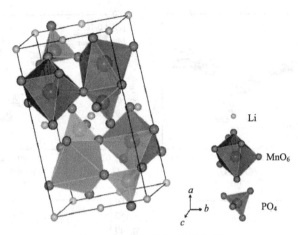

图 5-35　LiMnPO₄ 的结构图

$LiMnPO_4$ 具有很低的电子电导率与离子电导率，在 300 ℃时，$LiMnPO_4$ 电导率仅为 2.7×10^{-9} S/cm，与室温下的 $LiFePO_4$ 的电导率相当。$LiMnPO_4$ 脱嵌锂的电位为 4.1 V(vs. Li/Li^+) 左右，理论容量为 171mA·h/g，密度为 3.43g/cm^3。作为正极材料与 $LiFePO_4$ 相比较，$LiMnPO_4$ 正极材料的比能量 701.1W·h/kg 是 $LiFePO_4$ (586.5W·h/kg) 正极材料的 1.2 倍；$LiMnPO_4$ 正极材料与现行的电解液兼容性都很好。$LiMnPO_4$ 作为正极材料具有成本低、安全性能高、循环性能稳定及环境兼容性好等特点，是目前研究的热点正极材料之一。

在 $LiMnPO_4 \rightarrow MnPO_4$ 两相转变时由于在 Mn^{3+} 位的 Jahn-Teller 效应(由于 Mn^{3+} 的 d 壳层电子云对称性与 MnO_6 的几何对称性不协调，MnO_6 八面体发生扭曲，以使结构达到稳定的效应)会产生大约 9.5% 的体积变化，大于 $LiFePO_4$ 电极材料(产生大约 6.8% 的体积变化)。因而在两相界面处产生很大的应力及应变，锂离子在两相之间进行扩散时，不仅要克服两相之间的界面能，而且也要克服因体积变化而产生的弹性应变能，造成 $LiMnPO_4$ 的离子电导率下降。同时，因体积变化而产生的晶格扭曲导致空位及电子极化子的迁移分别需要克服 303meV 及 196 meV 的能量，而在 $LiFePO_4$ 中空位及电子极化子的迁移分别仅需要克服 170 meV 及 133 meV 的能量，最终导致 $LiMnPO_4$ 的电子电导率远低于 $LiFePO_4$ 的电子电导率。

通过形貌改进、控制晶粒尺寸、掺杂其他元素、掺入碳等能够提高 $LiMnPO_4$ 的电子电导率和离子电导率。

5.6.1　纳米 LiMnPO₄ 的制备和性能

以 LiH_2PO_4 和 $Mn(NO_3)_2 \cdot 4H_2O$ 为反应原料，物质的量比 $Li(PO_4)/Mn=$

1：1。将它们溶解于去离子水中，然后加入柠檬酸和蔗糖，物质的量比 LiMnPO₄/柠檬酸/蔗糖＝1：0.2：0.05。将溶液进行超声波处理，共振频率为 1.7 MHz，将得到的气溶胶置于石英反应器中，加热至 400℃，空气流速为 10L/min。然后将得到的粉末加热到 500℃，保温 1h，得到前驱体。将前驱体与不同量的乙炔黑混合，将混合物在 Ar 气氛下加热至 500℃，保温 1h，得到产物。

　　图 5-36 为与不同量的乙炔黑混合得到产物的 XRD 图谱。所有的衍射峰都属于空间群 Pnmb，用最小二乘法计算混合 10％（质量分数）乙炔黑的材料的晶格常数，得到 $a=10.4653$Å、$b=6.1113$Å 和 $c=4.7448$Å。随着乙炔黑量的增加，XRD 没有明显的变化。在所有 XRD 图谱上 26.5° 衍射角处都有衍射峰，该衍射峰属于石墨。

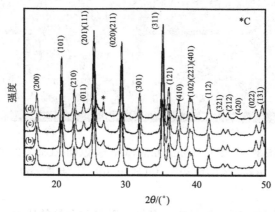

图 5-36　产物 C-LiMnPO₄ 的 XRD 图谱（Oh et al.，2010）
（a）10％；（b）20％；（c）30％；（d）40％（质量分数）

反应过程中，碳含量有所变化，最后产物中的碳含量如表 5-3 所示。

表 5-3　C-LiMnPO₄ 的设计碳含量和实际碳含量（质量分数）

乙炔黑	10％	20％	30％	40％
设计碳含能量/％	10	20	30	40
实际碳含量/％	8.35	18.14	27.43	36.64

　　图 5-37 为产物 C-LiMnPO₄ 的 SEM 形貌，产物颗粒由团聚的纳米颗粒构成。SEM 检测不出碳，需要用 TEM 识别碳的存在。

　　图 5-38 为产物 C-LiMnPO₄ 的 TEM 形貌。图 5-38（a）为掺乙炔黑 10％（质量分数）的产物的图像，颗粒为 10～50nm，中间混有碳颗粒，如黑色箭头所示，且没有在 LiMnPO₄ 颗粒周围形成碳薄层。图 5-38（b）为标记的嵌入到团聚的

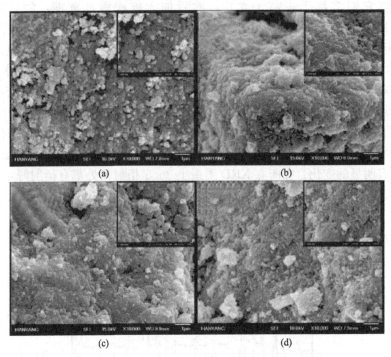

图 5-37　产物 C-LiMnPO$_4$ 的 SEM 形貌(Oh et al.，2010)

(a) 10%；(b) 20%；(c) 30%；(d) 40%(质量分数)

LiMnPO$_4$ 中的碳颗粒的(002)晶格体条纹。随着碳含量的增加，结晶的碳颗粒的含量也相应地增加，掺乙炔黑 30%(质量分数)的产物的图像如图 5-38(c)所示，结晶的碳颗粒均匀分布在 LiMnPO$_4$ 颗粒中间。LiMnPO$_4$ 颗粒与碳颗粒直接接触，LiMnPO$_4$ 颗粒簇中，颗粒之间通过碳颗粒相连，为了表示清楚，用白色的圆圈标记 LiMnPO$_4$ 颗粒簇，而用黑色箭头标记碳颗粒。图 5-38(d)显示两个 LiMnPO$_4$ 颗粒簇之间的一个区域，其中碳颗粒密实地填充在两个颗粒簇之间。当混入的乙炔黑的含量增加到 30%以上时，导致碳颗粒的偏析。当掺入乙炔黑的量达到 40%时，出现了含有很多碳颗粒的区域，样品分成两个区域，如图 5-38(e)所示，在图中左侧箭头所示处可以看到由几百个纳米碳颗粒组成的碳团聚物。与图 5-38(c)相比，孤立的碳颗粒中碳增加的部分能够清晰地辨认出。图 5-38(f)为一个孤立的区域，其中碳颗粒已经发生偏析，不含 LiMnPO$_4$ 颗粒。

　　表 5-4 为用四点探针法测试的材料的电导率。通常样品中含碳量高则电导率高，掺乙炔黑 30%(质量分数)时，电导率为 0.43S/cm，几乎到达金属导电性。当掺乙炔黑 40%(质量分数)时，电导率降低到 0.069S/cm，这是由于过量的碳导致了碳偏析，阻碍了电子的传导，降低了材料的电导率。

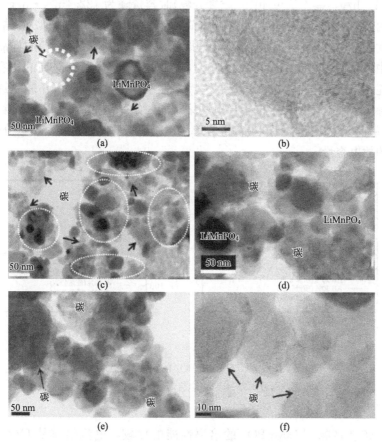

图 5-38　产物 C-LiMnPO₄ 的 TEM 形貌(Oh et al.，2010)

(a) 掺乙炔黑 10%；(b) 图(a)中标记处的放大图像；(c) 掺乙炔黑 30%的产物，箭头指处为碳颗粒，白圈为 LiMnPO₄；(d) 图(c)的放大图像；(e) 掺乙炔黑 40%的产物；(f) 图(e)中碳偏析的放大图像

表 5-4　碳含量不同的材料的电导率

项目	乙炔黑 10%	乙炔黑 20%	乙炔黑 30%	乙炔黑 40%
电导率/(S/cm)	9.1×10^{-2}	1.5×10^{-1}	4.3×10^{-1}	6.9×10^{-2}

图 5-39 为产物 C-LiMnPO₄ 的充放电曲线，测试电压范围为 2.7~4.5V，电流为 C/20(8.5mA/g)，温度为 25℃。所有电极在 4.1V 处均有可逆的平台，对应 LiMnPO₄ 中 Mn^{3+} / Mn^{2+} 的电对反应，放电容量随着掺入乙炔黑的含量的增加而逐渐增加，掺乙炔黑 10%(质量分数)时容量为 120mA·h/g，掺乙炔黑 20%(质量分数)时容量为 148mA·h/g，掺乙炔黑 30%(质量分数)时容量为

153.4mA·h/g，掺乙炔黑 40％（质量分数）时容量降为 122.4mA·h/g。容量的降低是由于不导电碳量的增加引起了电荷转移电阻增加，与图 5-37 的结果一致。在前 5 次循环中，没有容量减小，只是掺乙炔黑 40％（质量分数）的样品在随后的循环中容量稍微降低。掺乙炔黑 30％（质量分数）的样品有最高的比容量，电化学性能与材料的电导率的测试结果一致，在纳米级的 LiMnPO₄ 颗粒周围均匀分布着导电碳颗粒，构成了电子导电网络。同时纳米级的 LiMnPO₄ 颗粒缩短了 Li^+ 的扩散路径。因此，具有最高电导率的电极（掺乙炔黑 30％，质量分数）展示了最高的放电容量。

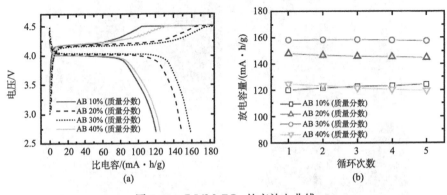

图 5-39　C-LiMnPO₄ 的充放电曲线
(a) 电压范围为 2.7~4.5V，电流倍率为 C/20；(b)循环性能

　　图 5-40 为产物 C-LiMnPO₄ 的倍率性能的比较，电流倍率从 C/20 增加到 10C，温度为 25℃。在放电前，电极先以 C/20 倍率充电至 4.5V，随着电流倍率的提高，掺乙炔黑 30％（质量分数）的样品与其他样品的性能差距逐渐增大。对于掺乙炔黑 10％、20％和 40％（质量分数）的样品，放电容量随电流倍率的增加而减小，容量的快速减小是由于 LiMnPO₄ 具有较低的本征电导率。在 2C 倍率下，掺乙炔黑 10％的样品放电容量为 44.5mA·h/g，为 0.05C 倍率时容量的 37.1％；掺乙炔黑 20％的样品放电容量为 72.3mA·h/g，为 0.05C 倍率时容量的 48.9％；掺乙炔黑 40％的样品放电容量为 53.4mA·h/g，为 0.05C 倍率时容量的 43.6％；而掺乙炔黑 30％的样品放电容量为 106.7mA·h/g，为 0.05C 倍率时容量的 70％。这个结果说明碳颗粒分布均匀，能够改善 LiMnPO₄ 的倍率性能、提高储存 Li 离子的能力。

　　图 5-41 为 C-LiMnPO₄ 的温度性能，即在 25℃和 55℃下的循环性能，电流倍率为 0.5C。电极在放电前先以 C/20 倍率的电流进行充电，在 25℃下，所有电极均显示了较好的容量保持率。在 55℃下，初始放电容量有所提高，这是由

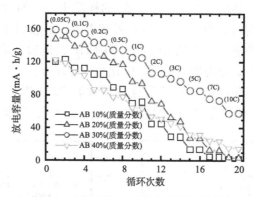

图 5-40　C-LiMnPO₄ 的倍率循环性能

于在较高温度下，Li 离子的扩散速率较高。随着循环的进行，所有样品的容量均出现衰减，其中掺乙炔黑 30%（质量分数）的样品展示了最好的容量保持率，循环 50 次以后，能够保持初始容量的 88%。

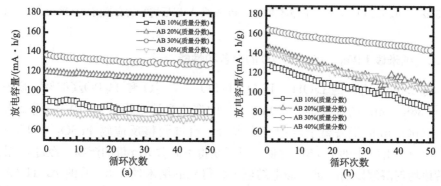

图 5-41　C-LiMnPO₄ 在 25℃（a）和 55℃（b）的循环性能，电流倍率为 0.5C(Oh et al.，2010)

将电极在 55℃充电至 4.5V，然后放置 4 周，测试电解液中 Mn 的溶解量，结果如表 5-5 所示。

表 5-5　Mn 在电解液中的溶解量(55℃)

项目	乙炔黑 10%	乙炔黑 20%	乙炔黑 30%	乙炔黑 40%
Mn 溶解量/ppm	319.6	202.7	103.7	259.9

注：1ppm＝10⁻⁶

在 55℃时，材料容量的减少与 Mn 在电解液中的溶解有关，与其他 Mn 基正极材料相似。从表 5-5 中可以看到，掺乙炔黑 30%（质量分数）的样品中 Mn 的溶解受到抑制，而掺乙炔黑 40%（质量分数）的样品中 Mn 的溶解增加。结合电镜检测结果，碳颗粒均匀分布在 LiMnPO$_4$ 颗粒周围，可起到保护层的作用，在充放电循环过程中保护活性物质抵制电解液中的 HF 的侵蚀，减小 Mn 的溶解。当碳的含量超过最佳值，出现碳的偏析，电化学性能衰减。

图 5-42 为 C-LiMnPO$_4$ 在 55℃下循环首次和 50 次以后进行的交流阻抗分析，掺乙炔黑 30%（质量分数）的样品的电阻最小，与电导率测试结果一致。

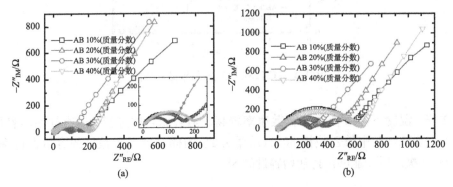

图 5-42 C-LiMnPO$_4$ 在 55℃下循环首次（a）和 50 次（b）以后进行的交流阻抗（Oh et al.，2010）

5.6.2 纳米线 LiFe$_{1-y}$Mn$_y$PO$_4$/C 的制备和性能

将 0.6mmol/L 的 LiOH·H$_2$O、FeSO$_4$·7H$_2$O 和 H$_3$PO$_4$（85%，质量分数）与 36mg/mL 的柠檬酸、100mg/mL 的聚乙烯聚吡咯烷酮（PVP，分子量为 1 300 000g/mol）于去离子水中完全混合，通过调整反应物 FeSO$_4$·7H$_2$O 和 MnSO$_4$·7H$_2$O 中的 Fe/Mn 比值，可以获得不同含 Mn 量的产物。经过 3h 剧烈旋转该均匀溶液以后，进行静电纺丝，将得到的纳米丝在 850℃的 Ar/H$_2$（95：5，体积分数）气氛下煅烧 5h 得到产物。

图 5-43 为产物的 XRD 图谱，从图中可看到固溶体特征。例如，在高 Mn 含量时，衍射峰向低衍射角方向发生偏移，因为晶格常数增加。晶格常数计算结果列于表 5-6 中。

表 5-6 LiFe$_{1-y}$Mn$_y$PO$_4$ 相的晶格常数

y	a(Å)	b(Å)	c(Å)	V(Å³)
0	10.3210(7)	6.0011(4)	4.6887(4)	290.40(5)
0.25	10.3609(9)	6.0318(6)	4.7042(5)	293.99(7)
0.50	10.3784(9)	6.0481(6)	4.7161(5)	296.03(6)
0.75	10.4319(8)	6.0889(5)	4.7372(4)	300.90(2)
1	10.4398(6)	6.1008(3)	4.7429(5)	302.08(4)

从图 5-43 中可见，单位晶胞体积随 y 值的增加线形增加，存在小的偏差是无定形 C 的影响结果。

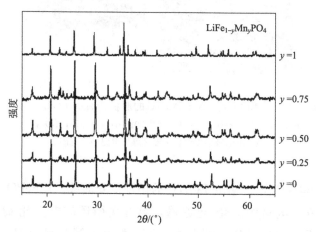

图 5-43　产物 LiFe$_{1-y}$Mn$_y$PO$_4$/C 的 XRD 图谱（Hagen et al.，2012）

图 5-44 为产物的 SEM 形貌，纳米纤维没有方向性，部分呈互相连接、交织结构。这种互相交联的纤维网络保证了电子具有高度的传导性，能够使电子快速传递到集流体。颗粒状的材料在颗粒之间存在空隙，不利于导电。

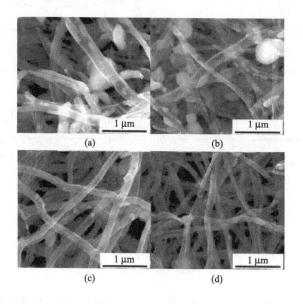

图 5-44　产物 $LiFe_{1-y}Mn_yPO_4/C$ 的形貌（Hagen et al.，2012）
(a)$y=0$；(b) $y=0.25$；(c) $y=0.50$；(d) $y=0.75$；(e) $y=1$；
(f)由电极形貌产生 1 维-2 维导电路径示意图

　　图 5-45 为电极 $LiFe_{1-y}Mn_yPO_4/C$ 的循环伏安曲线。$LiFePO_4$ 电极在 3.4V 处出现 Fe^{2+}/Fe^{3+} 电对的氧化/还原峰。第五次循环的电量比 $Q_{放电}/Q_{充电}$ 超过 99%。对于 $LiFe_{0.75}Mn_{0.25}PO_4/C$ 材料，87% 的容量属于 Fe^{2+}/Fe^{3+} 电对，13% 的容量属于 Mn^{2+}/Mn^{3+} 电对。还原过程中，在 3.6V 处有一个小峰，容量为 $22mC/cm^2$，属于 $Mn_2P_2O_7$ 杂相，是在前驱体的热分解中形成的，该相不能用

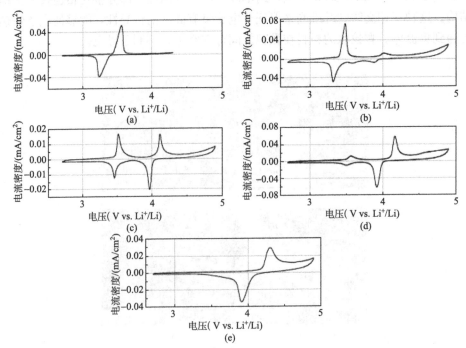

图 5-45　五种不同电极 $LiFe_{1-y}Mn_yPO_4/C$ 的循环伏安曲线，扫描速度为 $10\mu V/s$
(a)$LiFePO_4$；(b)$LiFe_{0.75}Mn_{0.25}PO_4$；(c)$LiFe_{0.5}Mn_{0.5}PO_4$；(d)$LiFe_{0.25}Mn_{0.75}PO_4$；(e)$LiMnPO_4$

XRD 检测出来。对于 $LiFe_{0.5}Mn_{0.5}PO_4/C$ 材料，两个氧化峰的容量几乎相等。Mn 的还原峰电流比氧化峰电流强度高，这是电极材料的本征性能，与电解液的分解无关。Mn^{3+} 周围的 Jahn-Teller 效应在 Mn^{2+}/Mn^{3+} 电对反应过程中能引发 10% 的弹性形变。晶格的收缩阻碍 Li^+ 的扩散，导致氧化/还原峰的不对称，Mn^{2+}/Mn^{3+} 电对的极化比 Fe^{2+}/Fe^{3+} 电对高三倍。对于 $LiFe_{0.25}Mn_{0.75}PO_4/C$ 材料，Fe 与 Mn 的容量比低于计量比 20%。Mn 的还原峰电流强于其氧化峰电流，同样，Mn^{2+}/Mn^{3+} 电对的极化比 Fe^{2+}/Fe^{3+} 电对高三倍。$LiMnPO_4$ 电极在 4.31V 处有一个电流峰和一个拖尾直至 4.7V，极化为 0.44V。还原过程中，前面提到的 3.6V 处的杂相峰电流仍然可见。

图 5-46 为电极 $LiFe_{1-y}Mn_yPO_4/C$ 的充放电性能。对于原子比 Fe：Mn = 1：1 的材料，放电容量为 125mA·h/g 时，成分为 $Li_{0.26}Fe_{0.5}Mn_{0.5}PO_4$。Mn 的含量为 25%～50% 时，对材料的极化、容量和能量密度是有益的。当 Mn 含量增加时，极化快速增加，而且 Mn 和 Fe 的氧化/还原电位都增加 130 mV。Fe 的氧化/还原反应极化随 Fe 含量的降低而减小，而 Mn 的氧化/还原反应极化电阻增加。

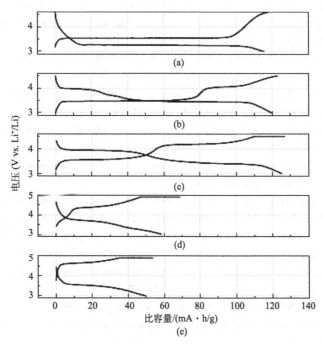

图 5-46　$LiFe_{1-y}Mn_yPO_4/C$ 的充放电性能

图 5-47 为 $LiFe_{0.5}Mn_{0.5}PO_4/C$ 材料的倍率性能，在 4C 倍率前，材料没有明显的容量衰减。

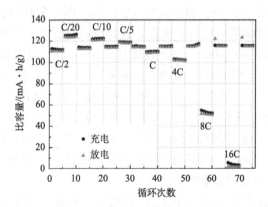

图 5-47　　$LiFe_{0.5}Mn_{0.5}PO_4/C$ 材料的倍率循环性能（Hagen et al.，2012）

参 考 文 献

Andersson A S，Kalska B，Haggstrom L，et al. 2000. Lithium extraction/insertion in $LiFePO_4$：an X-ray diffraction and Mossbauer spectroscopy study. Solid State Ionics，130(1-2)：41-52

Aravindan V，Gnanaraj J，Lee Y S，et al. 2013. $LiMnPO_4$-A next generation cathode material for lithium-ion batteries. J Mater Chem A，1：3518-3539

Bakenov Z，Taniguchi I. 2011. $LiMnPO_4$ olivine as a cathode for lithium batteries. The Open Materials Science Journal，5，(Suppl 1；M4)：222-227

Choi D，Wang D，Bae I T，et al. 2010. $LiMnPO_4$ nanoplate grown via solid-state reaction in molten hydrocarbon for li-ion battery cathode. Nano Lett，10：2799-2805

Chung S Y，Bloking J T，Chiang Y M. 2002. Electronically conductive phospho-olivines as lithium storage electrodes. Nat Mater，1：123-128

Croce F，Epifanio A D，Hassoun J，et al. 2002. A novel concept for the synthesis of an improved $LiFePO_4$ lithium battery cathode. Electrochem Solid ST，5：A47-A50

Delacourt C，Laffont L，Bouchet R，et al. 2005. Toward understanding of electrical limitations(electronic, ionic) in $LiMPO_4$(M=Fe，Mn) electrode materials. J Electrochem Soc，152：A913-A921

Dokko K，Hachida T，Watanabe M. 2011. $LiMnPO_4$ Nanoparticles prepared through the reaction between Li_3PO_4 and molten aqua-complex of $MnSO_4$. J Electrochem Soc，158：A1275-A1281

Drozd V，Liu G Q，Kuo H T，et al. 2009. Synthesis, electrochemical properties, and characterization of $LiFePO_4/C$ composite by a two source method. J Alloy Compd，487(1-2)：58-63

Fisher C A J，Hart P V M，Islam M S. 2008. Lithium battery materials $LiMPO_4$(M=Mn，Fe，Co，and Ni)：insights into defect association, transport mechanisms, and doping behavior. Chem Mater，20：5907-5915

Hagen R V，Lorrmann H，Möller K C，et al. 2012. Electrospun $LiFe_{1-y}Mn_yPO_4/C$ nano fiber composites as self-supporting cathodes in li-ion batteries. Adv Energy Mater，2：553-559

Islam M，Driscoll D J，Fisher C A J，et al. 2005. Atomic-scale investigation of defects, dopants, and lithium transport in the $LiFePO_4$ olivine-type battery material. Chem Mater，17(20)：5085-5092

Kuo H T, Bagkar N C, Liu R S, et al. 2008. Structural transformation of LiVOPO₄ to Li₃V₂(PO₄)₃ with enhanced capacity. J Phys Chem B, 112(36): 11250-11257

Kuo H T, Liu G Q, Liu R S, et al. 2008. Effect of Co₂P on electrochemical performance of Li(Mn₀.₃₅Co₀.₂Fe₀.₄₅)PO₄/C. J Phys Chem B, 112(27): 8017-8023

Li G, Azuma Z H, Tohda M. 2002. LiMnPO₄ as the cathode for lithium batteries. Electrochem Solid S T, 5: A135-A137

Nishimura S I, Kobayashi G, Ohoyama K, et al. 2008. Experimental visualization of lithium diffusion in Li$_x$FePO₄, Nat Mater, 7: 707-711

Oh S M, Oh S W, Yoon C S, et al. 2010. High-performance carbon-LiMnPO₄ nanocomposite cathode for lithium batteries. Adv Funct Mater, 3260(20): 3260-3265

Ong S P, Chevrier V L, Ceder G. 2011. Comparison of small polaron migration and phase separation in olivine LiMnPO₄ and LiFePO₄ using hybrid density functional theory. Phys Rev B, 83, 75112

Padhi A K, Nanjundaswamy K S, Goodenough J B. 1997. Phospho-olivines as positive-electrode materials for rechargeable lithium batteries. J Electrochem Soc, 144: 1188-1194

Ravet N, Abouimrane A, Armand M. 2003. From our readers: on the electronic conductivity of phospho-olivines as lithium storage electrodes. Nat Mater, 2: 702

Saravanan K, Ramar V, Balaya P, et al. 2011. LiMn$_x$Fe$_{1-x}$PO₄/C(x=0.5, 0.75 and 1) Nanoplates for lithium storage application. J Mater Chem, 21: 14925-14935

Sun C W, Rajasekhara S, Goodenough J B. 2011. Monodisperse porous LiFePO₄ microspheres for a high power Li-ion battery cathode. J Am Chem Soc, 133: 2132-2135

Takahashi M, Tobishima S, Takei K, et al. 2001. Characterization of LiFePO₄ as the cathode material for rechargeable lithium batteries. J Power Sources, 97-98: 508-511

Tarascon J M, Armand M. 2002. Issues and chanllenges facing rechargeable lithium batteries. Nature, 414: 359

Wang D, Ouyang C, Drézen T, et al. 2010. Improving the electrochemical activity of LiMnPO₄ via Mn-site substitution. J Electrochem Soc, 157(2): A225-A229

Yamada A, Chung S C, Hinokuma K. 2001. Optimized LiFePO₄ for lithium battery cathodes. J Electrochem Soc, 148(3): A224-A229

Yamada A, Hosoya M, Chung S C, et al. 2003. Olivine-type cathodes: achievements and problems. J Power Sources, 119-121: 232-238

Yang S F, Song Y N, Ngala K, et al. 2003. Performance of LiFePO₄ as lithium battery cathode and comparison with manganese and vanadium oxides. J Power Sources, 119: 239-246

第6章　富锂锰基正极材料

锂离子电池的能量密度主要取决于正极材料的能量密度，开发出高能量密度的正极材料具有非常重要的意义。目前研究和商业上应用的锂离子电池正极材料，如 $LiCoO_2$、$LiMn_2O_4$、$LiFePO_4$ 等，比容量均低于 $200mA \cdot h/g$，不能满足电动汽车高比能量($300W \cdot h/kg$)的要求。

富锂锰基正极材料 $xLi_2MnO_3 \cdot (1-x)LiMO_2$($0 < x < 1$，M 为过渡金属)的高比容量($250 \sim 300mA \cdot h/g$)和工作电压($> 4.5$ V)使其具有高的能量密度，而且 Mn 元素比例的提高同时降低了 Co 的含量，降低了材料的价格，且对环境友好。因此，富锂锰基正极材料 $xLi_2MnO_3 \cdot (1-x)LiMO_2$ 成为满足电动汽车用锂离子电池的理想之选。

富锂锰基正极材料主要是由 Li_2MnO_3 与层状材料 $LiMO_2$(M = Co, Fe, $Ni_{1/2}Mn_{1/2}$，$\cdots$) 形成的固溶体。1997 年 Numata 等率先报道了层状的 $Li_2MnO_3 \cdot LiCoO_2$ 固溶体材料，最早提出利用 $Li_2AO_3 \cdot LiBO_2$ 固溶体设计新电极材料。研究发现当充电到 4.8 V 时，材料显示将近 $280mA \cdot h/g$ 的初始放电比容量，如此高的放电比容量主要与新的充放电机制有关，并且在随后的电化学过程中 Mn 也参与了氧化还原反应。富锂锰基正极材料在充放电过程中，当终止电压在 4.5 V 以下时，Li^+ 的脱嵌伴随 $Ni^{2+/4+}$、$Co^{3+/4+}$ 或者 $Fe^{3+/4+}$ 之间的氧化还原；当终止电压在 4.5 V 以上时，首次充电到 4.5 V 会出现一个较长的电压平台。在首次充电过程中出现了两个电压平台，即小于 4.5 V 的 A 平台和 4.5 V 的 B 平台，并且 B 平台在后续循环中消失。研究认为这个 4.5 V 平台是富锂锰基正极材料电化学活化过程，是富锂锰基正极材料的特征曲线。Johnson 等将首次充电分为两步，第一步，当电压小于 4.5 V 时，随着 Li^+ 的脱出，过渡金属离子发生氧化还原反应，其反应式可表示为

$$xLi_2MnO_3 \cdot (1-x)LiMO_2 \longrightarrow x\,Li_2MnO_3 \cdot (1-x)MO_2 + (1-x)Li$$

$$(6-1)$$

第二步，当电压高于 4.5 V 时，锂层和过渡金属层共同脱 Li^+，同时锂层两侧的氧也一起脱出，脱出了 Li_2O，其反应式可表示为

$$xLi_2MnO_3 \cdot (1-x)MO_2 \longrightarrow xMnO_2 \cdot (1-x)MO_2 + xLi_2O \quad (6-2)$$

而在放电过程中，由于体相晶格中 O_2 脱出的空位被过渡金属离子所占据，

导致脱出的 Li^+ 不能全部回嵌至富锂锰基正极材料的体相晶格中，从而导致首次不可逆容量损失，其反应式可表示为

$$x MnO_2 \cdot (1-x)MO_2 + Li \longrightarrow x LiMnO_2 \cdot (1-x)LiMO_2 \qquad (6-3)$$

6.1　富锂锰基正极材料的结构和充放电机制

富锂锰基材料 $x Li_2MnO_3 \cdot (1-x)LiMO_2$（M＝Ni，Co，Mn，…）是以层状 Li_2MnO_3 为基体，与层状 $LiMO_2$ 按不同比例形成的固溶体，M 可以是一种过渡金属元素，也可以是多种过渡金属元素。其中，Li_2MnO_3 为层状的岩盐结构，与 $\alpha\text{-}NaFeO_2$ 的结构类似。Li_2MnO_3 还可以写成 $Li[Li_{1/3}Mn_{2/3}]O_2$ 的形式，Li^+ 占据 $3a$ 位置，过渡金属原子占据 $3b$ 位置，氧占据 $6c$ 位置，Li^+ 与过渡金属层 $[Li_{1/3}Mn_{2/3}]$ 交替占据立方晶系(111)晶面的八面体位置，过渡金属层中的 Li^+ 与 Mn^{4+} 形成的超晶格有序性将晶系对称性从六方晶系降为单斜晶系，属于 $C2/m$ 空间群。因此，富锂锰基材料 $x Li_2MnO_3 \cdot (1-x)LiMO_2$ 可以看成由层状结构的 Li_2MnO_3 演变而来，就是过渡金属 Mn 部分取代了 $Li[Li_{1/3}Mn_{2/3}]O_2$ 中的 Li^+ 和 Mn^{4+} 而仍然保持 Mn^{4+} 的氧化态，从而其分子式也可写成 $Li[M_x Li_{1/3-2x/3}Mn_{2/3-x/3}]O_2$（$0 \leqslant x \leqslant 0.5$）。Thackeray 等首次提出了"复合氧化物"的概念，认为这种锂过量的锰基层状氧化物是由 Li_2MnO_3 和 $LiMO_2$（M＝Ni，Mn，Co）组成的复合氧化物。图 6-1 为 Li_2MnO_3 和 $LiMO_2$ 的结构示意图，图 6-1(a) 显示了 Li_2MnO_3 的岩盐相结构，晶格常数 $a=4.932Å$，$b=8.537Å$，$c=9.600Å$，$\beta=99.15°$，晶胞体积 $V=404.2Å^3$。

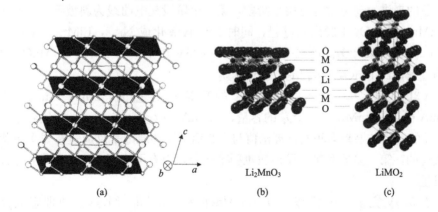

图 6-1　(a)、(b)Li_2MnO_3 和(c)$LiMO_2$ 的结构示意图，(a)中 O^{2-} 为较小的没有阴影的球，Li^+ 为较大的有阴影的球，Li^+ 和 Mn^{4+} 位于有阴影的八面体间隙的中心位置

图 6-2 为 $0.3Li_2MnO_3 \cdot 0.7LiNi_{0.5}M_{0.5}O_2$ 的首次充放电曲线和循环性能，其首次充放电比容量分别高达 $352mA \cdot h/g$ 和 $287mA \cdot h/g$。富锂锰基材料首次充电至 4.5 V(vs. Li^+/Li)的过程中，材料的 Ni^{2+} 氧化为 Ni^{4+}，同时脱 Li^+，其充电比容量为 $168mA \cdot h/g$，随后在充电至 4.8 V 过程中，4.5 V 呈现充电平台，并伴有巨大的充电比容量 $152mA \cdot h/g$。

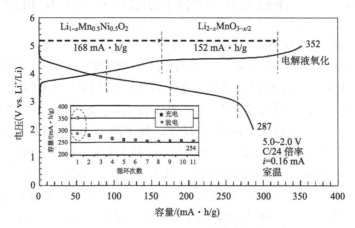

图 6-2　$0.3Li_2MnO_3 \cdot 0.7LiNi_{0.5}M_{0.5}O_2$ 的首次充放电曲线和循环性能
(Thacheray et al.，2005)

当 $xLi_2MnO_3 \cdot (1-x)LiMO_2$ 材料充电至较高的电位 4.5V 时，Li_2O 经过一个复杂的电化学过程(脱 Li^+)和化学过程(脱 O)从 Li_2MnO_3 中脱出，首次反应的库仑效率不高，放电比容量比充电比容量少 20%～30%。

总的来讲，充电过程分两个阶段，第一个阶段充电曲线为斜坡形状，是 Li^+ 从 $LiMn_{0.5}Ni_{0.5}O_2$ 中脱出的过程，同时 Ni^{2+} 被氧化成 Ni^{4+}，$LiMn_{0.5}Ni_{0.5}O_2$ 变成 $Li_{1-x}Mn_{0.5}Ni_{0.5}O_2$。第二个阶段发生在 4.5V 以上，为 Li^+ 从 Li_2MnO_3 中脱出的过程，Li_2MnO_3 变成 $Li_{2-x}MnO_{3-x/2}$。

$0.3Li_2MnO_3 \cdot 0.7LiNi_{0.5}Mn_{0.5}O_2$ 的理论比容量为 $342mA \cdot h/g$，其中 $184mA \cdot h/g$ 是 $LiMn_{0.5}Ni_{0.5}O_2$ 的容量，$158mA \cdot h/g$ 是 Li_2MnO_3 的比容量，与图 6-3 的实验结果基本相同。理论值与实验值不同的原因是反应是在非平衡状态下进行的，第一阶段和第二阶段较难明确区分，很有可能两个阶段在分界点处同时发生。

在 5.0V 完全充电状态下 $0.3Li_2MnO_3 \cdot 0.7LiNi_{0.5}M_{0.5}O_2$ 的理想成分是 $0.3MnO_2 \cdot 0.7Ni_{0.5}Mn_{0.5}O_2$ 或者简单地写成 $Ni_{0.65}Mn_{0.35}O_2$。放电过程分 3 个阶段，这 3 个阶段的容量几乎是相等的，前两个阶段是 Ni^{4+} 被还原成 Ni^{3+}，最后至 Ni^{2+}，分别发生在 4.6～3.9V 和 3.9～3.5V，第三个阶段为 Mn^{4+} 被还原为

Mn^{3+}，发生在 $3.5 \sim 2.9V$。这样，由 $0.3Li_2MnO_3 \cdot 0.7LiNi_{0.5}Mn_{0.5}O_2$ 就得到了理想的 $Ni_{0.65}Mn_{0.35}O_2$ 电极，理论容量为 $262mA \cdot h/g$，当充电至岩盐相 $LiNi_{0.65}Mn_{0.35}O_2$ 时，Ni^{4+}/Ni^{3+}、Ni^{3+}/Ni^{2+} 和 Mn^{4+}/Mn^{3+} 还原过程的容量分别为 $92mA \cdot h/g$、$92mA \cdot h/g$ 和 $78mA \cdot h/g$。首次充放电循环的库仑效率，即放电容量与充电容量的比值为 82%。发生容量不可逆损失的主要原因是 Li_2O 从 $0.3Li_2MnO_3 \cdot 0.7LiNi_{0.5}Mn_{0.5}O_2$ 材料中脱出和电解液在高电位处的分解。在相同电化学窗口下随后的循环过程中，容量衰减很慢，经过 7 个循环以后，容量开始保持稳定，约为 $254mA \cdot h/g$。这说明富 MnO_2 钝化层对电极有保护作用，防止了它与电解液的反应。

用两种组成 $(1-x)Li_2MnO_3 \cdot xLiNi_{0.5}Mn_{0.5}O_2$ 表示 Li 在过渡金属 M 层间的复杂的层状化合物，而不用 $Li[Li_{x/(2+x)}Mn_{(1+x)/(2+x)}Ni_{(1-x)/(2+x)}]O_2$ 表示的优点是前者能够清楚地表示在充放电过程中电极材料在 Li_2MnO_3-MO_2-$LiMO_2$-Li_2MO_2 相图上进行的成分变化。图 6-4 为与 $0.3Li_2MnO_3 \cdot 0.7LiNi_{0.5}Mn_{0.5}O_2$（或 $Li[Li_{0.13}Mn_{0.57}Ni_{0.30}]O_2$）有关的 Li_2MnO_3-$Mn_{1-y}Ni_yO_2$-$LiMn_{1-y}Ni_yO_2$-$Li_2Mn_{1-y}Ni_yO_2$ 体系的相图，相图的连接线上，选择了 5 种成分，即 $x=0$，0.33，0.50，0.67 和 1。当 $x=0$ 时，电极的最初成分为 $LiNi_{0.5}Mn_{0.5}O_2$，其中 Mn 为 +4 价，Ni 为 +2 价。在充电过程中，Li 从 $LiNi_{0.5}Mn_{0.5}O_2$ 中被萃取出来，结构变成 $Ni_{0.5}Mn_{0.5}O_2$，如相图中的顶点所示，同时 Ni^{2+} 被氧化成 Ni^{4+}。在放电过程中，Li 嵌入结构中，这样 Li 可以在 $LiNi_{0.5}Mn_{0.5}O_2$ 和 $Ni_{0.5}Mn_{0.5}O_2$ 中反复进行嵌入和脱嵌，而保持层状 $Ni_{0.5}Mn_{0.5}O_2$ 结构框架。在 $LiNi_{0.5}Mn_{0.5}O_2$ 中，Li^+ 占据锂层所有八面体间隙位置，而在 $Li_2Ni_{0.5}Mn_{0.5}O_2$ 中，Li^+ 占据锂层所有四面体间

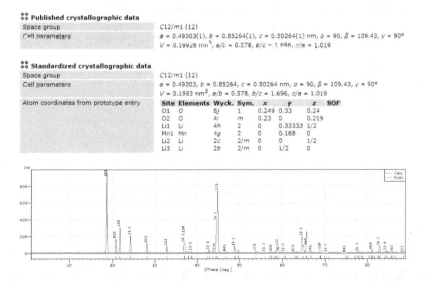

d-spacing [nm]	2theta [deg.]	Int.	h k l	Mul.
0.4740	18.700	1000.0	0 0 1	2
0.4263	20.820	182.5	0 2 0	2
0.4082	21.760	319.1	1 1 0	4
0.3668	24.240	216.8	1 1 -1	4
0.3170	28.120	129.1	0 2 1	4
0.2725	32.840	93.3	1 1 1	4
0.2431	36.940	131.5	2 0 -1	2
0.2425	37.040	244.8	1 3 0	4
0.2373	37.900	73.2	1 1 -2	4
0.2370	37.940	17.4	0 0 2	2
0.2329	38.620	29.5	1 3 -1	4
0.2325	38.700	15.3	2 0 0	2
0.2132	42.360	15.9	0 4 0	2
0.2112	42.780	40.3	2 2 -1	4
0.2072	43.660	36.5	0 2 2	4
0.2041	44.340	36.5	2 2 0	4
0.2032	44.560	387.5	2 0 -2	4
0.2021	44.800	753.1	1 3 1	4
0.1944	46.680	288.6	0 4 1	4
0.1864	48.800	1000.0	1 3 -2	4
0.1857	49.000	465.4	2 0 1	2
0.1834	49.680	379.3	2 2 -2	4
0.1831	49.760	190.5	1 1 2	4
0.1703	53.800	385.1	2 2 1	4
0.1644	55.880	227.2	1 1 -3	4
0.1614	57.020	195.3	3 1 -1	4
0.1603	57.440	155.6	2 4 -1	4
0.1601	57.520	263.9	1 5 0	4
0.1530	60.440	74.5	3 1 -2	4
0.1525	60.680	42.8	3 1 0	4
0.1482	62.660	92.7	0 2 3	4
0.1475	62.960	55.4	2 2 -3	4
0.1471	63.180	43.9	2 4 -2	4
0.1467	63.360	85.9	1 5 1	4
0.1443	64.520	1000.0	1 3 -3	4
0.1438	64.800	482.4	2 0 2	2
0.1423	65.560	972.5	3 3 -1	4
0.1421	65.640	484.4	0 6 0	2
0.1403	66.580	65.8	1 5 -2	4
0.1400	66.740	64.1	2 4 1	4
0.1347	69.760	282.6	1 1 3	4
0.1338	70.320	350.9	3 1 -3	4
0.1330	70.780	292.0	3 1 1	4
0.1269	74.720	375.8	0 4 3	4
0.1265	75.000	203.7	2 4 -3	4
0.1261	75.280	232.0	1 5 2	4
0.1239	76.880	167.1	1 1 -4	4
0.1235	77.180	194.5	2 0 -4	2
0.1230	77.560	412.5	1 3 3	4
0.1227	77.760	455.4	4 0 -1	2
0.1227	77.780	1000.0	2 6 -1	4
0.1195	80.260	92.6	1 5 -3	4
0.1192	80.520	57.2	2 4 2	4
0.1186	80.980	54.8	2 2 -4	4
0.1185	81.080	492.5	0 0 4	2
0.1183	81.220	84.5	3 5 -1	4
0.1179	81.560	87.8	4 2 -1	4
0.1178	81.640	54.0	1 7 0	4
0.1169	82.440	58.2	4 2 -2	4
0.1167	82.640	60.4	1 7 -1	4
0.1164	82.840	1000.0	2 6 -2	4
0.1162	83.020	487.0	4 0 0	2
0.1149	84.180	71.7	3 5 -2	4
0.1147	84.380	45.6	3 5 0	4
0.1146	84.460	357.3	1 3 -4	4
0.1142	84.820	180.2	2 0 3	2
0.1142	84.860	77.8	0 2 4	2
0.1129	86.080	1000.0	2 6 1	4
0.1126	86.360	537.9	3 1 2	4
0.1122	86.760	204.2	1 7 1	4
0.1121	86.760	426.6	4 2 0	4
0.1103	88.580	192.6	2 2 3	4

图 6-3　一种单斜 $LiMO_2$ 材料的晶体结构数据

隙位置。

　　当电极 $x Li_2 MnO_3 \cdot (1-x) LiMO_2$ 充电时，如 $x = 0.33$ 时，即 $0.33 Li_2 MnO_3 \cdot 0.67 LiNi_{0.5} Mn_{0.5} O_2$，在 Li 被萃取出来的过程中，$Ni^{2+}$ 被氧化成

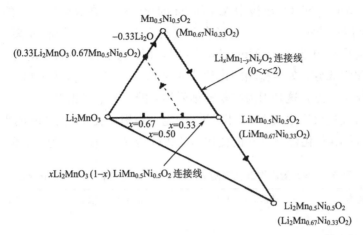

图 6-4 Li_2MnO_3-$Mn_{1-y}Ni_yO_2$-$LiMn_{1-y}Ni_yO_2$-$Li_2Mn_{1-y}Ni_yO_2$ 相图，
参考了$(1-x)Li_2MnO_3 \cdot xLiNi_{0.5}M_{0.5}O_2$ 体系（即 $y=0.5$）(Johnson et al.，2004)

Ni^{4+}，它的成分从 Li_2MnO_3-$LiNi_{0.5}Mn_{0.5}O_2$ 连线处开始沿着图 6-4 中的点划线变化，直至 $0.33MnO_3 \cdot 0.67Ni_{0.5}Mn_{0.5}O_2$，如果电化学窗口确定在 $4.3 \sim 3.0V$，则这个反应是可逆的。当充电至较高的电位如 $>4.5V$ 时，Li_2O 将从结构中脱出，当 Li 完全脱出时，成分沿三角形变化至顶点，$0.33MnO_2 \cdot 0.67Ni_{0.5}Mn_{0.5}O_2$，或者简单写为 $Ni_{0.67}Mn_{0.33}O_2$。与此相似，当 $x=0.5$、0.67 和 1 时，电极 $xLi_2MnO_3 \cdot (1-x)LiMO_2$ 完全脱 Li 就生成 $Mn_{1-y}Ni_yO_2$，随着 Mn 含量的变化，分别为 $Ni_{0.75}Mn_{0.25}O_2$、$Ni_{0.83}Mn_{0.17}O_2$、MnO_2。如果在充放电过程中 $Mn_{1-y}Ni_yO_2$ 的结构保持不变，那么 $Li_xMn_{1-y}Ni_yO_2$ 的成分将按照图 6-3 中 $Mn_{1-y}Ni_yO_2$-$LiMn_{1-y}Ni_yO_2$-$Li_2Mn_{1-y}Ni_yO_2$ 相图中的连线变化，由于存在几种层状化合物，如 $LiMnO_2$、Li_2MnO_3、$LiNiO_2$、Li_2NiO_2、$LiMn_{0.5}Ni_{0.5}O_2$ 和 $Li_2Mn_{0.5}Ni_{0.5}O_2$，情况复杂一些。实际上，虽然 $LiMn_{0.5}Ni_{0.5}O_2$ 层状结构在循环中能够保持结构的稳定，但是层状的 $LiMnO_2$ 将转变成尖晶石结构。能否抑制 $LiMn_{1-y}Ni_yO_2$ 的结构从层状向尖晶石转变一方面取决于母相 $xLi_2MnO_3 \cdot (1-x)LiMn_{0.5}Ni_{0.5}O_2$ 中的 Li_2MnO_3 和 Ni 的含量；另一方面，电极在高电位下的稳定性更加取决于 Mn 的含量，而非 Ni 的含量，原因是在非水、高电位情况下，Mn^{4+} 比 Ni^{4+} 更稳定。因此，$xLi_2MnO_3 \cdot (1-x)LiMn_{0.5}Ni_{0.5}O_2$ 电极和电化学衍生的 $Mn_{1-y}Ni_yO_2$ 电极的结构稳定性和循环性能都将依赖于 x 和 y 的值，电池的上限工作电压，以及在电化学性能变差前层状结构中包含的尖晶石结构的程度。在复合电极中 Li_2MnO_3 起到了非常重要的作用，这是因为它能够通过电化学过程形成高容量的 $Mn_{1-y}Ni_yO_2$（y 的范围很宽），而后者用化学方法很难制得。

另外，$Mn_{1-y}Ni_yO_2$ 电极中 Mn 和 Ni 的化学价态在放电过程中的变化也是很重要的问题。$Mn_{1-y}Ni_yO_2$ 电极在完全充电时，Mn 离子和 Ni 离子均为 +4 价，而在完全放电状态 $Li_2Mn_{1-y}Ni_yO_2$ 时，Mn 离子和 Ni 离子均为 +2 价。中间状态的化学成分，如岩盐相的化学计量的 $LiMn_{1-y}Ni_yO_2$，Mn 离子和 Ni 离子呈不同的化学价态，这是因为在紧密排列的氧的点阵中互相邻近的 Mn^{3+} 和 Ni^{3+} 趋向于进行歧化反应生成 Mn^{4+} 和 Ni^{2+} 的电子结构。表 6-1 为 Mn 的平均氧化态随 $LiMn_{1-y}Ni_yO_2$ 化合物中 y 的变化而变化的情况，假设 Ni 为 +2 价。

表 6-1　Mn 的平均氧化态随 $LiMn_{1-y}Ni_yO_2$ 化合物中 y 的变化情况

化合物	$LiMn_{1-y}Ni_yO_2$ 中的 y	Mn 平均氧化态	Ni 氧化态
$LiMnO_2$	0	3+	—
$LiMn_{0.83}Ni_{0.17}O_2$	0.17	3.2+	2+
$LiMn_{0.75}Ni_{0.25}O_2$	0.25	3.33+	2+
$LiMn_{0.67}Ni_{0.33}O_2$	0.33	3.5+	2+
$LiMn_{0.65}Ni_{0.35}O_2$	0.35	3.54+	2+
$LiMn_{0.50}Ni_{0.50}O_2$	0.50	4+	2+

值得注意的是，当 $0.33 \leqslant y \leqslant 0.50$，岩盐相 $LiMn_{1-y}Ni_yO_2$ 化合物在放电状态时，Mn 离子的平均化学价态 $\geqslant 3.5$。当 Mn 的平均化学价态高于 3.5 时，含 Mn 化合物的循环性能较好，这是因为不发生 Jahn-Teller 效应。可以推知，如果 $0 \leqslant x \leqslant 0.33$，在 4.6~3.0V 电位区间，$xLi_2MnO_3 \cdot (1-x)LiMn_{0.5}Ni_{0.5}O_2$ 电极将使其中 Mn 的化合价态高于 3.5，该材料可保持结构的稳定，具有较好的循环性能。

6.2　富锂锰基材料 $xLi_2MnO_3 \cdot (1-x)Li(NiCoMn)_{1/3}O_2$ 的制备和性能

富锂锰基材料 $xLi_2MnO_3 \cdot (1-x)Li(NiCoMn)_{1/3}O_2$（$0 \leqslant x \leqslant 0.7$）采用氢氧化锂和锰、钴、镍的氢氧化物制备。以 $Mn(NO_3)_2 \cdot 4H_2O$、$Ni(NO_3)_2 \cdot 6H_2O$ 和 $Co(NO_3)_2 \cdot 6H_2O$ 为原料，在水溶液中，室温至 50 ℃，碱性条件下，与 $LiOH \cdot H_2O$ 反应，反应过程中用氨水将 pH 调整为 11，产生共沉淀。真空抽滤并用去离子水清洗数次，然后与 $LiOH \cdot H_2O$ 按化学计量比混合，在空气气氛下焙烧，冷却后得到产物。具体焙烧过程为先在 300~500℃下焙烧 3~6h，再在 800~1000℃下焙烧 3~5h，为了补偿焙烧过程中 Li 的挥发损失，Li 的原料过量 3%。

采用碳酸锂和碳酸锰为原料，在 1000℃下空气气氛中焙烧得到块状的 Li_2MnO_3，作为实验对照。

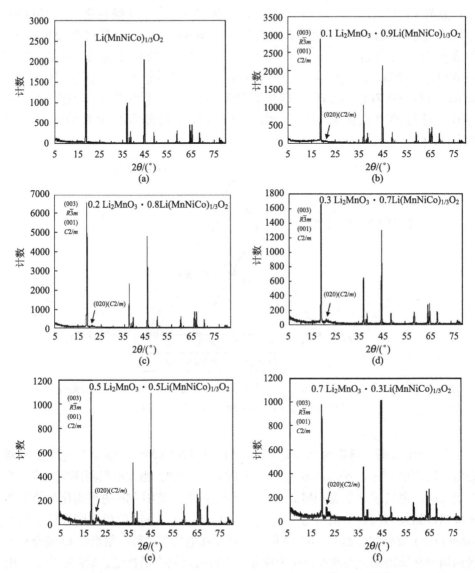

图 6-5 $xLi_2MnO_3 \cdot (1-x)Li(NiCoMn)_{1/3}O_2$ 的 XRD 图谱

(a) $x=0$；(b) $x=0.1$；(c) $x=0.2$；(d) $d=0.3$；(e) $x=0.5$；(f) $=0.7$(Johnson et al.，2008)

在 900℃下合成的 $xLi_2MnO_3 \cdot (1-x)Li(NiCoMn)_{1/3}O_2$($x=0$，0.1，0.2，0.3，0.5 和 0.7)的 XRD 图谱如图 6-5 所示。富锂锰基正极材料 $xLi_2MnO_3 \cdot (1-x)Li(NiCoMn)_{1/3}O_2$ 主要衍射峰均为 α-$NaFeO_2$ 层状构型的特征峰，属于六

方晶系，$R\bar{3}m$ 空间群。但是在 $20°\sim25°$ 出现一组较小的 Li_2MnO_3 特征峰（020），
这个峰的强度随着 x 的增大而增加。在 Li_2MnO_3- $Li(NiCoMn)_{1/3}O_2$-MO_2 相图
中，如图 6-6 所示，x 沿着 Li_2MnO_3- $Li(NiCoMn)_{1/3}O_2$ 连线变化。δ 的值根据
电极的成分 x 确定，而充电状态的电极 $xLi_2MnO_3 \cdot (1-x)Li(NiCoMn)_{1/3}O_2$
的成分与在高电位区（$>4.4V$）电极中脱出 Li_2O 的程度有关（例如，沿着
$Li_2MnO_3 - Mn_{1-2\delta}Ni_\delta Co_\delta O_2$ 连线变化）。点划线为 Li 最初从电极
$0.3Li_2MnO_3 \cdot 0.7Li(NiCoMn)_{1/3}O_2$ 中 $Li(NiCoMn)_{1/3}O_2$ 萃取出来的轨迹，而点线
为随后进行的可逆的充放电过程，这时电极中仍然含有少量的未被活化
的 Li_2MnO_3。

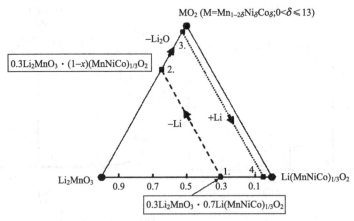

图 6-6　Li_2MnO_3- $Li(NiCoMn)_{1/3}O_2$-MO_2 体系的相图，顶点 MO_2 的成分是变化的，
$M=Mn_{1-2\delta}Ni_\delta Co_\delta$（Johnson et al.，2008）

当 $x=0.3$ 时，电极为 $0.3Li_2MnO_3 \cdot 0.7Li(NiCoMn)_{1/3}O_2$，在完全脱锂状
态时，将产生 $Mn_{0.533}Ni_{0.233}Co_{0.233}O_2$，此时 $\delta=0.233$。当放电回到原来的岩盐相
计量式时，电极成分变成 $LiMn_{0.533}Ni_{0.233}Co_{0.233}O_2$，其中 Mn 的平均化学价态为
$+3.44$，如果 Ni 和 Co 的价态分别为 $+2$ 和 $+3$，此时 Mn 的价态刚好低于发生
Jahn-Teller 效应的价态 $+3.5$。然而，实际上在电化学过程中很难将 Li 完全从电
极结构中萃取出来，因此选择这个成分，电极可能具有最稳定、最高的容量，电

表 6-2　对 $xLi_2MnO_3 \cdot (1-x)Li(NiCoMn)_{1/3}O_2$ 精修得到的晶格常数（Johnson et al.，2008）

x	分子式	$a/\text{Å}$	$c/\text{Å}$	c/a
0	$Li[Mn_{0.333}Ni_{0.333}Co_{0.333}]O_2$	2.8565(1)	14.217(1)	4.977
0.1	$Li[Li_{0.048}Mn_{0.381}Ni_{0.286}Co_{0.286}]O_2$	2.8563(1)	14.217(1)	4.982
0.2	$Li[Li_{0.091}Mn_{0.424}Ni_{0.242}Co_{0.242}]O_2$	2.8514(1)	14.220(1)	4.987

续表

x	分子式	$a/\text{Å}$	$c/\text{Å}$	c/a
0.3	$\text{Li[Li}_{0.130}\text{Mn}_{0.464}\text{Ni}_{0.203}\text{Co}_{0.203}]\text{O}_2$	2.8493(1)	14.217(1)	4.990
0.5	$\text{Li[Li}_{0.200}\text{Mn}_{0.533}\text{Ni}_{0.133}\text{Co}_{0.133}]\text{O}_2$	2.8483(2)	14.228(2)	4.995
0.7	$\text{Li[Li}_{0.259}\text{Mn}_{0.593}\text{Ni}_{0.074}\text{Co}_{0.074}]\text{O}_2$	2.8490(2)	14.239(2)	4.998
1.0	$\text{Li[Li}_{0.333}\text{Mn}_{0.667}]\text{O}_2$	2.8439(2)	14.268(2)	5.017

极中残留的 Li 将使 Mn 的化学价态达到＋3.5 以上，从而避免 Jahn-Teller 效应。

表 6-2 为对 $x\text{Li}_2\text{MnO}_3 \cdot (1-x)\text{Li(NiCoMn)}_{1/3}\text{O}_2$ 精修得到的晶格常数，根据精修结构，以 c/a 和 Mn 的含量对成分 x 作图，得到图 6-7。

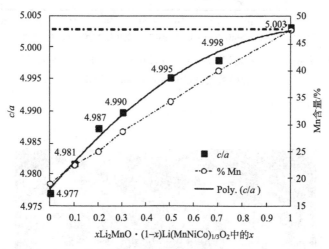

图 6-7　c/a 和 Mn 的含量与成分 x 的函数关系(Johnson et al.，2008)

Mn 的含量随 x 呈线性变化，c/a 的图形呈抛物线状，这与 c 和 a 的变化情况不同有关，晶格常数 a 是收缩的，但层间距 c 在 $0 \leqslant x \leqslant 0.3$ 时基本不变，而随后缓慢增加，从 14.217Å$(x=0.3)$ 增加到 14.239Å$(x=0.7)$、14.268Å$(x=1)$。a 值的减小是由于 Mn^{4+} 成分的增加，Mn^{4+} 在八面体配位中的离子半径为 0.54Å，与高自旋状态的 Mn^{3+}(0.65Å)、低自旋状态的 Ni^{3+}(0.56Å)和 Ni^{2+}(0.70Å)、高自旋状态的 Co^{3+}(0.61Å)、低自旋状态的 Co^{2+}(0.65Å)相比离子半径较小。在衍射角为 18°时，$(001)_{C2/m}$ 和 $(003)_{R\bar{3}m}$ 发生重叠，20°衍射角的 (020) 衍射峰指示单斜晶系 Li_2MnO_3 的存在。衍射峰的强度比 I_{020}/I_{003} 表示 $C2/m$ 和 $R\bar{3}m$ 两相比，与 $x\text{Li}_2\text{MnO}_3 \cdot (1-x)\text{Li(NiCoMn)}_{1/3}\text{O}_2$ 系列材料中 Li_2MnO_3 含量的函数关系如图 6-8 所示，结果为线性关系。

图 6-9 为 $0.3\text{Li}_2\text{MnO}_3 \cdot 0.7\text{Li(NiCoMn)}_{1/3}\text{O}_2$ 的 SEM 形貌，明显呈团聚

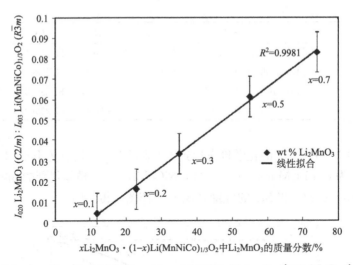

图 6-8　I_{020}/I_{003} 与 $x\mathrm{Li_2MnO_3} \cdot (1-x)\mathrm{Li(NiCoMn)}_{1/3}\mathrm{O_2}$ 中 $\mathrm{Li_2MnO_3}$ 含量
的函数关系(Johnson et al.，2008)

形态。

图 6-9　$0.3\mathrm{Li_2MnO_3} \cdot 0.7\mathrm{Li(NiCoMn)}_{1/3}\mathrm{O_2}$ 的 SEM 形貌(Johnson et al.，2008)

图 6-10 为 $x\mathrm{Li_2MnO_3} \cdot (1-x)\mathrm{Li(NiCoMn)}_{1/3}\mathrm{O_2}$ 电极的循环伏安曲线，扫
描速度为 0.02mV/s，电压范围为 5.0～2.0V。对于 $0.3\mathrm{Li_2MnO_3} \cdot 0.7\mathrm{Li}$
$(\mathrm{NiCoMn})_{1/3}\mathrm{O_2}$ 材料，第一个氧化峰位于大约 4V 的位置，对应 $\mathrm{Ni^{2+}}$ 氧化为
$\mathrm{Ni^{4+}}$ 的过程，第二个氧化峰位于较高的电位处，4.6～4.7V，对应一个不可逆的

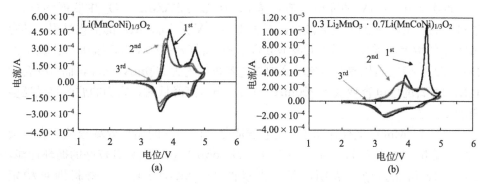

图 6-10　$x\text{Li}_2\text{MnO}_3 \cdot (1-x)\text{Li(NiCoMn)}_{1/3}\text{O}_2$ 电极的循环伏安曲线

(a) $x=0$；(b) $x=0.3$

电化学过程，即从 Li_2MnO_3 中脱去 Li_2O，形成 MnO_2。

在以上两个氧化反应过程之间，从 Co^{3+} 到 Co^{4+} 的部分氧化反应也会发生。放电过程中出现了两个对应的阴极峰，如图 6-10 中星号所示。4.5V 处的还原峰是 Li 嵌入四面体间隙的电压，在 $3.0\sim3.6$V 处的还原峰是 Li 嵌入八面体间隙的电压。

图 6-11 为 $x\text{Li}_2\text{MnO}_3 \cdot (1-x)\text{Li(NiCoMn)}_{1/3}\text{O}_2$ 在 50℃下 $4.6\sim2.5$V 的充放电曲线，电流密度为 0.1mA/cm^2。

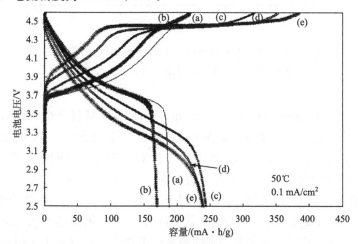

图 6-11　$x\text{Li}_2\text{MnO}_3 \cdot (1-x)\text{Li(NiCoMn)}_{1/3}\text{O}_2$ 在 50℃下 $4.6\sim2.5$V 的充放电曲线(Johnson et al.，2008)

(a) $\text{Li(NiCoMn)}_{1/3}\text{O}_2$；(b) $0.1\text{Li}_2\text{MnO}_3 \cdot 0.9\text{Li(NiCoMn)}_{1/3}\text{O}_2$；

(c) $0.3\text{Li}_2\text{MnO}_3 \cdot 0.7\text{Li(NiCoMn)}_{1/3}\text{O}_2$；(d) $0.5\text{Li}_2\text{MnO}_3 \cdot 0.5\text{Li(NiCoMn)}_{1/3}\text{O}_2$；

(e) $0.7\text{Li}_2\text{MnO}_3 \cdot 0.3\text{Li(NiCoMn)}_{1/3}\text{O}_2$

首次 3.0～4.4V 的充电反应，是 Li^+ 从 $Li(NiCoMn)_{1/3}O_2$ 中脱嵌的过程，该过程的容量随 x 的增大而减少；而 4.4～4.6V 是 Li_2MnO_3 的活化过程，其容量随 x 的增大而增加。尽管对高 Mn 含量的材料($x=0.3$，0.5 和 0.7)充放电的极化较大，但它们仍然具有比较高的放电容量，约为 250mA·h/g，而 Mn 含量较低的材料的放电容量低于 200mA·h/g。当电流降低时，它们的放电容量还会增加。

纯的 Li_2MnO_3 电极在 4.4V 以上被活化，但是它的循环效率很低，容量会稳定地衰减。材料 $0.7Li_2MnO_3·0.3Li(NiCoMn)_{1/3}O_2$ 则具有较好的循环性能，如图 6-12 所示。结果表明，存在少量的 $Li(NiCoMn)_{1/3}O_2$ 材料即可稳定 Li_2MnO_3 电极，使其在较高电位下进行可逆的充放电循环。

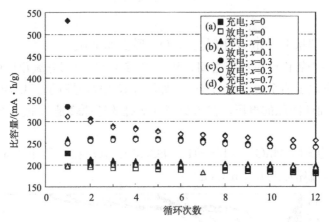

图 6-12　$xLi_2MnO_3·(1-x)Li(NiCoMn)_{1/3}O_2$ 的循环性能，
电流为 $0.05mA/cm^2$(Johnson et al.，2008)

图 6-13 为 $xLi_2MnO_3·(1-x)Li(NiCoMn)_{1/3}O_2$ 材料完全脱锂情况下的理论容量，图中也显示了室温下充电至 4.3V 和 50℃ 下充电至 4.6V 时实验得到的容量。理论容量根据下列氧化/激活反应计算：① $Ni^{2+}→Ni^{4+}$（实心三角）；② $Ni^{2+}→Ni^{4+}$ 和 $Co^{3+}→Co^{4+}$（实心菱形）；③ $Ni^{2+}→Ni^{4+}$、$Co^{3+}→Co^{4+}$ 和 Li_2MnO_3 激活失去 Li_2O(实心方块)。对于 x 低于 0.3 的材料，当充电至 4.3V 时，只进行 Ni 的氧化反应；当 Mn 含量提高时，Co 也明显地参加反应。在 50℃ 下，当充电到 4.6V 时，由实验得到的容量低于理论值，这是由于很难将材料中的 Li_2MnO_3 完全电化学激活。

图 6-14 为 50℃ 时 $0.7Li_2MnO_3·0.3Li(NiCoMn)_{1/3}O_2$ 材料在 2.0～4.6V 的充放电曲线，电流密度为 $0.1mA/cm^2$。

由图 6-14 可知，$0.7Li_2MnO_3·0.3Li(NiCoMn)_{1/3}O_2$ 材料循环 10 次容量能

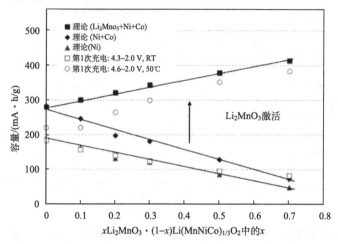

图 6-13　$x\text{Li}_2\text{MnO}_3 \cdot (1-x)\text{Li(NiCoMn)}_{1/3}\text{O}_2$ 的理论容量与充电电压和组分的关系

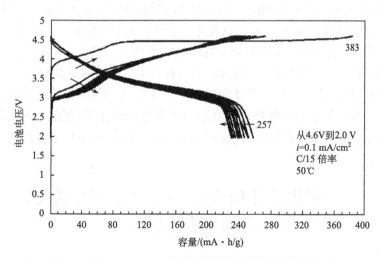

图 6-14　$0.7\text{Li}_2\text{MnO}_3 \cdot 0.3\text{Li(NiCoMn)}_{1/3}\text{O}_2$ 材料的充放电曲线（Johnson et al.，2008）

达到 230mA·h/g，而当 $x=0$ 时，容量为 154mA·h/g（没有显示在图中），与后者相比，前者的容量高出 25%，这部分高出的容量来源于对 Li_2MnO_3 的电化学激活。另外，在 4.5～3.0V 的放电斜坡显示为单相反应行为，而充电曲线则显示是一个两相行为。材料的充放电机理在 dQ/dV 曲线中能够更明显地显示出来，如图 6-15 所示。

由图 6-15 可知，在首次循环中，Li_2MnO_3 在 4.4V 以上被电化学激活，在随后的循环中，在稍微低于 3V 的位置出现了一个明显的可逆氧化/还原反应。

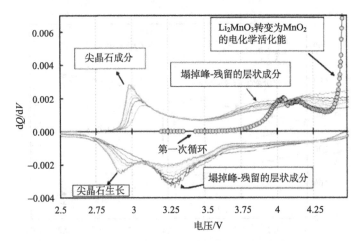

图 6-15　$0.7Li_2MnO_3 \cdot 0.3Li(NiCoMn)_{1/3}O_2$ 材料的 dQ/dV 曲线(Johnson et al.，2008)

3.3 V/3.9 V 是母相层状结构的氧化还原反应，层状结构的
$0.7Li_2MnO_3 \cdot 0.3Li(NiCoMn)_{1/3}O_2$ 电极在循环过程中转化为尖晶石型形成了一
个层状-尖晶石共生的结构。在首次充电过程中，4.1V 处有一个很强的氧化峰，
对应 Li^+ 从四面体的间隙位置移走，在以后的循环中，该峰消失，形成一个类似
尖晶石的结构。这种变化是由于层状-尖晶石共生结构内离子排列复杂，使得氧
化/还原反应主要使 Li^+ 在八面体间隙位置而不是四面体间隙位置填入和脱出。
层状材料 $LiMnO_2$ 和其衍生物可以在锂离子电池的电化学过程中转变成尖晶石
结构，但是对于 Mn 含量较高的材料，发生层状结构向尖晶石结构的转变还是较
难预料的。

6.3　层状材料 $Li[Ni_{0.2}Li_{0.2}Mn_{0.6}]O_2$ 的失氧和结构重组机理

　　Li_2MnO_3 为层状的岩盐结构，可以表示为 $Li[Mn_{2/3}Li_{1/3}]O_2$，其中 Mn 离子
为 +4 价，Mn 层中 1/3 的点被 Li 占据。Li_2MnO_3（$Li_2O \cdot MnO_2$）在 4.4V 以下
是电化学惰性的，但是在 4.5V 以上就会发生 Li 和 O 从结构中移除的过程，原
则上当 Li 和 O 全部脱嵌时则生成 MnO_2（即净损失为 Li_2O）。采用酸浸的方法可
从 Li_2MnO_3 中部分脱出 Li_2O，得到 $xLi_2MnO_3 \cdot (1-x)LiMnO_2$ 层状结构的电
极，它的循环性能明显比 Li_2MnO_3 和 $LiMnO_2$ 好。这种循环稳定性的改进是由
于结构中存在残余的 Li^+ 和一些 Mn^{4+}，使 Mn 的平均化学价态高于 +3，抑制了
Jahn-Teller 活性离子 Mn^{3+}（d^4）的作用。Li_2MnO_3 的 XRD 衍射图谱如图 6-16
所示。

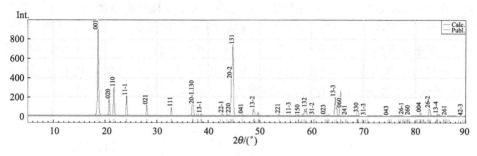

图 6-16　Li_2MnO_3 的 XRD 图谱

$Li[Ni_xLi_{1/3-2x/3}Mn_{2/3-x/3}]O_2$（$0 \leqslant x \leqslant 0.5$）的电极体系可以认为是 3 个 Ni^{2+} 替代了层状化合物 Li_2MnO_3（$Li[Li_{1/3}Mn_{2/3}]O_2$）中的两个 Li^+ 和一个 Mn^{4+}。

$Li[Ni_xLi_{1/3-2x/3}Mn_{2/3-x/3}]O_2$ 材料的结构极其复杂，结构中短程有序的离子排列延伸到微观结构的分界处，可以表示为假设的两相 $xLiNi_{0.5}Mn_{0.5}O_2 \cdot (1-x)Li_2MnO_3$ 体系。因此 $0.5LiNi_{0.5}Mn_{0.5}O_2 \cdot 0.5Li_2MnO_3$ 材料对应 $x=0.2$ 时的 $Li[Ni_xLi_{1/3-2x/3}Mn_{2/3-x/3}]O_2$，即 $Li[Ni_{0.2}Li_{0.2}Mn_{0.6}]O_2$。

一般而言，$Li[Ni_xLi_{1/3-2x/3}Mn_{2/3-x/3}]O_2$ 化合物具有层状的 α-$NaFeO_2$ 结构（空间群为 $R\bar{3}m$），其中 Fe 的位置被 Mn、Ni 和 Li 取代，而 Na 的位置被 Li 取代。图 6-17 为 $Li[Ni_{0.2}Li_{0.2}Mn_{0.6}]O_2$ 材料的充电曲线，显示了电位随萃取 Li^+ 过程的变化情况。

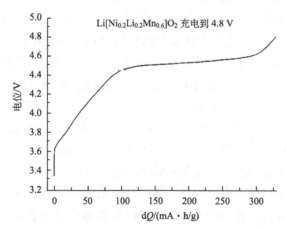

图 6-17　$Li[Ni_{0.2}Li_{0.2}Mn_{0.6}]O_2$ 材料的充电曲线，电流密度为 10mA/g（Armstrong et al.，2006）

开始阶段，电位单调增加，对应着 Ni^{2+} 被氧化为 Ni^{4+}，直到电位达到 4.5V，此时 Ni 为 +4 价。为了调查 4.5V 的电压是否起源于 $Li[Ni_{0.2}Li_{0.2}Mn_{0.6}]O_2$ 材料脱氧，Armstrong 等设计了一种原位的质谱电池，可以直接分析电池电极上产生的气体。在测量过程中，一个稳定的氩气气流通过电池的顶部空间。电极上产生的气体通过电解液上升到电池的顶部，然后与氩气一起被排放，流经一根毛细管到质谱仪。质量信号作为电压和时间的函数进行记录，从 4.3V 开始，充电过程中每0.1V 得到一个数据，每个电位测试时间为 120 min，结果如图 6-18 所示。

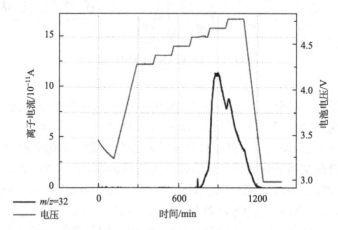

图 6-18　Li[Ni$_{0.2}$Li$_{0.2}$Mn$_{0.6}$]O$_2$ 材料充电时产生 O$_2$ 的质谱分析

　　与图 6-17 的充电平台相对应，可以观察到在 4.5V 以上时电极上开始产生气体，其中 O$_2$ 含量最大，其次为 CO$_2$，CO$_2$ 来源于电解液分解的副反应。虽然不能确定产生 CO$_2$ 的绝对量，但是可以估算出 CO$_2$ 的量小于产生的 O$_2$ 量的 10%。这些结果提供了与 4.5V 电压平台相关的析出 O 的直接证明。

　　伴随 O 的析出，材料的结构也将发生变化。图 6-19 为 Li[Ni$_{0.2}$Li$_{0.2}$Mn$_{0.6}$]O$_2$材料的中子粉末衍射图谱，并根据 $C2/m$ 空间群模型，对得到的衍射数据进行精修，得到如表 6-3 所示的数据。其中图 6-19（a）、（b）和（c）分别为制得的Li[Ni$_{0.2}$Li$_{0.2}$Mn$_{0.6}$]O$_2$材料、充电到 4.4V 和充电到 4.8V 得到的衍射图谱，尽管在中子衍射数据中含有少量残余的"4.4V 相"，但是很明显，在 4.5V 发生的两相反应过程中失去氧引起了电极材料结构的明显变化。

　　有两种模型可以解释失氧现象。第一种模型认为，当 Li 和 O 离开充电电极Li[Ni$_{0.2}$Li$_{0.2}$Mn$_{0.6}$]O$_2$ 的表面时，O^{2-} 可以从体相扩散至表面，维持反应进行。这包括在电极内部产生 O^{2-} 空位，但是这个模型在精修中的结果不理想。第二种模型是 O 从材料表面失去时，伴随着过渡金属离子从材料表面向体相的扩散，并进入到八面体空隙的位置，该位置原来被 Li$^+$ 占据。值得注意的是，对于经过循环的 Li[Ni$_{0.2}$Li$_{0.2}$Mn$_{0.6}$]O$_2$ 电极，较弱的超晶格反射消失了。

表 6-3　Li[Ni$_{0.2}$Li$_{0.2}$Mn$_{0.6}$]O$_2$ 的精修结构参数（Armstrong et al.，2006）

（a）制备的 Li[Ni$_{0.2}$Li$_{0.2}$Mn$_{0.6}$]O$_2$ 的晶体参数

$R\bar{3}m$，$a=2.8542(2)$ Å，$c=14.2253(5)$ Å，$V=100.261$ Å^3，$Z=3$，六方结构

原子	Wyckoff 符号	x/a	y/b	z/c	温度因子	占有率
Li1/Ni2	3b	0.0	0.0	0.5	0.92(11)	0.984/0.016(3)
Mn1/Ni1/Li2	3a	0.0	0.0	0.0	0.45(16)	0.6/0.172/0.228(3)
O1	6c	0.0	0.0	0.25847(6)	0.68(2)	1

（b）Li[Ni$_{0.2}$Li$_{0.2}$Mn$_{0.6}$]O$_2$ 充电至 4.4V 时的晶体参数

$R\bar{3}m$，$a=2.8512(2)$ Å，$c=14.2793(5)$ Å，$V=100.526$ Å^3，$Z=3$，六方结构

原子	Wyckoff 符号	x/a	y/b	z/c	温度因子	占有率
Li1/Ni2	3b	0.0	0.0	0.5	0.75(16)	0.78(2)/0.016
Mn1/Ni1/Li2	3a	0.0	0.0	0.0	0.8(2)	0.6/0.172/0.230(3)
O1	6c	0.0	0.0	0.25963(8)	0.68(2)	1

（c）$R\bar{3}m$，$a=2.8512(2)$ Å，$c=14.2793(5)$ Å，$V=100.526$ Å^3，$Z=3$，六方结构

原子	Wyckoff 符号	x/a	y/b	z/c	温度因子	占有率
Li1/Ni2	3b	0.0	0.0	0.5 0.75(一)	0.019(6)	
Mn1/Ni1/Li2	3a	0.0	0.0	0.0	0.7(5)	0.778/0.222(5)
O1	6c	0.0	0.0	0.25864(19)	1.17(5)	1

Li$^+$ 从过渡金属层中移走后，结构失去 Li/Ni/Mn 的有序形，在八面体间隙点留下 Li$^+$ 的空缺位置。图 6-20 为 Li[Ni$_{0.2}$Li$_{0.2}$Mn$_{0.6}$]O$_2$ 材料和循环后的 Li[Ni$_{0.2}$Li$_{0.2}$Mn$_{0.6}$]O$_2$ 电极的 XRD 图谱，箭头处表示超晶格结构。

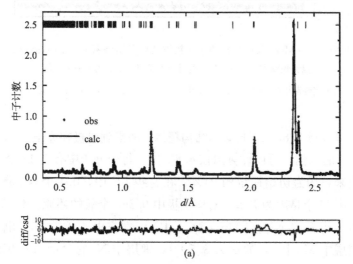

（a）

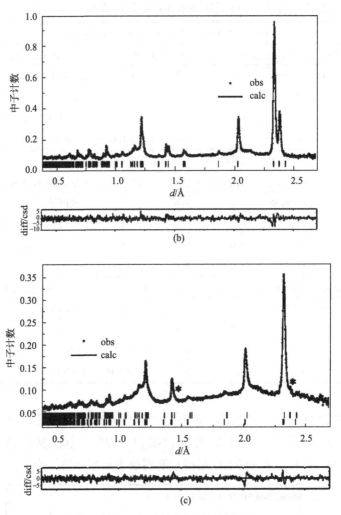

图 6-19　Li[Ni$_{0.2}$Li$_{0.2}$Mn$_{0.6}$]O$_2$ 材料的中子粉末衍射及精修图谱(Armstrong et al. ，2006)

点为观察到的数据，实线为计算的结果，下面的方框为差值

(a) 实验制得的样品(单纯 $R\bar{3}m$ 相)；(b) 充电至 4.4V；(c)充电至 4.8V

　　根据充电容量 328mA·h/g 和结构精修，考虑到电极在充电至 4.8V 时残留的"4.4V 相"的比例，可以计算出在 4.8V 处，每个分子中有 1.13 个 Li$^+$ 从母相中被萃取出来，约为初始锂量的 94%。在这些 Li$^+$ 中，0.4 个与 Ni^{2+} 被氧化到 Ni^{4+}有关，0.73 个是因为失氧，对应电极中 0.365 个氧的还原。4.8V 处的化学计量式可以写为 Li$_{0.09}$Ni$_{0.019}$[Mn$_{0.73}$Ni$_{0.21}$]O$_2$，在充电 4.4～4.8V 电压范围内，在过渡金属层中 Mn 和 Ni 的比为 3.5∶1，锂层中 Ni 的含量为 0.019，保持不

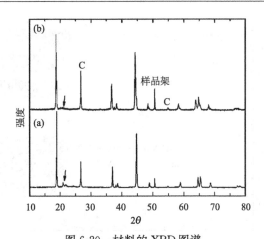

图 6-20　材料的 XRD 图谱

(a) Li[Ni$_{0.2}$Li$_{0.2}$Mn$_{0.6}$]O$_2$ 材料的 XRD 图谱；(b)循环 50 次后的
Li[Ni$_{0.2}$Li$_{0.2}$Mn$_{0.6}$]O$_2$ 电极的 XRD 图谱

变，表 6-3(c)的精修结果支持了上述观点。在电化学活化过程中，在锂移走留下的过渡金属层中八面体间隙位置的空缺处，Mn 和 Ni 发生凝聚，氧在电极达到 4.5V 时也移出。

从以上结果可以得出下面的结论，与传统的脱嵌锂的机理不同，在 4.5V 处，费米能级将位于氧的价态中间，电子从材料表面的 O^{2-} 中移走，伴随着 Li$^+$ 从材料中被萃取出来；当氧从表面释放出来时，Li$^+$ 从过渡金属层中的八面体位置迁移至 Li 层，留下的空位随后被从表面扩散至体相的过渡金属离子占据。这个过程会持续发生，直至所有八面体间隙的位置均被过渡金属离子占据，氧的释放停止。在 4.5V 平台处充电的效果是将 Li$_2$O 从电极结构中移走，导致层状结构 MO$_2$ 的形成，其中 M 八面体间隙点被 Mn 和 Ni 占据，这种材料可以可逆地嵌入/脱嵌 Li$^+$，获得可逆的超过 200mA・h/g 的容量。

6.4　富锂锰基材料的酸处理效果

将富锂锰基材料与酸作用，可以除去 Li$_2$MnO$_3$ 中的 Li$_2$O，而 Li$_2$MnO$_3$ 中的 α-MnO$_2$ 结构保持不变，这样可以提高首次充放电的库仑效率。

将 Li$_2$MnO$_3$ 材料用 2.25mol/L 的 H$_2$SO$_4$ 在室温下处理 6h，将得到的样品用去离子水清洗，并在 125℃下干燥 20h，所得产物的 XRD 图谱及结构示意图如图 6-21 所示。

Li$_2$MnO$_3$(Li$_2$O・MnO$_2$)与酸反应，首先伴随着 H$^+$ 与 Li$^+$ 交换反应的发生，然后失去一部分 Li$_2$O 和 H$_2$O，这个反应产生了一种单相产物，可以表示为两种

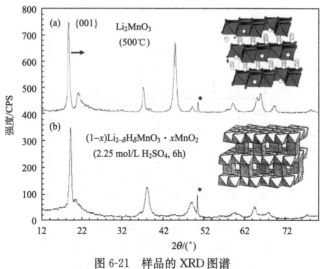

图 6-21　样品的 XRD 图谱

(a) Li_2MnO_3；（b）酸处理后的样品

成分，即 $(1-x)Li_{2-\delta}H_\delta MnO_3 \cdot x\,MnO_2$，其中 Mn 离子和一些残留的 Li^+ 保留在它们的原始层的八面体间隙位置。总的来看，氧层发生略微的收缩，在 XRD 图谱上表现为(001)峰向较大衍射角方向移动。

将 $0.3Li_2MnO_3 \cdot 0.7LiNi_{0.5}Mn_{0.5}O_2$ 材料用 1mol/L 的 HNO_3 处理 5h，粉末在 200℃、氨气气氛下干燥 20h。图 6-22 为材料的首次充放电曲线，在 5.0~2.0V 进行充放电循环，首次充电容量为 288mA·h/g，放电容量为 257mA·h/g，库仑效率为 90%，比没有经过酸处理的样品的库仑效率高。如果在 4.6~2.0V 进行充放电循环，则首次库仑效率提高到 95%，容量则减小到 200mA·h/g。

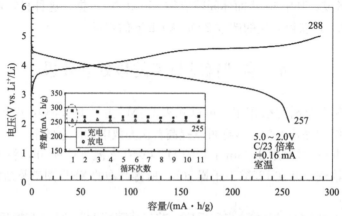

图 6-22　$0.3Li_2MnO_3 \cdot 0.7LiNi_{0.5}Mn_{0.5}O_2$ 的首次充放电曲线

和循环性能(Thackeray et al., 2005)

6.5　其他类型的富锂锰基材料

除富锂锰基材料 $x\mathrm{Li_2MnO_3} \cdot (1-x)\mathrm{LiMO_2}$（$0<x<1$，M 为过渡金属）外，目前也开发研究了其他成分的富锂锰基材料，如 $(1-x)\mathrm{Li_2M'O_3} \cdot x\mathrm{LiMO_2}$，其中 M′＝Mn、Ti、Zr、Ru 等，M＝Mn、Ni、Co，以及层状材料 $\mathrm{Li_2M'O_3}$，如 $\mathrm{Li_2TiO_3}$ 和 $\mathrm{Li_2ZrO_3}$ 等具有稳定层状电极的结构。图 6-23 为材料 $0.05\mathrm{Li_2TiO_3} \cdot 0.95\mathrm{LiNi_{0.5}Mn_{0.5}O_2}$ 的 XRD 图谱，箭头所指为 $\mathrm{Li_2TiO_3}$。在标准的层状 $\mathrm{LiNi_{0.5}Mn_{0.5}O_2}$ 结构中，$\mathrm{Li^+}$ 位于一层的八面体间隙位置，而 Ni 和 Mn 位于邻近层的八面体间隙位置。图 6-24 为 $\mathrm{Li_2Ni_{0.5}Mn_{0.5}O_2}$ 的结构示意图，氧离子为六方紧密排列，$\mathrm{M^+}$ 位于一层的八面体间隙位置，$\mathrm{Li^+}$ 则位于邻近的四面体间隙位置，[001]方向的结构投影图见图 6-24。

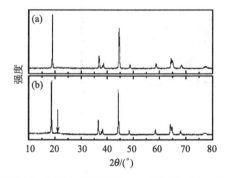

图 6-23　材料 $0.05\mathrm{Li_2TiO_3} \cdot 0.95\mathrm{LiNi_{0.5}Mn_{0.5}O_2}$ 的 XRD 图谱(Johnson et al.，2003)

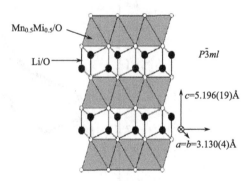

图 6-24　$\mathrm{Li_2Ni_{0.5}Mn_{0.5}O_2}$ 的六方紧密堆积结构

为了评价 $0.05\mathrm{Li_2TiO_3} \cdot 0.95\mathrm{LiNi_{0.5}Mn_{0.5}O_2}$ 材料的充放电性能，在不同的电压区间测试材料的充放电性能，图 6-25 为 $0.05\mathrm{Li_2TiO_3} \cdot 0.95\mathrm{LiNi_{0.5}Mn_{0.5}O_2}$ 材料在 4.3～1.25V 和 4.6～1.25V 的充放电曲线。图 6-26 为 $0.05\mathrm{Li_2TiO_3} \cdot 0.95\mathrm{LiNi_{0.5}Mn_{0.5}O_2}$ 的循环伏安图。

最初循环的充电截止电压为 4.3V，首次充电容量为 $163\mathrm{mA \cdot h/g}$，随后的放电容量为 $284\mathrm{mA \cdot h/g}$，第 4 次放电容量为 $246\mathrm{mA \cdot h/g}$，每次循环容量衰减 2.7%。然后将充电截止电压升高到 4.6V，再进行 5 次循环，开始放电比容量为 $278\mathrm{mA \cdot h/g}$，第 9 次循环时容量衰减到 $278\mathrm{mA \cdot h/g}$，每次循环容量损失为 1.3%。整个循环测试中库仑效率为 99%。如果放电截止电压设在 1.0V，将取得更大的放电容量。

材料放电过程中，Li 嵌入 $\mathrm{LiNi_{0.5}Mn_{0.5}O_2}$ 中，形成 $\mathrm{Li_2Ni_{0.5}Mn_{0.5}O_2}$；充电

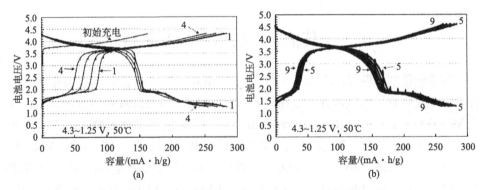

图 6-25　50℃下 $0.05Li_2TiO_3 \cdot 0.95LiNi_{0.5}Mn_{0.5}O_2$ 材料在(a)4.3～1.25V
和(b)4.6～1.25V 的充放电曲线(Johnson et al.，2003)

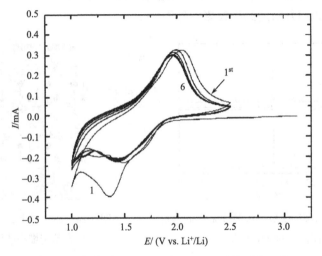

图 6-26　室温下 $0.05Li_2TiO_3 \cdot 0.95LiNi_{0.5}Mn_{0.5}O_2$
材料在 2.5～1.0V 的循环性能，扫描速度为 0.05mV/s

时，Li 从 $Li_2Ni_{0.5}Mn_{0.5}O_2$ 中脱出，成为 $LiNi_{0.5}Mn_{0.5}O_2$。从循环伏安图形看，
这个过程是可逆的。

　　将 $LiNO_3$、$Ni(NO_3)_2 \cdot 6H_2O$ 和 $Ru(NO)(NO_3)_3$ 溶解于去离子水中
(1.5%，质量浓度)，蒸发掉水分，搅拌，干燥；加热至 450℃，保温 4h，释放
出 NO_x 气体；将得到的粉末研磨、压成片状，在 750℃氧气气氛下焙烧 15h，得
到 $xLiNO_2 \cdot (1-x)Li_2RuO_3$。

　　将 $LiNO_3$、$ZrO(NO_3)_2$ 和 $Ru(NO)(NO_3)_3$ 溶解于去离子水中(1.5%，质
量浓度)，另外加入柠檬酸和乙二醇，每 2 当量的金属离子加入 1 当量的柠檬酸，
柠檬酸与乙二醇的当量比为 2：3。将混合溶液搅拌、加热，蒸发掉溶剂，将得

到的粉末研磨，在 950℃氧气气氛下焙烧 24h，得到 $Li_2Ru_{0.9}Zr_{0.1}O_3$。

图 6-27 为 $LiNiO_2$、$xLiNiO_2 \cdot (1-x)Li_2RuO_3$（$x=0.7$）、$Li_2RuO_3$ 和 $Li_2Ru_{0.9}Zr_{0.1}O_3$ 的 XRD 图谱。

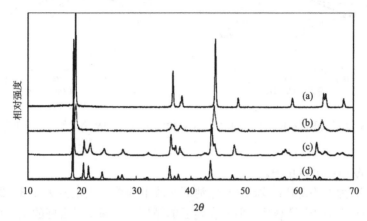

图 6-27　(a)$LiNiO_2$、(b) $xLiNiO_2 \cdot (1-x)Li_2RuO_3$（$x=0.7$）、
(c) Li_2RuO_3 和(d) $Li_2Ru_{0.9}Zr_{0.1}O_3$ 的 XRD 图谱(Moore et al.，2003)

$LiNiO_2$ 为三角对称的层状结构，空间群为 $R\bar{3}m$，Li_2RuO_3、Li_2ZrO_3 为单斜对称，空间群为 $C2/c$，它们都具有层状结构，按离子排列可以表示成 $Li(Li_{0.33}M'_{0.67})O_2$。这样，层状化合物 $LiMO_2$ 和 $Li_2M'O_3$ 就具有很强的结构相关性，允许合成具有 $LiMO_2$ 和 $Li_2M'O_3$ 相的复合材料。XRD 图谱显示，$0.7LiNiO_2 \cdot 0.3Li_2RuO_3$ 材料与母相材料 $LiNiO_2$ 具有相同的结构对称性，而掺 Zr 的材料 $Li_2Ru_{0.9}Zr_{0.1}O_3$ 为单斜对称。

图 6-28 为 Li/Li_2RuO_3 电池在 4.4～2.8V 和 4.6～1.4V 第 1 次、第 10 次和第 20 次充放电的循环曲线。在 4.4～2.8V，首次充电容量为 310mA·h/g，是理论容量的 94%（329mA·h/g）。第一次循环的放电容量为 245mA·h/g，为充电容量的 79%。再循环过程中，容量逐渐减少。

在 4.0～3.0V，Li/Li_2RuO_3 电池的可逆容量约为 150mA·h/g，发生岩盐相结构的 Li_2RuO_3 和钛铁矿结构的 $Li_{0.9}RuO_3$ 之间的转变。在 4.0～4.4V 的充放电过程是不可逆的，表明电极材料的结构发生了不可逆变化，该电极是一个"条件电极"。

当放电截止电压为 1.4V 时，出现明显的容量恢复，可以分为两个阶段，一个阶段为 2.8～1.8V，另一个阶段为 1.8～1.4V，具有很好的可逆性。除前两次容量衰减较快，以后循环到第 18 次时，容量仍接近 300mA·h/g。在 2.8～1.8V，是由于 Li^+ 嵌入 $Li_{2-x}RuO_3$ 结构中，在 1.8～1.4V 是由于 Li^+ 继续嵌入

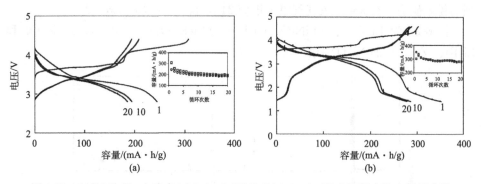

图 6-28 Li/Li$_2$RuO$_3$ 电池在(a)4.4～2.8V 和(b)4.6～1.4V 之间的充放电循环曲线

层状结构的 Li$_{2+y}$RuO$_3$ 中。

图 6-29 为 Li/Li$_2$Ru$_{0.9}$Zr$_{0.1}$O$_3$ 电池的充放电曲线。当电压为 4.3～2.8V 时，首次循环有明显的容量衰减，但是在随后的循环中，保持了很好的循环稳定性和较高的库仑效率，性能比母相 Li$_2$RuO$_3$ 好，可以稳定地释放 200mA·h/g 的容量。在 4.6～1.2V 电位区间，放电容量达到 300mA·h/g，尽管此时它的库仑效率较高，但是容量衰减较快，循环性能不如母相 Li$_2$RuO$_3$。

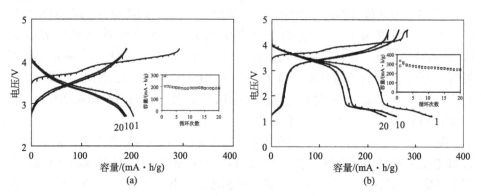

图 6-29 Li/Li$_2$Ru$_{0.9}$Zr$_{0.1}$O$_3$ 电池的充放电曲线(Moore et al.，2003)

(a) 4.3～2.8V；(b) 4.6～1.2V

图 6-30 为 Li/0.7LiNiO$_2$·0.3Li$_2$RuO$_3$ 电池的充放电曲线，与 Li$_2$RuO$_3$ 和 Li$_2$Ru$_{0.9}$Zr$_{0.1}$O$_3$ 电极相比，它的首次充放电库仑效率不高，但在以后循环中展示了较稳定的放电容量，为 150mA·h/g。由于充放电曲线上没有明显的相变特征，这使得电极能够具有较好的循环稳定性。

以上这些结果说明，岩盐相 Li$_2$M′O$_3$ 对层状结构材料进行嵌入/脱嵌 Li 时保持稳定的结构具有重要的作用。当电化学惰性材料如 Li$_2$ZrO$_3$ 与另外一种相同

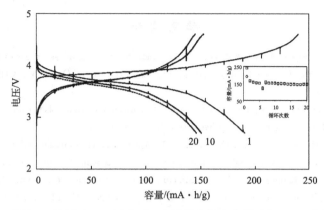

图 6-30　Li/0.7LiNiO₂ · 0.3Li₂RuO₃ 电池的充放电曲线（Moore et al.，2003）
电压范围是 4.6~2.7V

结构的组元（$Li_2M'O_3$）结合，如 Li_2RuO_3，或者与层状结构的组元（$LiMO_2$）结合，如 $LiNiO_2$，在 4.5~2.8V 可以得到大约 200mA · h/g 的容量。

图 6-31 为"结构相图"，表示 Li^+ 在 $LiMO_2$、$Li_2M'O_3$ 和复合的 $xLiMO_2$ · $(1-x)Li_2M'O_3$ 中嵌入和脱嵌的路径示意图。在这个三维相图中，$LiMO_2$、MO_2、$Li_2M'O_3$ 和 $M'O_3$ 位于顶点，$LiMO_2$ 电极的成分，如 $LiCoO_2$ 和 $LiNiO_2$，在充放电过程中发生嵌锂和脱锂，沿着相图中 $LiMO_2$-MO_2 的连线在一维方向变化。同样，具有电化学活性的 $Li_2M'O_3$ 电极，如 Li_2RuO_3，其成分沿着相图中 $Li_2M'O_3$-$M'O_3$ 连线变化。对于两种成分 $xLiMO_2$ · $(1-x)Li_2M'O_3$ 的复合电极，其中两种成分均是电化学活性的，则电极的成分沿着相图金字塔内部的三维方向变化，如图 6-31 所示。

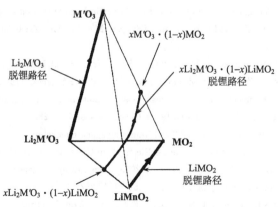

图 6-31　Li^+ 在 $LiMO_2$、$Li_2M'O_3$ 和复合的 $xLiMO_2$ · $(1-x)Li_2M'O_3$
中嵌入和脱嵌的路径示意图（Moore et al.，2003）

参 考 文 献

Armstrong A R, Holzapfel M, Novak P, et al. 2006. Demonstrating oxygen loss and associated structural re-organization in the Lithium Battery Cathode Li[Ni$_{0.2}$Li$_{0.2}$Mn$_{0.6}$]O$_2$. J AM CHEM SOC, 128: 8694-8698

Croy J R, Gallagher K G, Balasubramanian M, et al. 2013. Examining hysteresis in composite xLi$_2$MnO$_3$ · $(1-x)$LiMO$_2$ cathode structures. J Phys Chem C, 117: 6525-6536

Croy J R, Kang S H, Balasubramanian M, et al. 2011. Li$_2$MnO$_3$-based composite cathodes for lithium batteries: A novel synthesis approach and new structures. Electrochem Commun, 13: 1063-1066

Johnson C S, Kim J S, Kropf A J, et al. 2003. Structural and electrochemical evaluation of$(1-x)$Li$_2$TiO$_3$ · xLiMn$_{0.5}$Ni$_{0.5}$O$_2$ electrodes for lithium batteries. J Power Sources, 119-121: 139-144

Johnson C S, Kim J S, Lefief C, et al. 2004. The significance of the Li$_2$MnO$_3$ component in "composite" xLi$_2$MnO$_3$ · $(1-x)$LiMn$_{0.5}$Ni$_{0.5}$O$_2$ electrodes. Electrochem Commun, 6(10): 1085-1091.

Johnson C S, Korte S D, Vaughey J T, et al. 1999. Structural and electrochemical analysis of layered compounds from Li$_2$MnO$_3$. J Power Sources, 81-82: 491-495

Johnson C S, Li N C, Lefief C, et al. 2008. Synthesis, characterization and electrochemistry of lithium battery electrodes: xLi$_2$MnO$_3$$(1-x)$LiMn$_{0.333}Ni_{0.333}Co_{0.333}O_2$ ($0\leqslant x\leqslant0.7$). Chem Mater, 20: 6095-6106

Johnson C S, Li N, Thackerray M M, et al. 2007. Anomalous capacity and cycling stability of xLi$_2$MnO$_3$ · $(1-x)$LiMO$_2$ electrodes (M＝Mn, Ni, Co) in lithium batteries at 50℃. Electrochem Commun, 9: 787-795

Johnson C S, Li N, Vaughey J T, et al. 2005. Lithium-manganese oxide electrodes with layered-spinel composite structures xLi$_2$MnO$_3$ · $(1-x)$Li$_{1+y}$Mn$_{2-y}$O$_4$ ($0<x<1$, $0\leqslant y\leqslant0.33$) for lithium batteries. Electrochem Commun, 7: 7528-7536

Kim D H, Croy J R, Thackeray M M. 2013. Comments on stabilizing layered manganese oxide electrodes for Li batteries. Electrochem. Commun, 36: 103-106

Kim J S, Johnson C S, Thackeray M M. 2002. Layered xLiMO$_2$ · $(1-x)$Li$_2$M$'$O$_3$ electrodes for lithium batteries: a study of 0.95LiMn$_{0.5}$Ni$_{0.5}$O$_2$ · 0.05Li$_2$TiO$_3$. Electrochem Commun, 4: 205-209

Kim J S, Johnson C S, Vaughey J T, et al. 2004. Electrochemical and Structural Properties of xLi$_2$M$'$O$_3$ · $(1-x)$LiMn$_{0.5}$Ni$_{0.5}$O$_2$ Electrodes for Lithium Batteries(M$'$＝Ti, Mn, Zr; $0\leqslant x\leqslant0.3$). Chem Mater, 16: 1996-2006

Moore G J, Johnson C S, Thackeray M M. 2003. The electrochemical behavior of xLiNiO$_2$ · $(1-x)$Li$_2$RuO$_3$ and Li$_2$Ru$_{1-y}$Zr$_y$O$_3$ electrodes in lithium cells. J Power Sources, 119-121: 216-220

Numata K, Sakaki C, Yamanaka S. 1997. Synthesis of solid solutions in a system of LiCoO$_2$-Li$_2$MnO$_3$ for cathode materials of secondary lithium batteries. Chem Lett, 8: 725-726.

Park S H, Kang S H, Johnson C S, et al. 2007. Lithium-manganese-nickel-oxide electrodes with integrated layered-spinel structures for lithium batteries. Electrochem Commun, 9: 262-268

Thackeray M M, Johnson C S, Vaughey J T, et al. 2005. Advances in manganese-oxide 'composite' electrodes for lithium-ion batteries. J Mater Chem, 15: 2257-2267

Thackeray M M, Kang S H, Johnson C S, et al. 2006. Comments on the structural complexity of lithium-rich Li$_{1+x}$M$_{1-x}$O$_2$ electrodes (M＝Mn, Ni, Co) for lithium batteries. Electrochem Commun, 8: 1531-1538

第 7 章　尖晶石型 $Li_4Ti_5O_{12}$ 材料

7.1　概　述

目前商品化的锂离子电池负极材料大多采用嵌锂碳材料，尽管相对于金属锂而言，碳材料在安全性能、循环性能等方面有了很大的改进，但是仍存在不少缺点：在第一次充放电时，会在碳表面形成钝化膜，造成容量损失；碳电极的电位与锂的电位很接近，当电池过充电时，金属锂可能在碳电极表面析出，形成枝晶而引发安全性问题。为确保锂离子电池的安全性，采用了一些办法，如用集成电路控制电池的充放电和增加安全开关等，但这必然增加了电池的成本和体积。另外，嵌锂碳材料的制备方法也较复杂，虽然碳/石墨的理论容量为 $372mA \cdot h/g$，但是碳和石墨在第一次充电时不可逆容量损失较大。$Li_4Ti_5O_{12}$ 虽然理论容量只有 $175mA \cdot h/g$，但不可逆容量损失很小，而且它在锂离子嵌入脱出的过程中晶体结构能够保持高度的稳定性，因此具有优良的循环性能和平稳的放电电压，具有"零应变"的美称；而且尖晶石型 $Li_4Ti_5O_{12}$ 具有原料来源广泛、价格便宜、易于制备、无环境污染等优点。20 世纪 90 年代以来，$Li_4Ti_5O_{12}$ 作为一种比较理想的碳负极替代材料，在牺牲一定能量密度的前提下能够改善体系的快速充放电和循环性能，并具有明显的充放电结束标志而更具安全性，从而引起了研究者的广泛关注。目前，国内外对制备高性能 $Li_4Ti_5O_{12}$ 工艺技术的研究十分活跃。电极材料的制备技术直接影响材料的微观结构及电化学性能，通过最优化的合成工艺提高材料的电子导电性，从而提高材料的电化学性能，实现其工业化生产，已是当前钛酸锂材料的研究热点之一。

7.2　尖晶石型 $Li_4Ti_5O_{12}$ 的结构及电化学反应机理

$Li_4Ti_5O_{12}$ 为白色晶体，在空气中可稳定存在。其结构与尖晶石型 $LiMn_2O_4$ 相似，可写为 $Li(Li_{1/3}Ti_{5/3})O_4$，空间点阵群为 $Fd\bar{3}m$，其中氧离子立方密堆构成 FCC 点阵，位于 $32e$ 位置，3/4 锂离子位于四面体 $8a$ 位置，钛和剩下的锂随机地占据八面体 $16d$ 位置，因此，其结构式可表示为 $[Li]_{8a}[Li_{1/3}Ti_{5/3}]_{16d}[O_4]_{32e}$，$a=0.8357nm$。大多数尖晶石型物质都是单相离子随机插入的化合物，而 $Li_4Ti_5O_{12}$ 具有十分平坦的放电平台，说明在锂离子插入过程中其结构稳定并且发生了两相反应。图 7-1 为一种 $Li_4Ti_5O_{12}$ 的晶体结构数据。Knamura 研究了

⁘ Published crystallographic data

Space group	$Fd\bar{3}m$ O2 (227)
Cell parameters	$a = 0.83575$, $b = 0.83575$, $c = 0.83575$ nm, $\alpha = 90$, $\beta = 90$, $\gamma = 90°$
	$V = 0.58375$ nm^3, $a/b = 1.000$, $b/c = 1.000$, $c/a = 1.000$

⁘ Standardized crystallographic data

Space group	$Fd\bar{3}m$ O2 (227)
Cell parameters	$a = 0.83575$, $b = 0.83575$, $c = 0.83575$ nm, $\alpha = 90$, $\beta = 90$, $\gamma = 90°$
	$V = 0.5838$ nm^3, $a/b = 1.000$, $b/c = 1.000$, $c/a = 1.000$

Atom coordinates from prototype entry	Site	Elements	Wyck.	Sym.	x	y	z	SOF
	O1	O	32e	.3m	0.2378	0.2378	0.2378	
	M1	0.833Ti + 0.167Li	16c	.-3m	0	0	0	
	Li1	Li	8b	-43m	3/8	3/8	3/8	

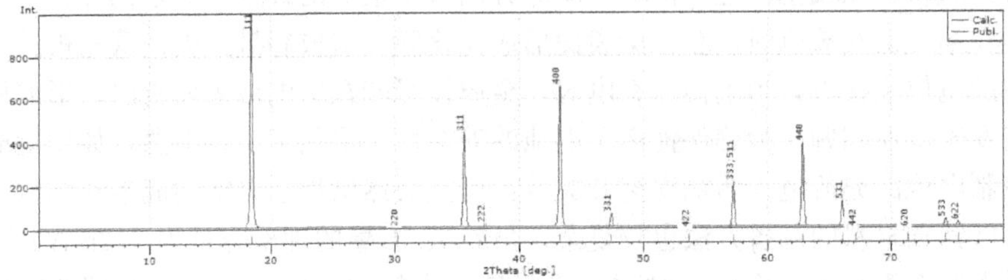

d-spacing [nm]	2theta [deg.]	Int.	h k l	Mul.
0.4825	18.380	1000.0	1 1 1	8
0.2955	30.220	9.1	2 2 0	12
0.2520	35.600	445.3	3 1 1	24
0.2413	37.240	28.0	2 2 2	8
0.2089	43.260	664.2	4 0 0	6
0.1917	47.380	71.8	3 3 1	24
0.1706	53.680	1.2	4 2 2	24
0.1608	57.240	202.5	5 1 1	24
0.1608	57.240	12.6	3 3 3	8
0.1477	62.860	396.3	4 4 0	12
0.1413	66.080	130.0	5 3 1	48
0.1393	67.140	0.8	4 4 2	24
0.1321	71.320	0.1	6 2 0	24
0.1275	74.380	46.1	5 3 3	24
0.1260	75.380	31.5	6 2 2	24

图 7-1 一种 $Li_4Ti_5O_{12}$ 的晶体结构数据

Li^+ 嵌入产物的 UV-vis 谱，证明在嵌入的过程中存在相变。Schamer 通过对 Li^+ 的嵌入产物的 XRD 高角衍射证明了其中存在两种晶格常数极其接近的相。放电时，Li^+ 在嵌入过程中开始占据 16c 位置，同时晶格中原来位于四面体 8a 位置的锂也迁移到邻近的 16c 位置，尖晶石相的 $Li(Li_{1/3}Ti_{5/3})O_4$ 转变为岩盐结构的 $[Li_2]_{16c}(Li_{1/3}Ti_{5/3})O_4$，充电则反之，反应式如下：

放电：$[Li]_{8a}[Li_{1/3}Ti_{5/3}]_{16d}[O_4]_{32e} + Li^+ + e^- \longrightarrow [Li_2]_{16c}[Li_{1/3}Ti_{5/3}]_{16d}[O_4]_{32e}$

$$(7\text{-}1)$$

充电：$[Li_2]_{16c}[Li_{1/3}Ti_{5/3}]_{16d}[O_4]_{32e} - Li^+ \longrightarrow [Li]_{8a}[Li_{1/3}Ti_{5/3}]_{16d}[O_4]_{32e} + e^-$

$$(7\text{-}2)$$

钛酸锂 $Li_4Ti_5O_{12}$ 相对于锂电极的电位为 1.55 V，这个电位平台对应

$Li_7Ti_5O_{12}$，只有部分 Ti^{4+} 被还原为 Ti^{3+}，其理论充放电比容量为 $175mA \cdot h/g$，实际比容量为 $150\sim160mA \cdot h/g$。$Li_4Ti_5O_{12}$ 被插入 3 个 Li^+ 后，晶胞参数增加到 $0.837nm$，变化很小，大约只引起 2% 的体积变化，被称为"零应变"材料。在 Li^+ 嵌入的过程中会发生一系列的锂扩散过程，如 $8a$-$16c$-$8a$，或者 $8a$-$16c$-$48f$-$16d$。

7.3　尖晶石型 $Li_4Ti_5O_{12}$ 的制备方法及其特点

目前，$Li_4Ti_5O_{12}$ 的主要制备方法是高温固相反应法和液相法，液相法包括溶胶-凝胶法等。

高温固相反应法是合成电池材料的首选方法。合成 $Li_4Ti_5O_{12}$ 的钛源主要为 TiO_2，它可分为无定形、锐钛矿型、金红石型等形态；锂源主要为 Li_2CO_3 和 $LiOH$ 或者它们的混合物。通过正交实验和对比实验，可以发现影响材料性能的重要因素，包括反应时间、温度、$n(Li)/n(Ti)$、混料工艺及原料特性、烧结气氛等，并且可以优化反应条件。

考虑到含锂化合物在高温下都存在 Li 的挥发问题，为弥补损失一般使含锂化合物有一定过量。传统固相法制得的材料普遍有团聚现象、粒径分布不均、颗粒较大，内电阻和极化往往较大。于是有研究者从混料工艺入手对传统固相合成方法进行改进，采用高能行星式球磨或振荡研磨等机械法混料，得到了颗粒细小甚至纳米级非晶态产物，有效提高了材料的电化学性能，并且使烧结温度明显降低、时间缩短，同时减少了高温下由于挥发而导致的 Li 损失。烧结气氛也是材料合成的重要影响因素之一，主要分为惰性气氛、还原性气氛(氢气)和氧化性气氛(空气和纯氧)。在烧结制备低价态材料时必须使用惰性甚至还原性气氛，而 $Li_4Ti_5O_{12}$ 的合成原料中元素均为最高价态，此合成反应为复合反应而非氧化还原反应，可以在空气中烧结，但当进行碳的掺杂包覆时则必须采用惰性或还原性气氛。在高温热处理时，使用助烧添加剂也可以降低热处理温度以提高离子电导率。

溶胶-凝胶法是制备纳米级 $Li_4Ti_5O_{12}$ 的主要方法。由于电极材料粒径小，粒度分布越均匀，电极各部位电阻、电流密度以及反应状态就越稳定，对电极的整体性能就越有利，在大电流倍率下就能表现出更好的容量。溶胶-凝胶法具有以下优点：①化学均匀性好，有金属盐制成的溶胶可以达到原子级均匀分布；②化学程度高，可以精确控制化学计量比；③热处理温度降低、时间缩短；④可制成纳米粉体和薄膜；⑤通过控制溶胶-凝胶工艺参数，有可能实现对材料结构的精确控制。

与传统的固相法相比，溶胶-凝胶法虽然具有化学均匀性高、颗粒粒径可控、化学纯度较高的优点，但也不可避免地存在制备工艺复杂、原料成本高、反应炉利用率低、残留小空洞及碳等缺点。

除了上述主要合成方法，为了制得性能优良的 $Li_4Ti_5O_{12}$ 电极活性材料，人们对其他的方法也进行了研究。例如，Singh 等采用模板法制备了 $Li_4Ti_5O_{12}$，得到的产物在 0.1C 和 200C 下的容量分别为 170mA·h/g 和 85mA·h/g。

7.4　尖晶石型 $Li_4Ti_5O_{12}$ 存在的问题及研究进展

锂离子电池负极材料 $Li_4Ti_5O_{12}$ 具有安全、绿色环保、生产成本低等诸多优点，但在 $Li_4Ti_5O_{12}$ 负极材料的合成和实用化过程中也存在如下问题：①高温合成过程中颗粒生长不易控制；②$Li_4Ti_5O_{12}$ 的振实密度较低，导致体积比容量和能量密度较低；③$Li_4Ti_5O_{12}$ 本身为绝缘体，其电子电导率和离子电导率很低，固有电导率仅为 10^{-9} S/cm，导致其首次不可逆容量的损失和高倍率充放电性能较差。

影响电化学动力学的一个重要因素是材料的电子电导率。在充放电循环时，电子必然伴随锂离子的嵌入和脱出。如果材料中的电子不能及时导入和导出，则锂离子的扩散必然被电子的跃迁速率所取代。富集的电子将通过极化效应反过来限制锂离子的嵌入和脱出而使得材料的电化学性能恶化。而利用掺杂改性，通过引入导电添加剂构造一个导电浸透网，就可将电子电导率提高几个数量级，从而增加电池能量，实现快速充放电。

因此，目前国内外的研究主要集中于从高振实密度和高电导率两方面提高和改善 $Li_4Ti_5O_{12}$ 材料的电化学性能。主要包括：①合成粒径分布均匀、具有高比表面积的材料以提高活性材料的利用率和体积比容量；②掺杂高价金属离子并在 $Li_4Ti_5O_{12}$ 颗粒表面包覆碳或其他高导电相以形成连接活颗粒物质的导电网络或形成表面修饰等。

用碳对材料进行表面修饰是解决 $Li_4Ti_5O_{12}$ 材料低电子电导率问题的最有效方法。

$Li_4Ti_5O_{12}$ 材料在充放电过程中会发生如下反应：

$$Li_4Ti_5O_{12} + xLi^+ + xe^- \longrightarrow Li_{4+x}Ti_5O_{12} \quad (0 < x \leqslant 3) \qquad (7-3)$$

只有提供相当的离子和电子该反应才会发生。为了优化材料的倍率性能就必须综合考虑电子的导电性和离子的扩散，电子的导电性评价的是材料接受电子的能力，而离子的扩散性反映的是锂离子的扩散速度。$Li_4Ti_5O_{12}$ 材料的严重缺点是电子导电性差，不利于提高倍率容量。针对该问题，碳的复合和碳的包覆被认为是最有效的解决办法。

金属离子掺杂是另一种提高 $Li_4Ti_5O_{12}$ 材料电子电导率的方法。离子掺杂后作为电荷补偿，会有部分 Ti^{4+} 变为 Ti^{3+} 形成 Ti^{4+}/Ti^{3+} 的混合价态，材料的电子密度得到提高。各种离子都被用来掺杂，包括阳离子和阴离子。例如，阳离子 Mg^{2+}、Ni^{3+}、V^{4+}、V^{5+}、Mn^{3+}、Cr^{3+}、CO^{3+}、Fe^{3+}、Ga^{3+}、La^{3+} 和 Zr^{4+} 等被掺杂在 $Li_4Ti_5O_{12}$ 的 Li^+、Ti^{4+} 的位置，阴离子 F^- 被掺杂在 $Li_4Ti_5O_{12}$ 的 O^{2-} 位置。掺杂元素的另一个作用是降低 $Li_4Ti_5O_{12}$ 的电极电位，提高电池能量密度。

$Li_4Ti_5O_{12}$ 是一种"零应变"电极材料，具有循环性能优良、放电电压平稳、材料来源广、清洁环保和能够在大多数液体电解质的稳定电压区间使用等优点，在锂离子电池、全固态锂离子电池和不对称超级电容器等方面得到了通用，可谓一种多功能材料。锂离子电池电极材料已经成为国际电池界的研究热点。$Li_4Ti_5O_{12}$ 作为"零应变"材料，是一种理想的嵌入型电极，具备了下一代锂离子电池必需的充电次数更多、充电过程更快、更安全的特性，有望应用于锂离子电池负极，但是其固有电导率低(10^{-9} S/cm)和电位平台高制约了商品化应用。

掺杂离子能够提高 $Li_4Ti_5O_{12}$ 的导电性，但是掺杂的离子也可能进入 $Li_4Ti_5O_{12}$ 的基体从而引起局部或整体结构的变化，如会产生晶格畸变从而进一步影响材料的比容量和循环稳定性。

7.5　尖晶石型 $Li_4Ti_5O_{12}$ 的高温固相法制备

高温固相法反应原理和合成工艺简单，反应条件容易控制，易于实现工业化生产，是目前合成很多材料的首选方法。以锐钛矿型 TiO_2 和 Li_2CO_3 为原料，采用行星式机械球磨机进行原料混合，考察不同反应温度、反应时间等工艺参数对产物的纯度、物理和电化学性能的影响，为进一步改善其工艺条件和实用化提供了有益的启发和参考。本实验的生产工艺流程如图 7-2 所示。

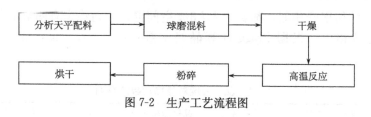

图 7-2　生产工艺流程图

高温固相法中传统的混料方法制得的材料普遍有团聚现象，粒径分布不均、颗粒较大，内电阻和极化通常较大。这里对传统固相法的混料工艺进行了改进，对原料进行机械球磨（高能行星式球磨），这在很大程度上减小了起始物的粒径大小，提高了粒径均匀程度，其实质就是在热处理之前对起始物进行机械研磨，使之达到分子级的均匀混合，称为"激活"。经过激活，能使反应物和反应产物的温度均匀、粒度均匀、晶形结构与成分均匀，因此在合成目标产物时所需的加热温度和加热时间被大幅度减少，这些物理手段均有效地提高了产物的电化学稳定性、比容量以及循环性能。

通过实验研究下列工艺条件对材料性能的影响。

7.5.1　反应温度

在不同焙烧温度 700℃、750℃、800℃、850℃下，焙烧 16h。图 7-3 为产物的 XRD 图谱。

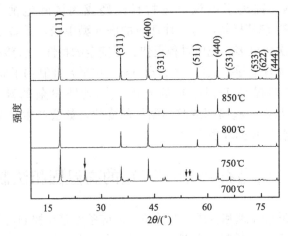

图 7-3　不同焙烧温度下制备的 $Li_4Ti_5O_{12}$ 样品的 XRD 谱图（Liu et al.，2011b）

由图 7-3 可以发现，700℃ 下制得的产物存在较明显的 TiO_2 杂质峰，随着焙烧温度的升高，TiO_2 杂质峰消失，$Li_4Ti_5O_{12}$ 特征峰逐渐加强，峰型尖锐。800℃ 以上的衍射峰相似，都属于 $Fd\bar{3}m$ 空间群，衍射峰没有明显的偏移，说明晶格常数相似。根据 Bragg 计算晶格常数：$n\lambda = 2d_{hkl}\sin\theta$，结果如表 7-1 所示。

表 7-1　反应温度对晶格常数的影响

合成温度 $T/℃$	晶格参数 $a/Å$	体积 $V/Å^3$
750	8.381	588.7
800	8.371	586.6
850	8.363	584.9

资料来源：Liu et al.，2011b

图 7-4 为在 750℃、800℃、850℃下，焙烧 16h 得到产物的 SEM 形貌。由图 7-4 可以看到，750℃下合成的样品颗粒粒度分布均匀，大部分颗粒为 $0.5\mu m$，展示了多边形形貌。此外，随着反应温度的提高，产物的颗粒变大，这是由于二次粒子会随温度升高而长大。

图 7-4 不同焙烧温度下制备的 $Li_4Ti_5O_{12}$ 样品的 SEM 形貌(Liu et al.，2011b)

(a) 800℃；(b) 850℃；(c) 750℃

7.5.2 反应时间

选择较优的原料配比和烧结温度，分别考察烧结 2h、8h、16h、24h 后所得产物的电化学性能。

固相反应主要受扩散控制。在一定温度下，焙烧时间对合成材料的成分和性能非常重要，时间太短将导致反应不完全，时间太长将造成产物晶粒过度生长和颗粒长大，对 $Li_4Ti_5O_{12}$ 的大倍率充放电性能不利。选择合适的焙烧时间，使原料在合成温度下充分接触、反应，可减少杂质的生成，提高材料的电化学性能。

图 7-5 为在 750℃下以锐钛矿型 TiO_2 和 Li_2CO_3 为原料在 $n(Li)/n(Ti) =$

0.82 的配比下焙烧不同时间制得产物的 XRD 谱图。在 750℃焙烧 2h 的样品可以明显看到 TiO_2 杂质峰的存在；当热处理时间达到 8h 以上时，已经几乎观察不到 TiO_2 杂质峰的存在。在 XRD 谱图上，主要都是尖晶石型 $Li_4Ti_5O_{12}$ 的特征衍射峰，并且特征峰的强度随晶化时间的延长而增强，峰形也更尖锐。这说明随着晶化时间的延长，产物的晶型结构越趋完整，具有良好的结晶性。

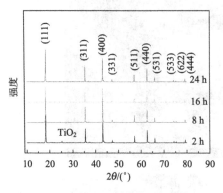

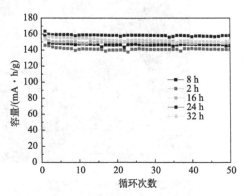

图 7-5　750℃下不同焙烧时间制备的
$Li_4Ti_5O_{12}$ 样品的 XRD 谱图

图 7-6　750℃下不同焙烧时间制备的 $Li_4Ti_5O_{12}$
样品的循环性能曲线(Liu et al.，2011b)

图 7-6 为在 750℃下以锐钛矿型 TiO_2 和 Li_2CO_3 为原料在 $n(Li)/n(Ti)=$ 0.82 的配比下焙烧不同时间所制得的样品在 1C 下的循环性能曲线。由图 7-6 可见，不同焙烧时间所制备样品的容量随焙烧时间的延长而逐渐增大，说明较长时间的焙烧有利于提高材料的放电容量。但当时间大于 24h 时，样品的放电容量有所下降，这是由于焙烧时间过长导致样品颗粒粗大，使得锂离子扩散路程变大，锂离子脱/嵌受到一定的限制。当时间小于 24h 时，样品的结晶度可能不够好，晶体发育不完整，不能提供足够有效的锂离子反应通道。由图 7-6 可见，焙烧 24h 所制得样品的容量和循环性能较佳。

7.5.3　$Li_4Ti_5O_{12}$ 样品的倍率性能

750℃下焙烧 24h 所制得的 $Li_4Ti_5O_{12}$ 的 SEM 图如图 7-4(c)所示。从图中可以看出，所制备的样品呈四方体形，且颗粒均匀，样品粒度大约为 $0.5\mu m$。

图 7-7 表示 750℃下焙烧 24h 所制得的 $Li_4Ti_5O_{12}$ 样品在不同倍率首次充放电曲线。随着充放电倍率的增加，$Li_4Ti_5O_{12}$ 样品的充电平台上升，放电平台下降，这与大倍率充放电下材料的极化有关。0.2C 下样品的充放电曲线十分平坦，首次放电容量为 165mA·h/g，1C 下样品的首次放电容量为 163.5mA·h/g，5C 下样品的首次放电容量为 134.7mA·h/g，10C 下样品的首次放电容量仍有 133.4mA·h/g。

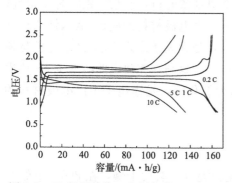

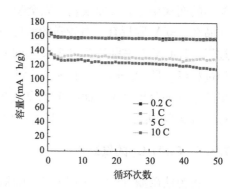

图 7-7　750℃下焙烧 24h 制备的 $Li_4Ti_5O_{12}$ 样品在不同倍率下首次充放电曲线

图 7-8　750℃下焙烧 24h 制备的 $Li_4Ti_5O_{12}$ 样品不同倍率下的循环性能曲线

　　图 7-8 为 750℃下焙烧 24h 所制得的样品在不同倍率下的循环性能曲线。由图 7-8 可见，所制备的样品在不同倍率下都有较好的循环性能，50 次循环后，样品在 0.2C 和 1C 下容量还分别保持在 157.3mA · h/g 和 158.3mA · h/g，容量保持率分别为 95.3％和 96.9％。样品在 5C、10C 大倍率充放电下容量分别保持在 128.6mA · h/g 和 115.5mA · h/g，容量保持率分别为 94.9％及 84.8％。由以上结果可知，750℃下焙烧 24h 所制得的 $Li_4Ti_5O_{12}$ 样品有很好的循环和倍率性能。

7.5.4　$Li_4Ti_5O_{12}$ 样品的循环伏安曲线

　　图 7-9 为 750℃下焙烧 24 h 所制得 $Li_4Ti_5O_{12}$ 样品的首次和第 10 次循环伏安曲线，扫描电压范围为 0.8～2.5V，扫描速度为 0.1mV/s。从图 7-9 可以看出，

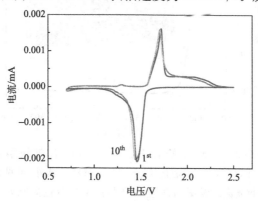

图 7-9　750℃下焙烧 24h 制备的 $Li_4Ti_5O_{12}$ 样品的首次和第 10 次循环伏安曲线(Liu et al.，2011b)

样品的两次循环伏安曲线基本完全吻合，说明制备的材料有较好的循环稳定性。样品在 1.5 V 附近有一对较强的氧化还原峰，为电极材料的脱出/嵌入锂离子的过程。1.45V 左右强峰为电极反应的还原峰，是锂离子嵌入 $Li_4Ti_5O_{12}$ 电极材料的过程（$Li_4Ti_5O_{12}+3Li^{+}+3e^{-}\longrightarrow Li_7Ti_5O_{12}$），这与在充放电曲线上 1.45 V 出现的放电平台相对应；而在 1.70V 左右的为氧化峰，是锂离子脱出电极材料的过程（$Li_7Ti_5O_{12}-3e^{-}\longrightarrow Li_4Ti_5O_{12}+3Li^{+}$）。

7.5.5　$Li_4Ti_5O_{12}$ 的氧缺陷

将锐钛矿型 TiO_2 与 Li_2CO_3 用球磨充分混合，然后干燥，在 800℃下焙烧 24h，得到原始的白色 $Li_4Ti_5O_{12}$。在 700℃下通入流量为 150mL/min 的 NH_3 中焙烧原始态的 $Li_4Ti_5O_{12}$ 得到掺氮和含有氧缺陷的 $Li_4Ti_5O_{12}$。其中，掺氮的 $Li_4Ti_5O_{12}$ 是在 700℃下保持 60min，然后以 2℃/min 的冷却速度冷却得到的；含有氧缺陷的 $Li_4Ti_5O_{12}$ 是在 700℃下保持 20min，以 200～300℃/min 冷却速度冷却得到的。得到的 3 种材料具有不同的颜色，除了白色的原始态的 $Li_4Ti_5O_{12}$，含有氧缺陷的 $Li_4Ti_5O_{12}$ 为蓝色，掺氮的 $Li_4Ti_5O_{12}$ 为土黄色。

将白色 $Li_4Ti_5O_{12}$ 原料放在氨气气氛中焙烧，采用不同的反应条件如不同加热时间和冷却速度，可以看到物料的颜色明显发生变化。如果反应时间足够长，并且缓慢冷却，则氮能够进入 $Li_4Ti_5O_{12}$ 的晶格中。如果反应时间短，并且快速冷却，就可以得到蓝色的含有氧缺陷的 $Li_4Ti_5O_{12}$。图 7-10 为 3 种 $Li_4Ti_5O_{12}$ 的

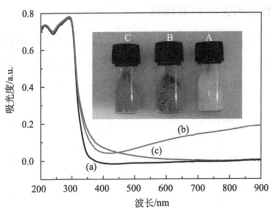

图 7-10　（a）原始态 $Li_4Ti_5O_{12}$，（b）含氧缺陷的 $Li_4Ti_5O_{12}$，（c）掺氮的 $Li_4Ti_5O_{12}$，材料的紫外-可见光吸收光谱。嵌图为对应的样品：A 为白色的原始态 $Li_4Ti_5O_{12}$，B 为蓝色的氧缺陷的 $Li_4Ti_5O_{12}$，C 为土黄色的掺氮的 $Li_4Ti_5O_{12}$（Wen et al.，2012）

紫外-可见吸收光谱。含有氧缺陷的 $Li_4Ti_5O_{12}$ 从 400nm 开始出现吸收带，相似的吸收带也出现在含有氧缺陷的 TiO_2 中。该能带是由 Ti 的 3d 电子的低能态激发产生的。

利用 XPS 确定样品的成分和化学价态，如图 7-11 所示。可以看到掺氮的 $Li_4Ti_5O_{12}$ 中 N 的 1s 峰的结合能为 395.5eV，可确定 N 的含量为 2.06%（原子分数）。在原始态和含氧缺陷的 $Li_4Ti_5O_{12}$ 中没有 N 或含有少量的 N。一方面，由于 N 在 TiO_2 基材料中的扩散能力有限、较低的固溶度等原因，掺入的 N 主要在材料的表面和次表面的位置，因此只出现了一个较小的可见光吸收带；另一方面，晶格中的 O^{2-} 若被 N^{3-} 替代，将破坏原来的电荷平衡，建立一个新的电荷平衡，产生氧缺陷，从而在 455eV 和 457eV 之间产生了小的肩峰。

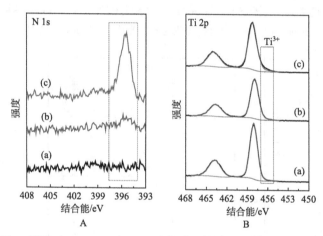

图 7-11　原始态 $Li_4Ti_5O_{12}$（a）、含氧缺陷的 $Li_4Ti_5O_{12}$（b）、掺氮的
$Li_4Ti_5O_{12}$（c）材料的 N 1s(A)和 Ti 2p(B)的 XPS 光谱(Wen et al.，2012)

在 Ti 的 2p XPS 光谱中，没有发现与氧缺陷有关的 Ti^{3+}，原因是样品暴露在空气中以后，表面的氧缺陷会被还原。相同的结果也发生在被还原的金红石型 TiO_2 上，当暴露在氧气中后，室温下表面的氧缺陷即可被还原，但是体相中的氧缺陷的还原需要在高温下才能完成。实验样品中存在体相氧缺相，这点除表现在样品的蓝颜色外，还可以从 716nm 处荧光发射峰的消失看出，如图 7-12 所示。掺氮以后，原始态 $Li_4Ti_5O_{12}$ 在 716nm 处的很强的发射峰减弱，在含有氧缺陷的 $Li_4Ti_5O_{12}$ 中则完全消失。这点可以解释为掺氮和表面氧缺陷破坏了材料本征缺陷的发射能力，在某种程度上，体相氧缺陷可以起到破坏材料发射的作用。

3 种材料的 XRD 图谱如图 7-13 所示，根据粉末衍射 JPCDS 卡片数据库（No. 49-0207）可知，所有的衍射峰都属于尖晶石型 $Li_4Ti_5O_{12}$，没有杂相物质峰存在，这说明在 NH_3 气氛中进行高温退火不改变尖晶石的结构特点。

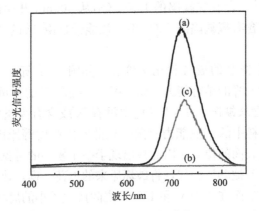

图 7-12　原始态 $Li_4Ti_5O_{12}$(a)、含氧缺陷的 $Li_4Ti_5O_{12}$(b)、掺氮的 $Li_4Ti_5O_{12}$(c)材料的荧光发射光谱(Wen et al.，2012)

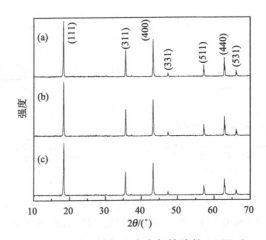

图 7-13　原始、掺氮和含有氧缺陷的 $Li_4Ti_5O_{12}$ 的 XRD 图谱(Wen et al.，2012)

(a) 为原始态 $Li_4Ti_5O_{12}$；(b) 为含氧缺陷的 $Li_4Ti_5O_{12}$；(c) 为掺氮的 $Li_4Ti_5O_{12}$

图 7-14(a)为 1C 下 3 种 $Li_4Ti_5O_{12}$ 材料的充放电曲线，含有氧缺陷、掺氮和原始的 $Li_4Ti_5O_{12}$ 的放电容量分别为 169mA·h/g、161mA·h/g 和 146mA·h/g。含有氧缺陷的 $Li_4Ti_5O_{12}$ 具有较高的倍率性能，在 10C 下，它的放电容量为 75mA·h/g，而掺氮的和原始的 $Li_4Ti_5O_{12}$ 的放电容量分别为 60mA·h/g 和 52mA·h/g。图 7-14(b)为 3 种材料的循环性能，可见它们都展示了较好的循环稳定性。

图 7-15(a)和图 7-15(b)分别为含有氧缺陷、掺氮和原始的 $Li_4Ti_5O_{12}$ 的交流阻抗和循环伏安曲线。

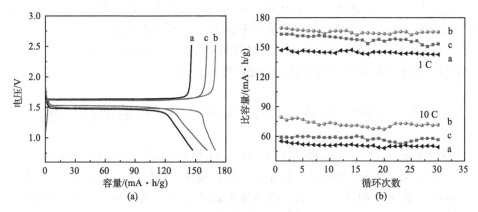

图 7-14　含有氧缺陷、掺氮和原始的 $Li_4Ti_5O_{12}$ 的(a)充放
电曲线和(b)循环性能(Wen et al.，2012)

a 为原始的 $Li_4Ti_5O_{12}$；b 为含有氧缺陷的 $Li_4Ti_5O_{12}$；c 为掺氮的 $Li_4Ti_5O_{12}$

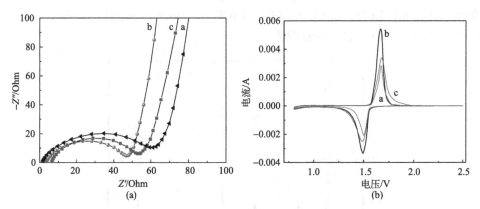

图 7-15　含有氧缺陷、掺氮和原始的 $Li_4Ti_5O_{12}$ 的
交流阻抗(a)和循环伏安(b)曲线(Wen et al.，2012)

a 为原始的 $Li_4Ti_5O_{12}$；b 为含有氧缺陷的 $Li_4Ti_5O_{12}$；c 为掺氮的 $Li_4Ti_5O_{12}$

交流阻抗的 Nyquist 图谱显示在高频区含有一个半圆，半圆在 X 轴上的截距为电化学反应的阻抗 R_{ct}，其中含有氧缺陷的 $Li_4Ti_5O_{12}$ 的 R_{ct} 最低，约为 46Ω，掺氮的 $Li_4Ti_5O_{12}$ 的 R_{ct} 为 54Ω，而原始 $Li_4Ti_5O_{12}$ 的 R_{ct} 为 62Ω，说明含有氧缺陷的 $Li_4Ti_5O_{12}$ 进行嵌锂反应的电阻最小。

循环伏安(CV)曲线可以反应电化学反应的动力学机理，一般比较尖的峰显示嵌入/脱出锂的过程较快，而比较宽的峰显示嵌入/脱出锂的过程较慢。从 CV 实验结果可以看到，当扫描速度为 $0.5mV/s$，电压范围为 $0.8\sim2.5$ V（vs. Li/

Li$^+$)时，在 1.63 V 出现一个氧化峰，在 1.49 V 出现一个还原峰，含有氧缺陷的 Li$_4$Ti$_5$O$_{12}$ 的 CV 曲线的氧化还原峰窄而尖，其次是掺氮的 Li$_4$Ti$_5$O$_{12}$，原始 Li$_4$Ti$_5$O$_{12}$ 的 CV 曲线的氧化还原峰的强度最低。这说明改进 Li$_4$Ti$_5$O$_{12}$ 的性能可以采用表面掺氮处理或者进行氧缺陷处理两种途径。

7.6　水热法制备双相 Li$_4$Ti$_5$O$_{12}$-TiO$_2$ 纳米晶材料

采用分析纯的 Ti(OC$_3$H$_7$)$_4$ 和 LiOH·H$_2$O 作为反应物，将 10mmol 的 Ti(OC$_3$H$_7$)$_4$ 加入 25mL 的热乙二醇中(90℃)，搅拌，然后加入 5mL LiOH·H$_2$O (8mmol)水溶液，搅拌 5min 后，逐滴加入 2mL 氨水，再搅拌 30min，得到澄清的溶液，移到水热反应釜中，在 140～160℃下反应 24h。将得到的沉淀用蒸馏水和乙醇清洗，在 80℃的真空中进行干燥，然后将粉末在 550℃的空气中反应 6h，得到产物。

将反应产物制成电极，成分为活性物质：乙炔黑：PVDF＝80：10：10。电解液为 1mol/L LiPF$_6$ 和 EC：EMC：DMC＝1：1：1，充放电电压为 0.8～2.5V。图 7-16 为产物的 XRD 图谱。

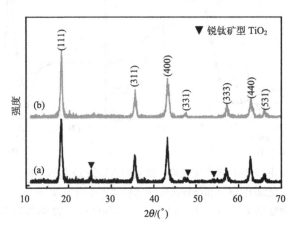

图 7-16　样品 Li$_4$Ti$_5$O$_{12}$-TiO$_2$(140℃，a)和
Li$_4$Ti$_5$O$_{12}$(160℃，b)的 XRD 图谱(Liu et al.，2013)

图 7-16 中指示了所有的特征衍射峰都与立方尖晶石型 Li$_4$Ti$_5$O$_{12}$[JCPDS No. 49-0207]一致，另外还有窄峰与锐钛矿型 TiO$_2$[JCPDF No. 89-4921]一致。随着温度的升高，锐钛矿型 TiO$_2$ 的衍射峰逐渐消失，说明反应温度对生成纯相的 Li$_4$Ti$_5$O$_{12}$ 起关键作用。产物的形貌用场发射扫描电镜观察，如图 7-17 所示。

图 7-17　产物 Li$_4$Ti$_5$O$_{12}$-TiO$_2$（a）和 Li$_4$Ti$_5$O$_{12}$（b）的场发射扫描电镜形貌

由图 7-17 可以看到，双相纳米晶 Li$_4$Ti$_5$O$_{12}$-TiO$_2$ 样品展示了团聚的形貌，一次颗粒的平均粒径为 50nm。当温度升高到 160℃ 的时候，形貌没有明显的变化。反应产物的显微结构采用 TEM 检测，如图 7-18 所示。

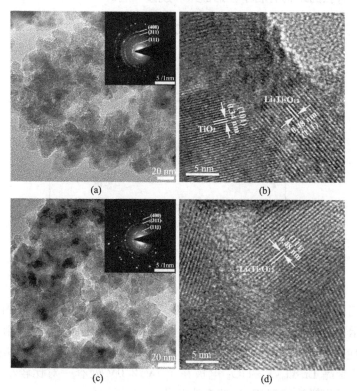

图 7-18　Li$_4$Ti$_5$O$_{12}$-TiO$_2$［（a）（b）］和 Li$_4$Ti$_5$O$_{12}$［（c）（d）］的
TEM［（a）（c）］和 HRTEM［（b）（d）］照片。嵌图为对应选区的电子衍射图谱

　　图 7-18 中显示双相纳米晶 $Li_4Ti_5O_{12}$-TiO_2 主要由不规则的纳米颗粒组成，颗粒的平均粒径大小为 15～25nm。对应选区的电子衍射(selected-area electron diffraction, SAED)图谱指示了(111)、(311) 和 (400) 晶面的衍射环，与尖晶石型 $Li_4Ti_5O_{12}$ 相符。在高分辨率透射电镜(HRTEM)的图谱上，在一个纳米颗粒上出现两个不同的条纹，表示两个相交织在一起。这两个晶格条纹分别为 0.48nm 和 0.34nm，对应着 $Li_4Ti_5O_{12}$ 的(111)晶面的面间距和锐钛矿型 TiO_2 的(101)晶面的面间距，双相纳米晶含有很多的两相界面和晶界，这对改进其电化学性能具有很重要的作用。

　　图 7-19 为 N_2 的吸附/解吸等温线和对应的 Barrett-Joyner-Halenda (BJH)孔径分布曲线。N_2 的吸附/解吸等温线是典型的Ⅳ型等温线，说明结构中有大量的孔存在，Brunauer-Emmett-Teller(BET) 的比表面积为 $76.8m^2/g$。对孔径的分布测量显示双相纳米晶 $Li_4Ti_5O_{12}$-TiO_2 的孔径分布较窄，平均孔径为 7.5nm，这种内部含有孔的结构有利于锂的嵌入和脱嵌反应。

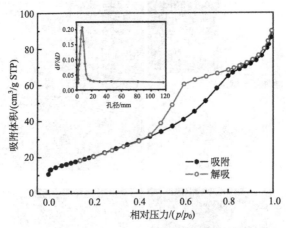

图 7-19　$Li_4Ti_5O_{12}$-TiO_2 材料的 N_2 吸附/解吸等温线和对应的 BJH 孔径分布曲线(Liu et al. , 2013)

　　对双相纳米晶 $Li_4Ti_5O_{12}$-TiO_2 和 $Li_4Ti_5O_{12}$ 进行的循环伏安测试结果如图 7-20所示。可以看到，两个电极都有一对尖的氧化还原峰，其中阴极峰位于 1.5V，对应充放电曲线上的放电平台；阳极峰位于 1.7V，对应充电平台。另外，双相纳米晶 $Li_4Ti_5O_{12}$-TiO_2 电极在 1.7V/2.0V 处有一对比较小的氧化/还原峰，它们对应锐钛矿型 TiO_2 的充放电平台。

　　对双相纳米晶 $Li_4Ti_5O_{12}$-TiO_2 和纳米 $Li_4Ti_5O_{12}$材料进行的不同电流倍率下的充放电测试结果如图 7-21 所示。随着电流倍率的增加，两种材料电极的电压均降低，同时放电容量也随之减小。0.2C 的充放电曲线出现一点倾斜，而 5C 和

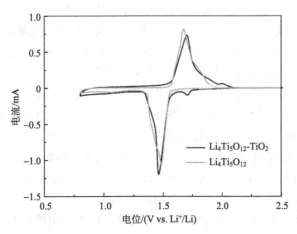

图 7-20　双相纳米晶 Li₄Ti₅O₁₂-TiO₂ 和 Li₄Ti₅O₁₂
的循环伏安曲线(Liu et al.，2013)

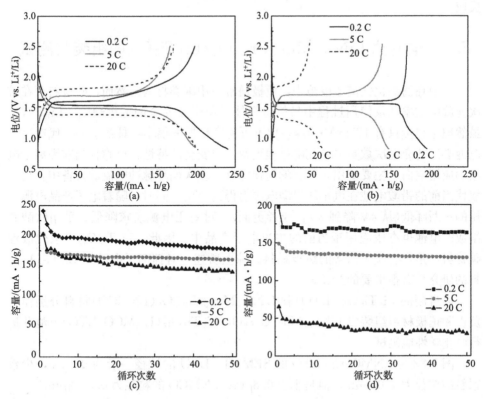

图 7-21　(a)、(c)Li₄Ti₅O₁₂-TiO₂ 和(b)、(d)Li₄Ti₅O₁₂
的充放电曲线和不通电流倍率下的循环性能

20C 的充放电曲线则很平坦，可能与 TiO_2 的不均匀分布有关。$Li_4Ti_5O_{12}$-TiO_2 电极在 0.2C 时的容量为 241mA·h/g，超过了 $Li_4Ti_5O_{12}$ 的理论容量（175mA·h/g），这是由于 TiO_2 的放电造成的，其理论容量为 336mA·h/g。

随着电流密度的增加，$Li_4Ti_5O_{12}$ 的容量下降较快。在 0.2C 下，$Li_4Ti_5O_{12}$ 的首次放电容量为 197mA·h/g，在 20C 时，$Li_4Ti_5O_{12}$ 的容量仅为 65mA·h/g。循环性能如图 7-21 所示，0.2C 循环 50 次以后，$Li_4Ti_5O_{12}$-TiO_2 的容量变为 177mA·h/g，而 $Li_4Ti_5O_{12}$ 的容量为 163mA·h/g；20C 时，50 次循环以后，$Li_4Ti_5O_{12}$-TiO_2 的容量为 140mA·h/g，而 $Li_4Ti_5O_{12}$ 的容量为 29mA·h/g。因此，双相纳米晶 $Li_4Ti_5O_{12}$-TiO_2 展示了比 $Li_4Ti_5O_{12}$ 好的倍率循环性能，特别是在大倍率充放电情况下。这是因为双相纳米晶 $Li_4Ti_5O_{12}$-TiO_2 具有较多的相界面，按照界面储存机理，锂离子和电子分别储存在两相间的界面区，产生一个电容，对高倍率下的电化学性能是有利的。另外，一次颗粒聚集后颗粒间形成较多的孔，允许电解液通过孔进行渗透，与 $Li_4Ti_5O_{12}$-TiO_2 纳米晶接触，进行电极反应。

7.7　全电池 $LiNi_{0.4}Mn_{1.5}Cr_{0.1}O_4$/$Li_4Ti_5O_{12}$ 的组装与测试

目前在商品化锂离子电池中，负极通常使用碳类材料。然而，碳材料存在首次充放电效率低及使用过程中易析出锂枝晶而引发安全问题等缺陷。$Li_4Ti_5O_{12}$ 虽然理论容量只有 175mA·h/g，但不可逆容量损失很小，具备了下一代锂离子电池必需的充电次数更多、充电过程更快、更安全的特性，可弥补当前锂离子电池的应用空白，主要应用于需要瞬间强电流、多次循环脉冲电流的设备中，也可取代当前的铅酸电池在汽车的启动电源上得到应用。同时，随着电子产品电源电压的不断降低（从 4V 降到 3V，或者更低），对高压电源需求降低，采用钛酸锂组成的电池也有望应用于当前的主流电子产品中。因此，$Li_4Ti_5O_{12}$ 可取代嵌锂碳材料，是具有应用前景的负极材料。综上所述，对锂离子电池用 $Li_4Ti_5O_{12}$ 材料的研究具有很重要的意义。

以自制的 $Li_4Ti_5O_{12}$（LTO）和 $LiNi_{0.4}Mn_{1.5}Cr_{0.1}O_4$（LNMCO）材料分别作为负极和正极材料组装成 $LiNi_{0.4}Mn_{1.5}Cr_{0.1}O_4$/$Li_4Ti_5O_{12}$（LNMCO/LTO）电池并进行电化学性能测试。

图 7-22 为 LNMCO 和 LTO 的 SEM 图。LTO 的粒径一般为 $0.5\mu m$，少数颗粒的粒径大于 $0.5\mu m$，但是小于 $0.8\mu m$；LNMCO 的粒径为 $0.5\sim 2\mu m$。

图 7-23 为 LNMCO 和 LTO 的 XRD 图谱，它们都为 $Fd\bar{3}m$ 空间群，晶胞参数分别为 8.216Å 和 8.371Å。

图 7-24(a) 是在 0.2C 下对 LNMCO、LTO 和 LNMCO/LTO 电池进行测试

图 7-22　(a)LNMCO 和(b)LTO 的 SEM 图(Liu et al.，2011)

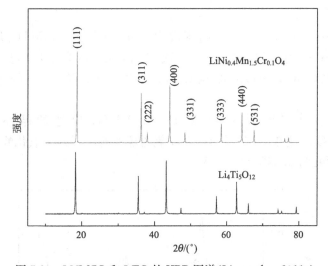

图 7-23　LNMCO 和 LTO 的 XRD 图谱(Liu et al.，2011a)

的结果。LNMCO、LTO 和 LNMCO/LTO 分别在 4.72V、1.54V 和 3.17V 处有工作电压，因为 LNMCO 和 LTO 的比容量不同，所以 LNMCO/LTO 电池的比容量可以根据 LNMCO 或 LTO 确定，这里以 LNMCO 确定。LNMCO 和 LTO 的放电容量分别为 138.5mA·h/g 和 164.5mA·h/g，全电池 LNMCO/LTO 的放电容量为 137mA·h/g。当电流倍率为 1C 时，全电池 LNMCO/LTO 的放电容量为 118.2mA·h/g。

　　图 7-24(b)是 LNMCO、LTO 和 LNMCO/LTO 电池的循环性能，电流倍率为 1C 和 5C。在 1C 时，LTO 的容量为 158mA·h/g，LNMCO 的容量为 127mA·h/g，LNMCO/LTO 电池的容量为 126mA·h/g；在 5C 时，LTO 的

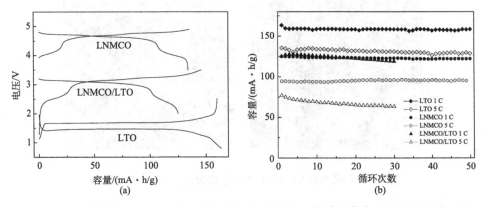

图 7-24　LNMCO、LTO 和 LNMCO/LTO 电池的(a)充放电曲线及(b)循环性能

容量为 135mA·h/g，LNMCO 的容量为 95mA·h/g，LNMTO/LTO 电池的容量为 76mA·h/g。1C 时循环 30 次以后，LNMCO/LTO 电池的容量保持率为94.4%，5C 时循环 30 次以后，LNMCO/LTO 电池的容量保持率为83%。

　　图 7-25 为 LNMCO、LTO 和 LNMCO/LTO 电池的循环伏安曲线。LNMCO/LTO 电池在 2.5V 处有一对弱氧化还原峰，另外的氧化峰为 3.12V 和 3.22V，还原峰为 3.05V 和 3.17V。

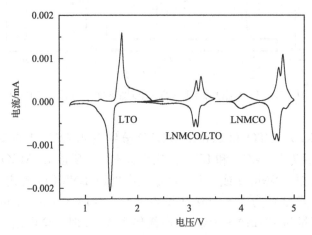

图 7-25　LNMCO、LTO 和 LNMCO/LTO
电池的循环伏安曲线(Liu et al.，2011a)

7.8　$Li_4Ti_5O_{12}$ 的其他制备方法

7.8.1　微乳液法

减小 $Li_4Ti_5O_{12}$ 的颗粒大小，制备纳米 $Li_4Ti_5O_{12}$，可以缩短锂离子在材料中迁移的路径，多孔的形貌可以吸收电解液，有利于锂离子在电极/电解液界面上进行电化学反应。溶胶-凝胶法、水热法和溶液燃烧法都可以制备纳米材料，这里采用微乳液法制备纳米 $Li_4Ti_5O_{12}$。

以分析纯的 $Ti(OC_3H_7)_4$、$LiOH \cdot H_2O$、1-戊醇、环己烷、十六烷基三甲基溴化铵为反应原料，将 2.5mL 含 10mmol 的 $Ti(OC_3H_7)_4$ 和 2.5mL 8mmol 的 $LiOH \cdot H_2O$ 水溶液加入 1-戊醇/十六烷基三甲基溴化铵/环己烷的混合溶液中，其中 1-戊醇/十六烷基三甲基溴化铵的物质的量之比为 4，十六烷基三甲基溴化铵的浓度为 0.3mol/L，磁力搅拌 10 min，直至变成均匀透明溶液，静置 24h，然后离心处理，再分别用去离子水和乙醇清洗数次，在 60℃下干燥 2h 得到产物。

图 7-26 为以 10℃/min 的升温速度从 50℃升至 700℃得到的反应前驱体的 TG-DSC 曲线，可以看到 3 个明显的失重过程。第一个失重过程发生在 50～212℃，主要发生脱水，对应 123.6℃的吸热峰；第二个失重过程发生在 212～500℃，在 236℃处有一个明显的放热峰，是由于表面残余物燃烧以及 CO_2 和其他气体的释放，这个过程失重较大；第三个过程发生在 500℃以上，这个过程没有失重发生，也没有明显的热效应，但是存在一个小的放热过程，这是由于 $Li_4Ti_5O_{12}$ 形成结晶。

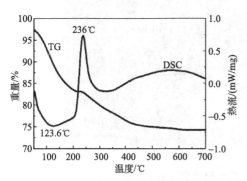

图 7-26　反应前驱体的 TG-DSC 曲线

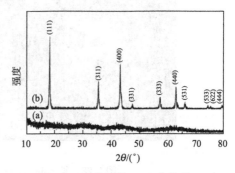

图 7-27　反应前驱体(a)和产物的 XRD
图谱(b)(Liu et al.，2012)

图 7-27 为反应前驱体和反应产物的 XRD 图谱。反应前驱体在焙烧前没有衍射峰，为非晶态。焙烧以后，转变为立方尖晶石型 $Li_4Ti_5O_{12}$（JCPDS No. 49-

0207)，分析 XRD 图谱得到晶格常数为 8.365 。

图 7-28(a)为产物的场发射扫描电镜形貌，可以看到，产物呈球形团聚的形貌，而团聚的颗粒由纳米微粒组成。为了研究内在结构，将团聚的颗粒放在乙醇中，超声振荡处理 1h，用 TEM 观察得到，微粒为立方体形貌，大小为 30～50nm[图 7-28(b)]。选区电子衍射展示了(111)和(311)晶面的环状图谱，与尖晶石型 $Li_4Ti_5O_{12}$ 相符[图 7-28(c)]。TEM 展示了 $Li_4Ti_5O_{12}$ 具有较高的结晶度，晶面间距计算为 0.48nm，对应(111)晶面的面间距[图 7-28(d)]。高结晶度有利于在充放电过程中保持结构的稳定，通过快速傅里叶转换图谱可以辨别出单晶结构。

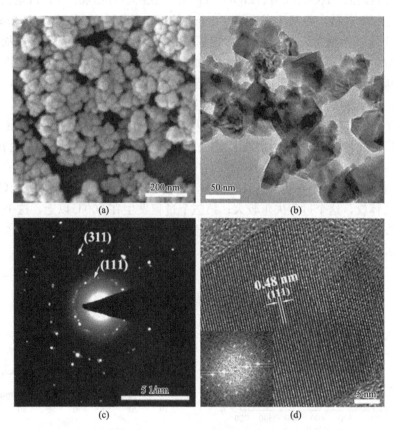

图 7-28　纳米晶 $Li_4Ti_5O_{12}$ 的形貌和选区电子衍射

(a) 场发射扫描电镜形貌；(b) 透射电镜形貌；(c) 选区电子衍射图谱；
(d) 高分辨率透射电镜形貌，嵌图为快速傅里叶转换图谱(Liu et al.，2012)

图 7-29 为纳米晶 $Li_4Ti_5O_{12}$ 的 N_2 吸附/解吸等温线和 BJH 孔径分布曲线。N_2 吸附/解吸等温线为Ⅳ型等温线，具有典型的孔材料的特征。孔径分布曲线在

2.5nm 处出现一个窄峰，在 30nm 处出现一个宽峰。BET 比表面积测试结果为 $46.3m^2/g$。

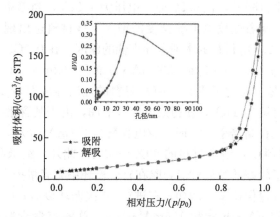

图 7-29　纳米晶 $Li_4Ti_5O_{12}$ 的 N_2 吸附/解吸等温线，
嵌图为 BJH 孔径分布曲线(Liu et al.，2012)

图 7-30 为纳米晶 $Li_4Ti_5O_{12}$ 材料经过 0.2C 充放电循环后的循环伏安曲线，扫描速度为 0.1mV/s。图中出现的一对氧化还原峰对应着锂离子的脱出和嵌入过程。还原峰位于 1.52V，对应着放电过程的电压平台，即 Li^+ 嵌入纳米晶的过程；氧化峰位于 1.65V，对应着充电过程的平台，表示 Li^+ 从纳米材料中脱出。氧化峰和还原峰的电位差为 0.13V，这个值与其他文献报道的略有不同，原因是合成的材料具有不同的形貌和显微结构。

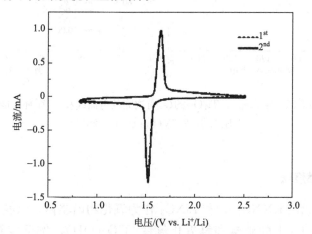

图 7-30　纳米晶 $Li_4Ti_5O_{12}$ 的循环伏安曲线(Liu et al.，2012)

图 7-31 为纳米晶 $Li_4Ti_5O_{12}$ 在 0.8~2.5V 不同电流倍率下的首次充放电曲线和循环性能。与 CV 结果对应，在充放电过程中有两个明显的平台，随着电流密度的增大，电压平台降低，在 0.2C 时，电压为 1.52V，当倍率为 10C 时，电压为 1.45V。另外，随着充放电电流密度的增大，该材料也出现了容量降低的现象，这是由于 $Li_4Ti_5O_{12}$ 材料的本征电导率低的原因。在 0.2C、1C 和 5C 下，首次放电容量分别为 218mA·h/g、202mA·h/g 和 162mA·h/g。对于 0.2C 和 1C 的首次放电容量，超过了纯 $Li_4Ti_5O_{12}$ 材料的理论容量 175mA·h/g，这可能是由于材料中含有纳米 TiO_2，使得放电容量增加，由于其含量很少，XRD 图谱中没有检测出来。在高倍率 10C 时，放电容量为 162mA·h/g，相同倍率下，块状的 $Li_4Ti_5O_{12}$ 材料仅是纳米材料的 30%~60%。此外，纳米晶 $Li_4Ti_5O_{12}$ 在不同倍率下也展示了较好的循环性能，除在首次循环中有容量损失外，所有样品均展示了非常高的容量保持率。例如，在进行 50 次循环以后，0.2C 和 1C 下容量仍然分别达到 174mA·h/g 和 166mA·h/g，总的容量衰减分别为 7.4% 和 4.8%。当电流倍率为 5C 时，仍然能够释放 136mA·h/g 的容量。有趣的结果是，当进一步增加电流倍率到 10C 时，循环 50 次以后，容量仅有较小的降低，仍能达到 130mA·h/g。

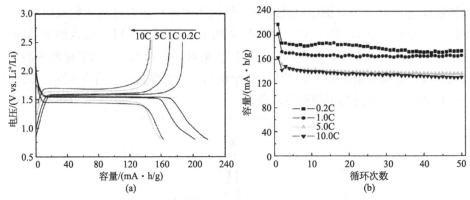

图 7-31　纳米晶 $Li_4Ti_5O_{12}$ 的 (a) 首次充放电曲线和 (b) 循环性能，
电压 0.8~2.5V(Liu et al.，2012)

7.8.2　溶液燃烧法

以硝酸氧钛 $[TiO(NO_3)_2]$ 和 $LiNO_3$ 作为氧化物前驱体，以氨基乙酸作为燃料。将浓度为 1:1 的硝酸和氢氧化氧钛 $[TiO\text{-}(OH)_2]$ 按反应制得硝酸氧钛 $[TiO(NO_3)_2]$，氢氧化氧钛是将异丙氧化钛 $[Ti(i\text{-}OPr)_4]$ 在低于 10℃ 的稀释氨水中进行水解，再过滤和清洗得到的，溶液中 Ti 离子的浓度在 H_2O_2 和 H_2SO_4 存

图 7-32　反应产物的照片(Prakash et al.，2010)

在下用比色法测定。在具体反应中，化学计量的 $TiO(NO_3)_2$ 为 0.0362mol，$LiNO_3$ 为 0.0289mol（2g），氨基乙酸为 0.0562mol（4.22g），将它们置于 120mL 的氧化铝坩埚中，在马弗炉中 800℃ 下预加热。溶液沸腾，水分被蒸发掉，然后发泡，开始燃烧，产生白炽光，反应几秒钟即可完成。冷却后，将蓬松的类似泡沫状的固体研磨即得到产物。图 7-32 为反应产物的照片，用这种方法制备的材料密度较低，振实密度为 2.27g/cm³（理论值为 3.73g/cm³），用 BET 测得的比表面积为 12cm²/g，用 BJH 方法测得的平均孔体积为 $9×10^{-2}cm^3/g$。

图 7-33 和图 7-34 分别为产物的 XRD 图谱和 SEM 形貌。当反应温度低于 800℃ 时，XRD 图谱中含有 Li_2TiO_3、锐钛矿型和金红石型 TiO_2，锐钛矿型 TiO_2 最强的衍射峰位于衍射角 $2\theta=25.3°$，用星号做标记。金红石型 TiO_2 的衍射峰位于衍射角 $2\theta=27.5°$。衍

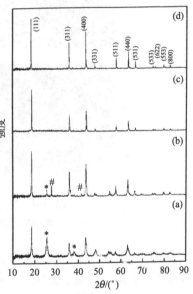

图 7-33　在不同反应温度下
得到的产物的 XRD 图谱

(a) 500℃；(b) 700℃；(c) 800℃；(d)固相法。* 金红石型 TiO_2；# 锐钛矿型 TiO_2

射峰较宽说明产物为纳米，较宽的衍射峰也使得区分 Li_2TiO_3 和 $Li_4Ti_5O_{12}$ 较困难，这是因为衍射峰互相重叠。600℃合成的产物的衍射峰没有显示在图 7-33 中，产物主要含有 Li_2TiO_3、锐钛矿型和金红石型 TiO_2，而 700℃ 合成的产物的主要为 $Li_4Ti_5O_{12}$，还有少量的锐钛矿型和金红石型 TiO_2 杂质。800℃合成的产

物主要为 $Li_4Ti_5O_{12}$，不含其他杂质，晶格常数计算为 8.361Å，与其他文献相符。用 Scherrer 公式计算得到产物粒径为 80nm。作为对比，将用固相法制备的产物也列于图 7-33 中，其晶格常数为 8.357Å。

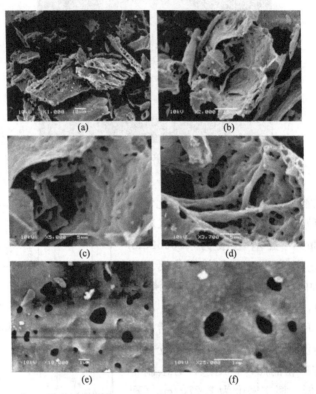

图 7-34　燃烧法在不同温度下合成的纳
米产物形貌(Prakash et al.，2010)

从图 7-34 的 SEM 形貌可以看到，产物呈片状，有很多孔[图 7-34(a)和图 7-34(b)]，这些孔是燃烧反应过程中伴随大量气体的挥发而产生的，孔径大小为 $150\text{nm}\sim1.5\mu\text{m}$[图 7-34(c)~图 7-34(f)]。高倍的图像[图 7-34(f)]显示了一个由小于 150nm 的较小的颗粒组成的结构。

图 7-35(a)和(b)为在 800℃下得到的产物的 TEM 形貌，显示产物是由 $20\sim50\text{nm}$ 的颗粒聚集而成的，这与用 Scherrer 公式计算的结果一致。单个颗粒的选区电子衍射图谱如图 7-35(c)所示，显示类似单晶的图谱。电子衍射图谱中的尖点说明产物具有较高的结晶度。

图 7-36 为 0.5C 下 LTO/Li 电池在 $2.0\sim1.2\text{V}$ 电位窗口的电压-成分循环曲线，循环性能为典型的 LTO 材料的性能，在 1.55V 处出现了一个很平的电压平台，是 $Li_4Ti_5O_{12}$ 和 $Li_7Ti_5O_{12}$ 的两相转变区间，充放电过程中阳离子在两相中的

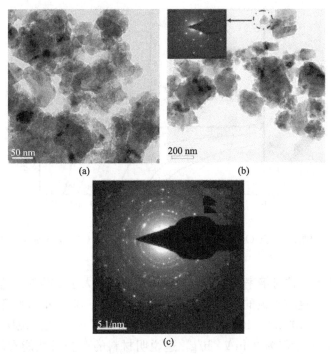

图 7-35　材料的形貌

(a)、(b)$Li_4Ti_5O_{12}$ 的 TEM 形貌；(c)电子衍射图谱

分布可以以式(7-1)表示。

在首次放电过程中，$Li_4Ti_5O_{12}$ 吸收了 2.92 个 Li 原子，对应 170mA·h/g 的容量，与 $Li_4Ti_5O_{12}$ 的理论容量相符合。在以后的循环中，出现约 5% 的不可逆容量，充电和放电曲线之间电极极化仅为 0.02V，说明电极材料的颗粒之间有较好的导电接触，传输离子的性能较好，这是因为利用这种燃烧方法得到的材料具有较高程度的空洞。

图 7-37 为纳米 $Li_4Ti_5O_{12}$ 在不同倍率下的容量-电压图。当倍率为 0.5C 时，其放电容量为 170mA·h/g；当倍率为 1C、5C 和 10C 时，放电容量分别为 158mA·h/g、147mA·h/g 和 140mA·h/g，即在

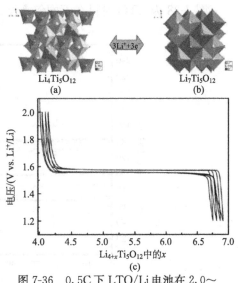

图 7-36　0.5C 下 LTO/Li 电池在 2.0～1.2V 电位窗口的电压-成分循环曲线

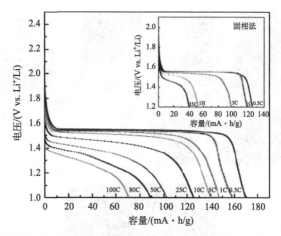

图 7-37　纳米 $Li_4Ti_5O_{12}$ 在不同倍率下的容量-电压图（Prakash et al.，2010）

10C 以下，纳米颗粒对倍率性能的影响较小。当倍率大于 10C 时，容量和电压平台都明显降低，这时电极的极化较大。在 25C、50C、80C 和 100C 下，容量分别为 125mA·h/g，102mA·h/g，90mA·h/g 和 70mA·h/g。用固相法得到的块状材料在 5C 时的容量仅为 95mA·h/g，这说明材料的形貌对性能有较大的影响。用燃烧法制备的材料尺寸为纳米级，而且多孔，这样能够缩短 Li^+ 的迁移路径，而且空洞中可以填充电解液，保证有较高的 Li^+ 流量，但是空洞过多会引起体积疏松，从而降低材料的密度。

图 7-38 为 LTO 材料在不同倍率下的循环性能。LTO 材料在不同倍率下都

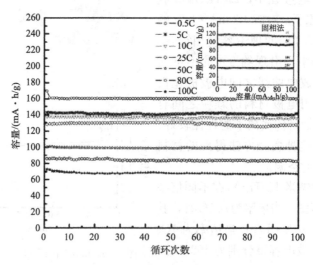

图 7-38　LTO 材料的倍率循环性能（Prakash et al.，2010）

展示了很好的容量保持率，只是倍率大时，容量低，而块状材料的容量相对较低。

7.9　$Li_4Ti_5O_{12}$ 中掺 Na 提高性能

近年来 $Li_4Ti_5O_{12}$ 已经引起了广泛的关注，与其他材料相比，这种材料具有许多特殊的性质。例如，它进行反复脱嵌锂离子时不需要表面形成 SEI 膜；尖晶石 $Li_4Ti_5O_{12}$（$[Li_{1+x}]_{8a}[Li_{1/3}Ti_{5/3}]_{16d}O_4$）的结构包含一个立方紧密堆积的氧阵列，其中 Li 原子位于四面体空隙的 $8a$ 位置和 $1/6$ 个 $16d$ 的位置，剩下的 $5/6$ 个 $16d$ 的位置被 Ti 原子占据，空间群为 $Fd\bar{3}m$。在充电过程中，Li 嵌入 $16c$ 的位置，$8a$ 位置的 Li 也可以进入到 $16c$ 的位置，导致 $Li_4Ti_5O_{12}$ 从尖晶石结构转变为岩盐相结构，岩盐相结构中 $8a$ 位置是空的。另外，$Li_4Ti_5O_{12}$ 为"零应变"嵌入材料，这是由于 $Li_{4+x}Ti_5O_{12}$（$0 \leqslant x \leqslant 3$）嵌入锂和脱出锂的反应过程中不发生晶格常数的明显变化，具有优良的循环性能。

为了使 Li^+ 能够快速地嵌入 $Li_4Ti_5O_{12}$ 中，一般采取控制 $Li_4Ti_5O_{12}$ 形貌的方法，使其成为纳米粒子，缩短 Li^+ 在材料中的扩散传输路径。例如，合成一维（1D）纳米材料，如纳米线、纳米棒、纳米带等。1D 纳米结构能够提供比较大的比表面积，缩短 Li^+ 的传输路径，保证材料与导电剂之间有良好的电荷接触，促进电极电化学反应的进行，因此 1D 纳米结构材料适合作为电动汽车用高能电池的电极。但是由于纳米材料还具有一些缺点，单独依靠控制纳米形貌的途径提高电极反应的效果是有限的。如前所述，氧缺陷对改进 $Li_4Ti_5O_{12}$ 的性能具有重要作用，这是因为 Li^+ 在电极材料中的扩散与氧的点阵的间隙有关，使主体结构构建更加开放的空间会降低 Li^+ 运动的活化能。如果在结构中引入 Na^+，由于它具有较大的离子半径，可以使氧的点阵膨胀，这样 Li^+ 可以在更大的间隙中扩散，从而促进了电极反应的发生。掺杂 Na 还会促使出现更多的氧开放结构，即 3D 的 Li^+ 扩散途径，从而更加有利于 Li^+ 的扩散。

利用第一原理可以对 Li^+ 在假设的岩盐相 LTO 结构中迁移的激活能进行计算，当体积收缩 1% 时，激活能为 609 meV；当体积膨胀 1% 时，激活能为 362 meV，如图 7-39 所示。

在过渡态理论中，扩散系数为 $D = a^2\nu^*\exp(-E_{act}/\kappa_B T)$

式中，a 为 Li^+ 跃迁的距离；ν^* 为尝试频率；E_{act} 为 Li^+ 跃迁的激活能；κ_B 是玻尔兹曼常量。假设 ν^* 在光子频率范围内，约为 10^{12} Hz，则 a 为 3Å。对于原始的 LTO，扩散系数约为 $4.9 \times 10^{-11}\,cm^2/s$；当体积膨胀 1% 时，扩散系数约为 $8.6 \times 10^{-10}\,cm^2/s$；当体积收缩 1% 时，扩散系数约为 $5.5 \times 10^{-14}\,cm^2/s$。因此体积膨胀 1% 也可以使 Li^+ 的扩散系数增加一个数量级。

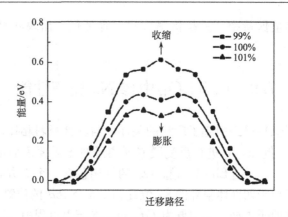

图 7-39　Li$^+$ 的迁移路径与激活能的变化(Song et al.，2014)

在掺杂 Na 的岩盐相 LTO 中，Na$^+$ 进入 $16c$ 八面体间隙位置，取代 Li$^+$，如图 7-40(a)所示。Li$_{15}$NaTi$_{16}$O$_{32}$ 的体积比 Li$_{16}$Ti$_{16}$O$_{32}$ 的大 0.22%。在(111)面，Li$^+$ 在最邻近的八面体的点(Li1 和 Li2)跃迁的激活能和次邻近的八面体的点(Li3 和 Li4 点)跃迁的激活能如图 7-40(b)所示。对于与 Na$^+$ 最邻近的 Li1-Li2 跃迁的情况，激活能比岩盐相 LTO 高 201meV，说明邻近 Na$^+$ 的 Li$^+$ 扩散慢。这是由于静电排斥作用使得在邻近 Na$^+$ 的四面体间隙位置的 Li$^+$ 变得不稳定，Na$^+$ 成为阻碍 Li$^+$ 跃迁的一个缺陷点。然而，Li$^+$ 在 Li3 和 Li4 之间跃迁的激活能比岩盐

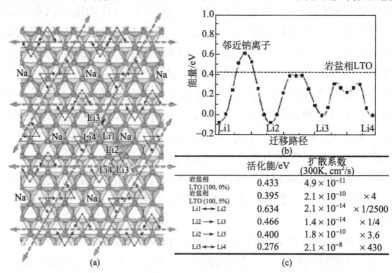

	活化能/eV	扩散系数 (300K, cm^2/s)	
岩盐相 LTO (100, 0%)	0.433	4.9×10^{-11}	
岩盐相 LTO (100, 5%)	0.395	2.1×10^{-10}	×4
Li1 ⟷ Li2	0.634	2.1×10^{-14}	×1/2500
Li2 → Li3	0.466	1.4×10^{-14}	×1/4
Li2 → Li3	0.400	1.8×10^{-10}	×3.6
Li3 ⟷ Li4	0.276	2.1×10^{-8}	×430

图 7-40　计算结果

(a) 在 abc 投影面上 Li$^+$ 在 NaLi$_{14}$Ti$_{16}$O$_{32}$ 中扩散路径示意图；(b) Li$^+$ 沿迁移路径上点的相关能量；(c) Li$^+$ 各种跃迁的激活能和扩散路径以及与岩盐相 LTO 的比较结果，Li3 和 Li4 点是次邻近的八面体间隙点，粗的点划线是快速扩散路径(Song et al.，2014)

相 LTO 和体积膨胀 1% 的岩盐相 LTO 低。这是由于体积膨胀使得中间的四面体间隙点变得稳定，由于与 Na^+ 的静电排斥作用使得八面体的间隙点（Li3 和 Li4）变得不稳定。Li^+ 沿 Li3 和 Li4 点的扩散系数是 $2.1×10^{-8}\,cm^2/s$［如图 7-40(a)中粗点划线所示］，比岩盐相中的大 400 倍，如图 7-40(c)所示，Li^+ 沿着这条路径扩散速度快。另外，因为这些快速扩散路径是 3D 扩散路径，所以它们都与岩盐相 LTO 相连接。Li^+ 也可以在掺 Na 尖晶石型 LTO 中经过一条曲折的途径通过 3D 快速扩散路径，如图 7-40(a)中粗箭头所示。因此 Li^+ 在掺 Na 的尖晶石型 LTO 中的激活能比尖晶石型 LTO 的低，掺 Na 有利于 Li^+ 的迁移。

在制备 $Na_xLi_{4-x}Ti_5O_{12}$ 纳米棒时，可以采用水热和离子交换的方法。第一步，以锐钛矿型 TiO_2 为原料，通过碱性的水热反应制备 Na-Ti-O/H-Ti-O 纳米棒；第二步，通过 Na 和 Li 之间的离子交换，将 Na-Ti-O/H-Ti-O 纳米棒转变成 Li-Na-Ti-O 纳米棒；最后，经过焙烧得到 $Na_xLi_{4-x}Ti_5O_{12}$ 纳米棒，图 7-41 为合成反应示意图以及 $Na_xLi_{4-x}Ti_5O_{12}$ 纳米棒的结构和形貌。

EDS 结果显示了材料中含有 Na，对 XRD 精修的结果显示材料中含有少量

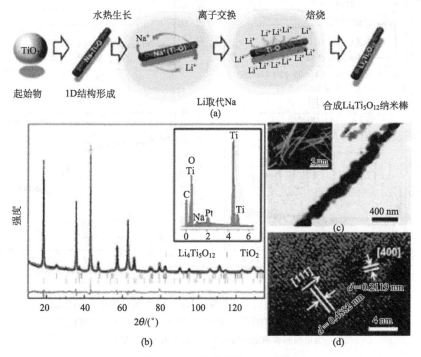

图 7-41　产物的结构和形貌

(a)合成 $Na_xLi_{4-x}Ti_5O_{12}$ 纳米棒的反应示意图；(b)$Na_xLi_{4-x}Ti_5O_{12}$ 纳米棒的 XRD 图谱，嵌图是纳米棒的 EDS 结果；(c)$Na_xLi_{4-x}Ti_5O_{12}$ 纳米棒的低分辨率 TEM 形貌；(d)$Na_xLi_{4-x}Ti_5O_{12}$ 纳米棒的高分辨率 TEM 形貌(Song et al.，2014)

的锐钛矿型 TiO_2，空间群为 $I4_1/amd$，含量为 4.34%。TEM 形貌分析显示，纳米棒的直径约为 200nm，由纳米颗粒构成，表面不平。高分辨率 TEM 显示 (111) 和 (400) 晶面的面间距分别为 4.882Å 和 2.119Å。

图 7-42 为 $Na_xLi_{4-x}Ti_5O_{12}$ 纳米棒在 $1\sim3V$ 0.1C 下的充放电性能。$Na_xLi_{4-x}Ti_5O_{12}$ 纳米棒展示了较平的电压平台，较高的首次放电容量和较好的循环性能。循环伏安曲线显示在嵌锂和脱锂的过程中，LTO 有较大的极化，而 $Na_xLi_{4-x}Ti_5O_{12}$ 纳米棒的极化较小，这些电化学测试结果支持了掺 Na 材料 $Na_xLi_{4-x}Ti_5O_{12}$ 具有较小的 Li^+ 跃迁激活能、Li^+ 容易迁移的结论。根据 LTO 和 $Na_xLi_{4-x}Ti_5O_{12}$ 首次嵌锂和脱锂得到恒电流间歇滴定曲线（GITT），电极的电阻变化可以从不同充电状态（SOC）下开路电压（OCV）与闭路电压（CCV）的差得到。

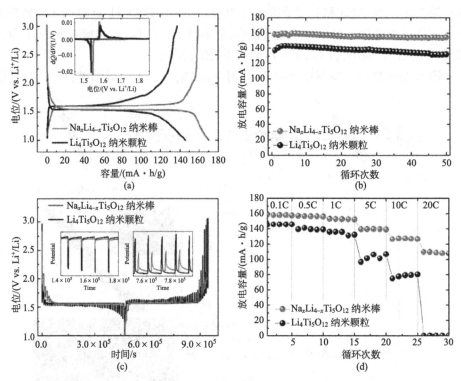

图 7-42　$Na_xLi_{4-x}Ti_5O_{12}$ 纳米棒和 LTO 纳米颗粒的电化学性能

(a) 0.1C 的首次充放电曲线；(b) 循环性能；(c) 嵌锂和脱锂过程的
恒电流间歇滴定曲线；(d) 不同倍率下的容量保持

参 考 文 献

Allen J L, Jow T R, Wolfenstine J. 2006. Low temperature performance of nanophase $Li_4Ti_5O_{12}$. J Power Sources，159：1340-1345

Bresser D, Paillard E, Copley M, et al. 2012. The importance of "going nano" for high power battery materials. J Power Sources, 219: 217-222

Chen C H, Vaughey J T, Jan A N, et al. 2001. Studies of Mg-substituted $Li_{4-x}Mg_xTi_5O_{12}$ spinel electrodes ($0<x<1$) for lithium batteries. J Electrochem Soc, 148: A102-A104

Julien C M, Zaghib K. 2004. Electrochemistry and local structure of nano-sized $Li_{4/3}Me_{5/3}O_4$ (Me=Mn, Ti) spinels. Electrochim Acta, 50: 411-416

Kanamura K, Umegaki T, Naito H, et al. 2001. Structural and electrochemical characteristics of $Li_{4/3}Ti_{5/3}O_4$ as an anode material for rechargeable Lithium Batteries. J Appl Electrochem, 31: 73-78.

Liu G Q, Wen L, Liu G Y, et al. 2011b. Synthesis and electrochemical properties of $Li_4Ti_5O_{12}$. J Alloy Compd, 509: 6427-6432

Liu G Q, Wen L, Liu G Y, et al. 2011a. Synthesis and electrochemical properties of $LiNi_{0.4}Mn_{1.5}Cr_{0.1}O_4$ and $Li_4Ti_5O_{12}$. Met Mater Int, 17(4), 661-664

Liu G Y, Wang H Y, Liu G Q, et al. 2012. Facile synthesis of nanocrystalline $Li_4Ti_5O_{12}$ by microemulsion and its application as anode material for Li-ion batteries. J Power Sources, 220: 84-88

Liu G Y, Wang H Y, Liu G Q, et al. 2013. Synthesis and electrochemical performance of high-rate dual-phase $Li_4Ti_5O_{12}$-TiO_2 nanocrystallines for Li-ion batteries. Electrochim Acta, 87: 218-223

Martin P, Lopez M L, Veiga M L, et al. 2004. Electronic and magnetic behaviour of $Li_{(1+x)/2}Ti_xCr_{(5-3x)/2}O_4$ spinels. Solid State Sci, 6: 325-331

Naoi K, Ishimoto S C, Isobe Y, et al. 2010. High-rate nano-crystalline $Li_4Ti_5O_{12}$ attached on carbon nano-fibers for hybrid Supercapacitors. J Power Sources, 195: 6250-6254

Park J S, Baek S H, Jeong Y I, et al. 2013. Effects of a dopant on the electrochemical properties of $Li_4Ti_5O_{12}$ as a lithium-ion battery anode material. J Power Sources, 244: 527-531

Prakash A S, Manikandan P, Ramesha K, et al. 2010. Solution-combustion synthesized nanocrystalline $Li_4Ti_5O_{12}$ as high-rate performance Li-ion battery anode. Chem Mater, 22: 2857-2863

Robertson A D, Tukamoto H, Irvine J T S. 1999. $Li_{1+x}Fe_{1-3x}Ti_{1+2x}O_4$ ($0<x<0.33$) based spinels: Possible negative electrode materials for future Li-ion batteries. J Electrochem Soc, 146: 3958-3962

Scharner S, Weppner W, Schmid B P. 1999. Evidence of two-phase formation upon lithium insertion into the $Li_{1.33}Ti_{1.67}O_4$ spinel. J Electrochem Soc, 146: 857-861

Singh D P, Mulder F M, Wagemaker M. 2013. Templated spinel $Li_4Ti_5O_{12}$ Li-ion battery electrodes combining high rates with high energy density. Electrochem Commun, 35: 124-127

Song H, Jeong T G, Moon Y H, et al. 2013. Stabilization of oxygen-deficient structure for conducting $Li_4Ti_5O_{12-d}$ by molybdenum doping in a reducing atmosphere. Sci Rep, 4: 1-7

Song K, Seo D H, Jo M R, et al. 2014. Tailored oxygen framework of $Li_4Ti_5O_{12}$ nanorods for high-power Li ion battery. J Phys Chem Lett, 5: 1368-1373

Veljkovic I, Poleti D, Karanovic L, et al. 2011. Solid state synthesis of extra phase-pure $Li_4Ti_5O_{12}$ spinel. Sci Sinter, 43: 343-351

Venkateswarlu M, Chen C H, Do J S, et al. 2005. Electrochemical properties of nano-sized $Li_4Ti_5O_{12}$ powders synthesized by a sol-gel process and characterized by X-ray absorption spectroscopy J Power Sources, 146: 204-208

Wen L, Liu G, Liu G Y, et al. 2012. Oxygen deficient $Li_4Ti_5O_{12}$ for high-rate Lithium Storage. J Chin Inst Chem, 59 (10): 1201-1205

第8章 5V尖晶石型正极材料 $LiNi_{0.5}Mn_{1.5}O_4$

8.1 尖晶石型 $LiNi_{0.5}Mn_{1.5}O_4$ 的晶体结构

尖晶石 $LiNi_{0.5}Mn_{1.5}O_4$ 具有两种晶体结构，即面心立方结构，空间群为 $Fd\bar{3}m$；简单立方结构，空间群为 $P4_332$（图 8-1）。对于面心立方结构，锂离子位于晶体中的 $8a$ 位置，锰离子和镍离子随机分布于 $16d$ 位置，而氧离子为立方紧密堆积，位于 $32e$ 位置。在简单立方结构中，锰离子位于 $12d$ 位置，镍离子位于 $4b$ 位置，氧离子占据 $24e$ 和 $8a$ 的位置，而锂离子在 $8c$ 的位置，此结构中锰离子和镍离子为有序分布。

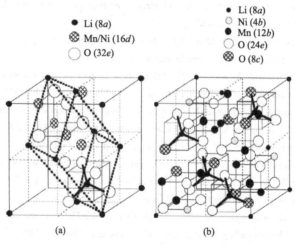

图 8-1 $LiNi_{0.5}Mn_{1.5}O_4$ 两种结构的示意图

(a)面心立方($Fd\bar{3}m$)；(b) 简单立方($P4_332$)

图 8-2(a)和图 8-2 (b) 分别为 $P4_332$ 和 $Fd\bar{3}m$ 的晶体结构数据。由图 8-2 可以看到，$P4_332$ 结构的 XRD 图谱与 $Fd\bar{3}m$ 的相比，多一些衍射峰，这些衍射峰在进行 X 射线扫描时，如果扫描速度快，则很难被检测出来，为此需要采取其他方法进行结构辨别。

⁰⁰ Published crystallographic data

Space group	P4$_3$32 (212)
Cell parameters	a = 0.7985(21), b = 0.7985(21), c = 0.7985(21) nm, α = 90, β = 90, γ = 90°
	V = 0.50913 nm³, a/b = 1.000, b/c = 1.000, c/a = 1.000

⁰⁰ Standardized crystallographic data

Space group	P4$_1$32 (213)
Cell parameters	a = 0.7985, b = 0.7985, c = 0.7985 nm, α = 90, β = 90, γ = 90°
	V = 0.5091 nm³, a/b = 1.000, b/c = 1.000, c/a = 1.000

Atom coordinates from prototype entry	Site	Elements	Wyck.	Sym.	x	y	z	SOF
	O1	O	24e	1	0.124	0.373	0.363	
	M1	0.760Mn + 0.240Ni	12d	..2	1/8	0.125	0.375	
	Li1	Li	8c	.3.	0.0	0.0	0.0	0.010
	O2	O	8c	.3.	0.146	0.146	0.146	
	M2	0.760Mn + 0.240Ni	4a	.32	3/8	3/8	3/8	
Transformation	new axes -a,-b,-c							

d-spacing [nm]	2theta [deg.]	Int.	h k l
0.5646	15.680	0.9	1 1 0
0.4610	19.240	1000.0	1 1 1
0.3571	24.920	0.4	2 1 0
0.3260	27.340	1.2	2 1 1
0.2823	31.660	0.2	2 2 0
0.2662	33.640	2.8	2 2 1
0.2525	35.520	0.4	3 1 0
0.2408	37.320	398.7	3 1 1
0.2305	39.040	95.0	2 2 2
0.2215	40.700	0.5	3 2 0
0.2134	42.320	0.3	3 2 1
0.1996	45.400	555.6	4 0 0
0.1937	46.880	1.7	4 1 0
0.1937	46.880	0.7	3 2 2
0.1832	49.740	464.0	3 3 1
0.1786	51.120	0.0	4 2 0
0.1742	52.480	0.0	4 2 1
0.1702	53.800	0.3	3 3 2
0.1630	56.400	0.1	4 2 2
0.1597	57.680	2.4	4 3 0
0.1566	58.940	0.2	5 1 0
0.1566	58.940	1.8	4 3 1
0.1537	60.160	452.9	5 1 1
0.1537	60.160	65.4	3 3 3
0.1483	62.600	0.7	4 3 2
0.1483	62.600	1.0	5 2 0
0.1458	63.800	5.4	5 2 1
0.1412	66.140	1000.0	4 4 0
0.1390	67.300	0.5	5 2 2
0.1390	67.300	2.0	4 4 1
0.1350	69.600	1000.0	5 3 1
0.1331	70.740	1.6	4 4 2
0.1313	71.860	0.2	6 1 0
0.1295	72.980	1.2	5 3 2
0.1295	72.980	0.8	6 1 1
0.1263	75.200	0.7	6 2 0
0.1247	76.300	7.5	6 2 1
0.1247	76.300	1.0	5 4 0
0.1247	76.300	2.5	4 4 3
0.1232	77.400	0.8	5 4 1
0.1218	78.480	296.5	5 3 3
0.1204	79.560	401.1	6 2 2
0.1190	80.660	0.0	6 3 0
0.1190	80.660	0.7	5 4 2
0.1177	81.740	1.0	6 3 1
0.1141	84.960	12.2	6 3 2
0.1129	86.020	0.0	5 5 0
0.1129	86.020	5.5	7 1 0
0.1129	86.020	3.9	5 4 3
0.1118	87.080	518.2	7 1 1
0.1118	87.080	1000.0	5 5 1
0.1107	88.160	0.0	6 4 0

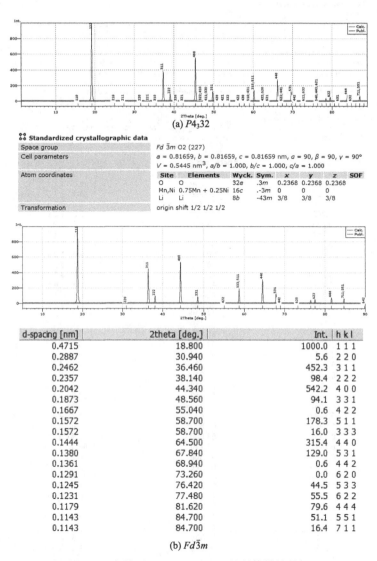

图 8-2　尖晶石 $LiNi_{0.5}Mn_{1.5}O_4$ 的晶体结构数据

拉曼(Raman)光谱分析是一种无损、快捷、高分辨、可以提供大量的结构和电子信息的表征方法。拉曼光谱对分辨尖晶石 $LiNi_{0.5}Mn_{1.5}O_4$ 的两种晶体结构具有很好的效果。采用 $LiNO_3$，$Ni(NO_3)_2 \cdot 6H_2O$ 和 $Mn(CH_3COO)_2 \cdot 4H_2O$ 为原料，将它们溶解于去离子水中，然后加入乙醇酸溶液，搅拌均匀后将水分蒸发掉，然后在空气环境下将反应物质加热至 900℃ 焙烧，再以不同方式降至室温。样品 1 以 3°/min 的速度降温，样品 2 以 1.2°/min 的速度降温，样品 3 以

$3°/min$ 的速度降温，3 个样品均降至 $650℃$，然后退火，再以 $3°/min$ 的速度降温至室温。对以上 3 个样品进行拉曼光谱检测，结果如图 8-3 所示。对于尖晶石 $LiNi_{0.5}Mn_{1.5}O_4$，其八面体 $Mn(Ni)O_6$ 的对称性属于 O_h 点群，是一个对称性很高的点群，基于群论的理论分析得出该材料有 3 种拉曼活性模式，分别为 A_{1g}、E_g 和 F_{2g}。对于样品 3，拉曼活性峰位于 $635cm^{-1}$、$598cm^{-1}$、$588cm^{-1}$、$488cm^{-1}$、$398cm^{-1}$、$235cm^{-1}$ 和 $218cm^{-1}$，其中 $635cm^{-1}$ 属于 A_{1g} 模式，反映了 $Mn—O$ 的对称伸缩振动；$488cm^{-1}$ 和 $398cm^{-1}$ 反映了 $Ni—O$ 的伸缩振动。对于样品 2，缺少了 $235cm^{-1}$ 和 $598cm^{-1}$ 活性峰，而样品 1 只有 $635cm^{-1}$ 和 $488cm^{-1}$ 活性峰。这个结果显示了样品 3 具有 Ni/Mn 排列的短程有序结构，即具有 $P4_332$ 结构，而样品 2 具有较弱的 Ni/Mn 有序排列，为 $P4_332$ 和 $Fd\bar{3}m$ 的混合结构，样品 3 则是无序排列，完全为 $Fd\bar{3}m$ 结构。

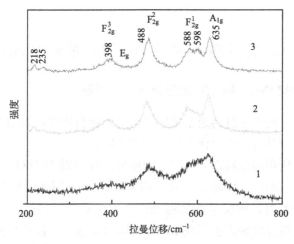

图 8-3　尖晶石 $LiNi_{0.5}Mn_{1.5}O_4$ 的拉曼光谱

傅里叶变换红外光谱(FTIR)也是分辨尖晶石 $LiNi_{0.5}Mn_{1.5}O_4$ 晶体结构的一个有效方法。与拉曼光谱相比，FTIR 对应于极性基团的非对称振动，而拉曼光谱对应于非极性基团与骨架的对称振动。图 8-4 为利用 FTIR 对尖晶石 $LiNi_{0.5}Mn_{1.5}O_4$ 两种晶体结构进行对比的结果。对于 $P4_332$ 结构，$589cm^{-1}$ 和 $555cm^{-1}$ 处的峰明显较强，且在 $646cm^{-1}$、$464cm^{-1}$ 和 $430cm^{-1}$ 处出现 3 个峰，$Fd\bar{3}m$ 结构只在 $624cm^{-1}$ 和 $589cm^{-1}$ 处有峰。

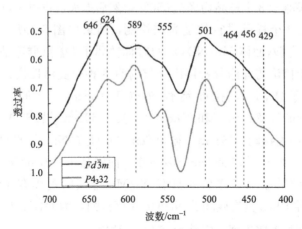

图 8-4　尖晶石型 $LiNi_{0.5}Mn_{1.5}O_4$ 两种晶体结构的红外光谱

8.2　尖晶石型 $LiNi_{0.5}Mn_{1.5}O_4$ 的制备和性能

8.2.1　尖晶石型 $LiNi_{0.5}Mn_{1.5}O_4$ 的固相合成法制备

目前，制备电池正极材料通常采用传统的固相合成法，固相合成法的特点是制备方法简单，容易得到理想化学计量比的产物。

固相合成法所用的原料都为固相，因此可以称为固-固反应。采用固-固反应制备尖晶石 $LiNi_xMn_{2-x}O_4$ 时，可以采用 $Ni(OH)_2$、MnO_2 和 $LiOH \cdot H_2O$ 为反应物。反应开始时，在反应物的接触面上发生局部反应生成一层 $Ni(OH)_2$，反应的第一阶段是在接触面上形成 $LiNi_xMn_{2-x}O_4$ 晶核。这种晶核的形成是比较困难的，这是由于：①反应物与产物的结构有明显差异；②形成产物相晶核时，涉及大量的结构重排，即化学键必须断裂和重新组合；③离子要作相当长距离（原子尺寸上）迁移等。例如，MnO_2 中的 Mn^{4+} 和 $Ni(OH)_2$ 中的 Ni^{2+} 本来被束缚在它们固有的格点位置上，欲使它们跳入邻近的位置是困难的。只有在相当高的温度下，这些离子才可能具有足够高的能量，跳入正常格位，并通过晶体扩散实现固相反应。尖晶石 $LiNi_xMn_{2-x}O_4$ 的成核可能包括如下过程：氧离子在未来的晶核位置处重排，与此同时，Mn^{4+} 和 Ni^{2+} 通过 MnO_2 和 $Ni(OH)_2$ 晶体的接触面互相交换。

在尖晶石 $LiNi_xMn_{2-x}O_4$ 的形成过程中，不仅成核过程困难，而且随后要使反应进一步进行并增加 $LiNi_xMn_{2-x}O_4$ 产物层厚度，Mn^{4+} 和 Ni^{2+} 必须扩散通过产物层到达反应界面，这一步也是困难的。实验研究证实了阳离子通过尖晶石产物层的扩散是反应的速控步骤。在离子扩散通过一个平面层的简单情况下，扩散速度取决于如下抛物线定律：

$$dx/dt = KDx^{-1} \tag{8-1}$$

$$或 \ x^2 = K^{-1}Dt \tag{8-2}$$

式中，x 为产物量（此处指尖晶石层的厚度）；t 为时间；D 为扩散系数；K 和 K^{-1} 都是反应速率常数。

以 $Ni(OH)_2$、MnO_2 和 $LiOH \cdot H_2O$ 为反应原料，将它们按化学计量比称取，充分混合，然后在空气气氛下采用分段焙烧的方式进行焙烧。第一段焙烧温度为 600℃，保温时间为 5h。将反应物充分研磨，然后进行第二阶段高温反应（700~900℃），最后随炉冷却至室温。反应式为

$$xNi(OH)_2 + (2-x)MnO_2 + LiOH \cdot H_2O \xrightarrow{600℃, \ 5h}$$
$$\xrightarrow{750 \sim 900℃, \ 10h} LiNi_xMn_{2-x}O_4 + \left(x + \frac{1}{2}\right)H_2O \tag{8-3}$$

图 8-5 为反应物和反应产物的 SEM 形貌。产物为不规则形状，有团聚现象。

图 8-5　反应物(a)MnO_2、(b)$Ni(OH)_2$、(c)$LiOH \cdot H_2O$
和产物(d)$LiNi_{0.5}Mn_{1.5}O_4$ 的 SEM 形貌

图 8-6 和图 8-7 分别为用固相合成法制备的 $LiNi_{0.5}Mn_{1.5}O_4$ 的 XRD 图谱和充放电曲线。由 XRD 图谱可以看到，产物在衍射角为 37.5°、43.6° 和 63.3° 处出现了杂相峰，为岩盐相 $Li_xNi_{1-x}O$。由图 8-7 可知，在 0.5C 下，产物的放电容量约为 119mA·h/g，在 1C 下，产物的放电容量约为 115mA·h/g。另外在 4V 处，有 16.5mA·h/g 的容量。固相合成法制备的产物的容量与理论容量（约 148mA·h/g）有一定的差距，其中一个原因是产物中产生了岩盐相 $Li_xNi_{1-x}O$，消耗了一部分反应物。

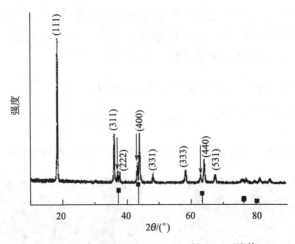

图 8-6　产物 $LiNi_{0.5}Mn_{1.5}O_4$ 的 XRD 图谱

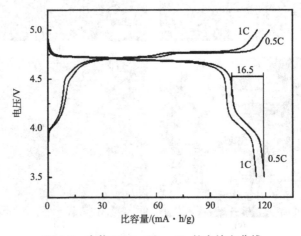

图 8-7　产物 $LiNi_{0.5}Mn_{1.5}O_4$ 的充放电曲线

8.2.2　尖晶石型 $LiNi_{0.5}Mn_{1.5}O_4$ 的碳酸盐沉淀法制备

采用固相合成法制备锂离子电池正极材料 $LiNi_{0.5}Mn_{1.5}O_4$ 时，产物中容易出现 $Li_xNi_{1-x}O$ 夹杂物，从而影响材料的充放电容量。采用湿化学法可以去除 $Li_xNi_{1-x}O$ 夹杂物，提高材料的电化学性能。这里介绍的是用碳酸盐沉淀法制备尖晶石 $LiNi_{0.5}Mn_{1.5}O_4$ 材料的过程。该方法首先合成出 Mn 和 Ni 的碱式碳酸盐，然后经高温处理得到 Mn 和 Ni 的氧化物，再将其与 $LiOH \cdot H_2O$ 在高温下反应，得到最终产物。合成材料时，由于反应物溶解在溶液中得到了分子水平上的均匀混合，且第一步合成的含 Mn 和 Ni 的碱式碳酸盐的化学稳定性好，所以进一步与锂的化合物发生化学反应时可以得到不含杂质的产物 $LiNi_{0.5}Mn_{1.5}O_4$。

采用这种湿化学法的优点还有可以通过控制反应条件得到形貌等物理性能较理想的反应前驱物，然后进一步得到各种性能都较好的产物。

实验中得到了纯相尖晶石 $LiNi_{0.5}Mn_{1.5}O_4$，在充放电循环实验中，高电压区的容量增加，而且循环性能较好。

碳酸盐沉淀法的反应物为 $Ni(NO_3)_2 \cdot H_2O$、$Mn(NO_3)_2$、NH_4HCO_3 和 $LiOH \cdot H_2O$。首先将称好的 $Mn(NO_3)_2$、$Ni(NO_3)_2 \cdot 6H_2O$ 和 NH_4HCO_3 分别溶于去离子水中，然后将它们混合，得到含有 Mn 和 Ni 的碳酸盐沉淀；经过滤、干燥后，在 600℃下焙烧 5h，得到含有 Mn 和 Ni 的氧化物；将该氧化物与 $LiOH \cdot H_2O$ 混合，在空气气氛中进行焙烧，温度为 800℃，最后随炉冷却至室温，得到反应产物。以 $LiNi_{0.5}Mn_{1.5}O_4$ 为例，说明反应过程如下。

首先，NH_4HCO_3 溶于水后发生反应：

$$NH_4HCO_3 \rightleftharpoons NH_4^+ + HCO_3^- \tag{8-4}$$

$$HCO_3^- \rightleftharpoons H^+ + CO_3^{2-} \tag{8-5}$$

与 $Mn(NO_3)_2$ 和 $Ni(NO_3)_2 \cdot 6H_2O$ 混合后发生反应：

$$6Mn^{2+} + 2Ni^{2+} + 8CO_3^{2-} + 2.5H_2O \Longrightarrow Ni_2(OH)_2CO_3 \cdot 6MnCO_3 \cdot 1.5H_2O + CO_2 \tag{8-6}$$

当升温至 650℃时，发生反应：

$$Ni_2(OH)_2CO_3 \cdot 6MnCO_3 \cdot 1.5H_2O + 1.5O_2 \Longrightarrow 2NiO \cdot 3Mn_2O_3 + 2.5H_2O + 7CO_2 \tag{8-7}$$

根据计算结果，失重为 34.86%。

图 8-8 为对碳酸盐中间产物进行热重分析实验的结果，可知，当温度升至 650℃时，失重为 34.90%，与计算结果符合，因此前面的反应过程分析合理。当温度升至 770~820℃时，发生反应：

$$Ni_2(OH)_2CO_3 \cdot 6MnCO_3 \cdot 1.5H_2O + 1.5O_2 \Longrightarrow 2NiO \cdot 3Mn_2O_3$$
$$+ 2.5H_2O + 7CO_2 \tag{8-8}$$

热重分析曲线上，在温度为 820℃以后有一段失重，对应如下反应：

$$Mn_2O_3 \Longrightarrow 2/3\ Mn_3O_4 + 1/6O_2 \tag{8-9}$$

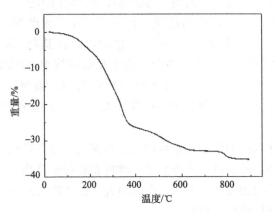

图 8-8　碳酸盐前驱体的热重分析曲线

空气气氛，升温速度为 5℃/min

图 8-9 为反应前驱体和焙烧 650℃时的 XRD 图谱。

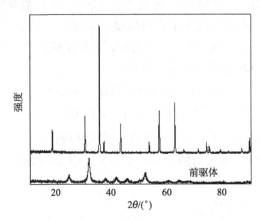

图 8-9　碳酸盐前驱体和将其焙烧至 650℃时得到的 XRD 图谱

图 8-10(a)～图 8-10(d)为产物的 SEM 相貌。在用碳酸盐沉淀法制备掺杂材料 $LiNi_{0.5}Mn_{1.5}O_4$ 时，通过调节化学反应条件，可以得到具有不同形貌的反应前驱体，从而得到不同形貌的产物。影响反应前驱物质形貌的因素主要有溶液的 pH、搅拌速度、反应温度和反应物浓度等。

在进行溶液反应时，如果提高反应温度，则可以得到粒度较大的产物，如图 8-10(c) 所示。当搅拌速度较低时，得到的产物的颗粒度不均匀，如图 8-10(b) 所示。当反应温度为室温，搅拌速度为 400r/min 时，得到的产物的颗粒度比较均匀，粒径大小为 2~5μm，如图 8-10(a) 和图 8-10(d) 所示。

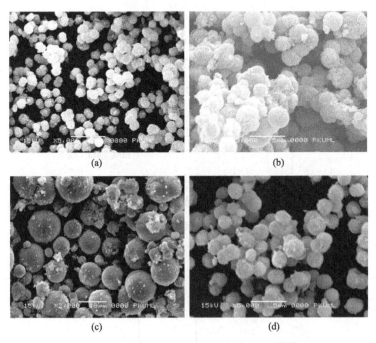

图 8-10　产物 LiNi$_{0.5}$Mn$_{1.5}$O$_4$ 的 SEM 形貌

图 8-11 为产物的 XRD 图谱，可以看到，用碳酸盐沉淀法合成尖晶石 LiNi$_x$Mn$_{2-x}$O$_4$ 时，当 Ni 的含量低于 0.5（计量数）时，均可得到纯相产物，而当 Ni 的含量为 0.6 时，产物中含有杂相物质，即岩盐相 Li$_x$Ni$_{1-x}$O。

图 8-12 和图 8-13 分别为产物 LiNi$_{0.5}$Mn$_{1.5}$O$_4$ 的充放电曲线和差分计时电位曲线。与固相合成法相比较，用碳酸盐沉淀法制备的产物在 4V 处几乎没有充放电平台，从得到的差分计时电位可以看到，在 4V 处，没有出现明显的氧化还原峰。尖晶石材料 LiNi$_{0.5}$Mn$_{1.5}$O$_4$ 在进行充放电过程中，一般进行两个氧化还原过程，一个是在 4V 处的充放电过程，对应 Mn^{3+}/Mn^{4+} 电对的氧化还原过程；另一个是在 4.7V 处进行的充放电过程，对应 Ni^{2+}/Ni^{4+} 的氧化还原过程。根据实验得到的结果，在 4V 处的充放电平台几乎没有出现，因此不存在 Mn^{3+}/Mn^{4+} 电对的氧化还原过程。产物的放电容量接近 140mA·h/g。

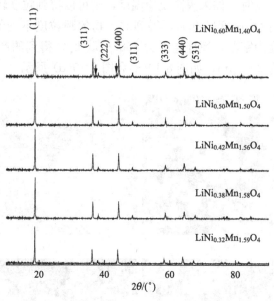

图 8-11   产物 $LiNi_x Mn_{2-x} O_4$ 的 XRD 图谱

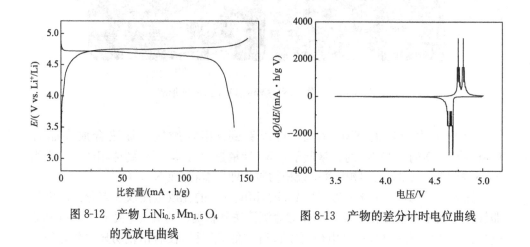

图 8-12   产物 $LiNi_{0.5} Mn_{1.5} O_4$ 图 8-13   产物的差分计时电位曲线
的充放电曲线

8.2.3   尖晶石型 $LiNi_{0.5}Mn_{1.5}O_4$ 的溶胶-凝胶法制备

溶胶-凝胶法作为低温或温和条件下合成无机化合物或无机材料的重要方法，在软化合成中占有一定的地位。该法已在制备玻璃、陶瓷、薄膜、纤维、复合材料等方面获得应用，也广泛地用于制备纳米粒子。

溶胶-凝胶法是指从金属的有机物或无机物的溶液出发，在低温下，通过在溶液中发生水解、聚合等化学反应，首先生成溶胶(Sol)，进而生成具有一定空间结构的凝胶(Gel)，然后经过热处理或减压干燥，在较低的温度下制备出各种无机材料或复合材料的方法。

溶胶-凝胶法的化学过程如下所示：

$$原料 \xrightarrow{水解} 活性单体 \xrightarrow{聚合} 溶胶 \xrightarrow{凝胶化} 凝胶 \xrightarrow{热处理} 材料$$

首先将原料分散在溶剂中，然后经过水解反应生成活性单体，活性单体进行聚合首先成为溶胶，进而形成具有一定空间结构的凝胶，最后经过干燥和热处理制备出所需要的材料。最基本的反应有

(1) 水解反应　　$M(OR)_n + xH_2O \longrightarrow M(OH)_x(OR)_{n-x} + xROH$

(2) 缩合反应　　$—M—OH + HO—M— \longrightarrow —M—O—M— + H_2O$

　　　　　　　　$—M—OR + HO—M— \longrightarrow —M—O—M— + ROH$

在较高的温度下也可以发生如下的聚合反应：

$$—M—OR + RO—M— \longrightarrow —M—O—M— + ROR$$

在水解过程中这些反应可能同时进行，从而也就可能存在多种中间产物，因此是非常复杂的过程。

多元体系的水解和聚合反应更为复杂，可简单地表示为

$$M^1(OR)_n + M^2(OR')_m + H_2O \longrightarrow —(RO)_{n-1}M^1—O—M^2(OR')_{m-1}— + ROH + R'OH$$

可通过实验研究影响溶胶-凝胶反应的各种因素。可采取如下办法控制水解和聚合反应的速度：①选择原料的组成；②控制水的加入量和生成量；③控制缓慢反应组分的水解；④选择合适的溶剂。

溶胶-凝胶法对原料的要求是：原料必须能够溶解在反应介质中，且原料本身应该有足够的反应活性来参与凝胶的形成过程。

凝胶含有大量液体溶剂，其干燥过程中水的挥发将引起体积收缩。大量实验结果表明，随着热处理温度升高，粒子迅速长大，虽然同一温度下热处理时间的延长也能使粒子长大，但不是主要因素。

溶胶-凝胶法与其他化学合成法相比具有许多独特的优点。

(1) 由于溶胶-凝胶法中所用的原料首先被分散在溶剂中形成低黏度的溶液，可以在很短的时间内获得分子水平上的均匀性，在形成凝胶时，反应物很可能是在分子水平上被均匀地混合。

(2) 由于经过溶液反应步骤，很容易均匀定量地掺入一些其他元素，实现分子水平上的均匀掺杂。

(3) 与固相反应相比，溶液中的化学反应更易进行，而且仅需要较低的合成温度。一般认为。溶胶-凝胶体系中组分的扩散是在纳米范围内，而固相反应时

组分的扩散是在微米范围内，因此反应温度较低，且反应容易进行。

（4）选择合适的条件可以制备出各种新型材料。

W. Liu 采用 Pechini 溶胶-凝胶法合成了尖晶石 $LiMn_2O_4$，反应物为 $LiNO_3$ 和 $Mn(NO_3)_2 \cdot 6H_2O$，螯合剂为柠檬酸和乙二醇。首先将反应物加热，使它们溶解于水中，得到澄清的溶液，然后在 140℃下经过脂化反应得到胶体，干燥后得到聚合物前驱体，最后经过高温反应得到产物。图 8-14 为反应过程示意图。

采用 Pechini 法制备 $LiMn_2O_4$ 材料时，反应物中乙二醇的用量越大，在合成过程中消耗的氧的量越大，即在进行高温反应时，对炉内 O_2 的分压要求越大。

这里采用 Pechini 法制备了材料 $LiM_{0.5}Mn_{1.5}O_4$（M＝Ni，Co，Fe），并对它们的电化学性能进行了测试。

反应物采用 $LiNO_3$、$Mn(NO_3)_2 \cdot 6H_2O$ 和 $Ni(NO_3)_2 \cdot 6H_2O$，以柠檬酸和乙二醇为螯合剂，柠檬酸和乙二醇的物质的量之比为 1∶4，其中柠檬酸的量应与 Li、Mn 和 Ni 的总量相等；然后在 90℃下进行反应，直到生成胶体为止；将得到的胶体干燥，然后在 850℃下进行反应，得到产物。

图 8-15(a)和图 8-15(b)分别为溶胶-凝胶法制备的反应中间体和产物的 SEM 形貌。产物为八面体形状，大小为 2～5μm。

图 8-16 为产物 $LiM_{0.5}Mn_{1.5}O_4$（M＝Ni，Co，Fe）的充放电曲线。从放电曲线可以看到，材料在 4.5V 以上的容量可以达到 125mA·h/g，并且在放电区间内总的放电容量可以达到 143mA·h/g，接近掺杂材料的理论容量。

对于材料 $LiFe_{0.5}Mn_{1.5}O_4$，充放电过程可以分成两个主要部分，在 4.0～4.5V 区间和 4.5～4.8V 区间各有一个充放电平台，其中 4.0～4.5V 区间平台的充放电容量为 45mA·h/g；在放电区间内，总的放电容量为 105mA·h/g，比理论容量低一些。

对于材料 $LiCo_{0.5}Mn_{1.5}O_4$，它的总放电容量为 90mA·h/g，其中 4.0V 平台处的容量接近 75mA·h/g，其余的部分在 4.8V 以上。由于测试仪器的测试范围在 5.0V 以下，所以材料在 4.8V 以上的容量还没有完全释放出来。材料 $LiCo_{0.5}Mn_{1.5}O_4$ 的理论容量为 148mA·h/g，因为 4.0V 平台和 4.8V 平台分别对应着 Mn^{3+}/Mn^{4+} 和 Co^{3+}/Co^{4+} 电对的氧化还原过程，所以它们的理论容量分别为 74mA·h/g。实验结果表明 4.0V 平台处的容量已经与理论容量符合，但是 4.8～5.0V 的容量只有 10mA·h/g，因此在 5.0V 以上还应该有一部分容量。

因为掺杂元素 Ni、Fe 和 Co 在材料中以不同的化学价态存在，所以这些掺杂材料具有不同的电化学性能。因为 Fe 和 Co 在 $LiFe_{0.5}Mn_{1.5}O_4$ 和 $LiCo_{0.5}Mn_{1.5}O_4$ 中的价态都是＋3 价，所以它们的充放电曲线有两个平台，分别位于 4.0～4.5V 和 4.5V 以上，分别对应着 Mn^{3+}/Mn^{4+} 和 Fe^{3+}/Fe^{4+}、Co^{3+}/Co^{4+} 电对的氧化还原过程；因为掺杂元素 Ni 在 $LiNi_{0.5}Mn_{1.5}O_4$ 中的价态为＋2 价，所以 Mn 的主

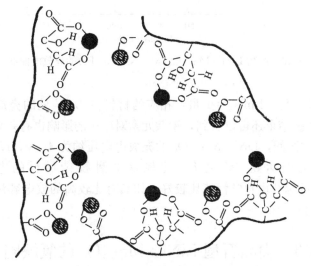

(a) Pechini法的化学反应过程

(b) Pechini法得到的胶体的结构

图 8-14　Pechini 法反应过程示意图

图 8-15　溶胶-凝胶法制备的(a)反应中间体和(b)产物 $LiM_{0.5}Mn_{1.5}O_4$ 的 SEM 形貌

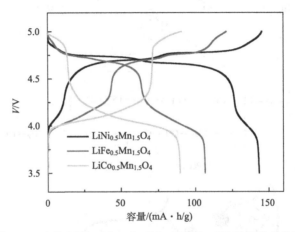

图 8-16　产物 $LiM_{0.5}Mn_{1.5}O_4$（M=Ni，Co，Fe）的充放电曲线

要价态应该为+4 价，Mn^{3+} 为少量，相应的材料在 4.0V 处的充放电容量比较低。另外，从实验结果还可以看到，掺杂元素对电压的影响也有差异。例如，在 4.5V 以上的电位区间，$LiNi_{0.5}Mn_{1.5}O_4$ 的充放电电压约为 4.7V，$LiCo_{0.5}Mn_{1.5}O_4$ 的电压最高，可以达到 5V 以上。比较这 3 种掺杂材料的电化学性能，$LiNi_{0.5}Mn_{1.5}O_4$ 的综合电化学性能比较好，如具有比较高的放电容量和比较好的充放电循环性能。

8.3　尖晶石型 $LiNi_{0.5}Mn_{1.5}O_4$ 的氧缺陷

氧缺陷对于尖晶石 $LiNi_{0.5}Mn_{1.5}O_4$ 材料是一个重要的问题，它影响到材料的结构和性能。尖晶石 $LiNi_{0.5}Mn_{1.5}O_4$ 中氧缺陷的含量与制备方法有密切联系。

按化学计量比称取 LiNO$_3$，Ni(NO$_3$)$_2$·6H$_2$O 和 Mn(CH$_3$COO)$_2$·4H$_2$O，将它们溶解于去离子水中，得到澄清的溶液，其中 Li 盐有少量过量；另外将乙醇酸溶解于去离子水中，使乙醇酸与金属离子的物质的量之比为 0.85∶1。将两种溶液混合，搅拌均匀，然后将水分蒸发掉，得到反应前驱体，再将该前驱体在空气气氛和 910℃下焙烧 12h，最终得到产物 1。为了进行比较，采用同样的反应条件，只是不加乙醇酸，制得产物 2。

对这两个样品进行热重实验，以 5℃/min 的速度将样品从室温加热至 910℃，然后再冷却，该过程中通入空气，结果如图 8-17 所示。从图 8-17 中可以看到，对于样品 1，当温度升高到 700℃时，失重发生，表示开始失氧，当温度从 910℃降温时，失去的氧又能够复合，最后样品 1 大约增重 3.8%；对于样品 2，同样当温度升高到 700℃时，失重发生，开始失氧，当温度从 910℃降温时，失去的氧部分复合，最后样品 2 失重 0.27%。分析这个反应过程，乙醇酸燃烧时会消耗一定量的氧气，造成环境缺氧，加重材料中氧缺陷的程度，反应方程式如下：

$$CH_3COOLi + 1.5(CH_3COO)_2Mn + 0.5(CH_3COO)_2Ni + 10.75O_2 \xrightarrow{\triangle}$$

$$LiNi_{0.5}Mn_{1.5}O_4 + 7.5H_2O + 10CO_2 + \triangle H \qquad (8\text{-}10)$$

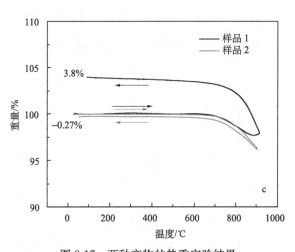

图 8-17 两种产物的热重实验结果

当温度升高到 700℃时，样品开始失氧。这个过程可以用式(8-11)表示：

$$LiNi_{0.5}Mn_{1.5}O_4 \longrightarrow Li_xNi_{(1-x)}O + LiNi_{0.5-y}Mn_{(1.5-y)}O_{4-x} + O_2 \qquad (8\text{-}11)$$

随着温度的升高，失重加剧，说明失氧量增加，同时生成更多的岩盐相

$Li_xNi_{1-x}O$。当温度从 910℃ 降温时，上述反应向逆方向进行，即氧气与岩盐相复合，这样质量也逐渐恢复。对于样品 1，热重的最后结果是增重，表明在其中已经存在一定量的氧缺陷，是乙醇酸燃烧消耗氧气造成材料中产生氧缺陷。相反，样品 2 的热重结果是失重，说明原来样品中的氧缺陷含量较少，当温度升高到 700℃ 时，样品开始失氧，然后当温度从 910℃ 降温时，可逆反应不能进行完全，结果出现了一些失重。因此，乙醇酸除具有螯合剂的作用以外，还起到了促进氧缺陷生成的作用。

　　图 8-18(a)和图 8-18(b)分别为样品 1 和样品 2 的 XRD 图谱，可以看到样品 1 和样品 2 的 XRD 图谱上均有岩盐相的衍射峰，这是因为它们结构中都有氧缺陷存在。

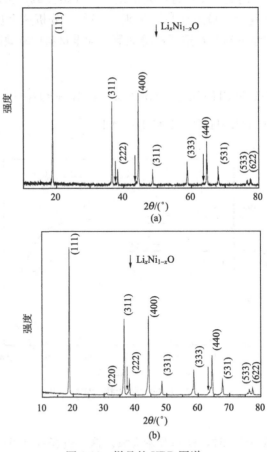

图 8-18　样品的 XRD 图谱

(a)样品 1；(b)样品 2

图 8-19(a)和图 8-19(b)表示的是样品的倍率充放电曲线。可以看到，样品 1 在 1C、2C、5C 和 10C 下的放电容量分别为 132mA·h/g、129.9mA·h/g、125mA·h/g 和 117mA·h/g；而样品 2 在 0.5C 和 1C 下的放电容量分别为 119mA·h/g 和 112mA·h/g。可见样品 1 较样品 2 的倍率性能好，因此材料中含有一定量的氧缺陷可以提高材料的性能。

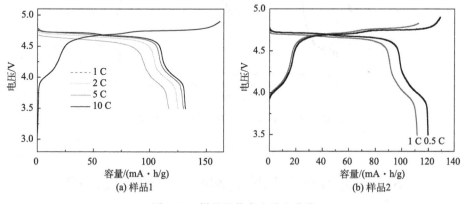

图 8-19　样品的倍率充放电曲线

将充放电曲线上的 4.40～3.50 V 平台定义为 4V 区，4.9～4.40V 平台定义为 4.7V 区，进一步比较这两种材料，结果如表 8-1 所示。

表 8-1　两种材料的电化学性能比较

项目	放电容量 1C/1C (mA·h/g)		每个 $LiNi_{0.5}Mn_{1.5}O_4$ 中 Mn^{3+} 的量	电化学活性 Ni 的量
	[a] 4.7 V 区	[b] 4 V 区		
样品 1	110.4	21.6	0.147	0.376
样品 2	90.3	21	0.143	0.307

a. 4.7 V 区是 4.90～4.40 V 电压范围区间

b. 4V 区是 4.40～3.50 V 电压范围区间

图 8-20 为样品 1 的 XPS 元素分析结果。结合能 643.6eV 对应 Mn^{4+}，结合能 641.8eV 对应 Mn^{3+}，因此材料中含有较多的 Mn^{3+}，显示材料表面含有较多的氧缺陷。

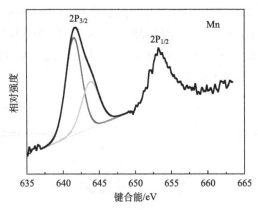

图 8-20　样品 1 的 XPS 元素分析结果

8.4　尖晶石型 $LiNi_{0.5}Mn_{1.5}O_4$ 的高温性能

高温(55℃)下材料的充放电循环性能是尖晶石 $LiNi_{0.5}Mn_{1.5}O_4$ 材料的一种重要性能。图 8-21(a)和图 8-21(b)为 8.3 节中制备的样品 1 在室温和 55℃条件下的充放电循环性能,前 100 次循环为室温,然后温度升高至 55℃,充放电倍率为 1C(充电)/1C(放电)。

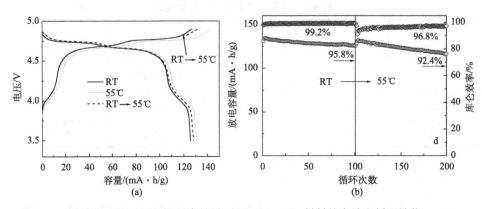

图 8-21　室温和 55℃下尖晶石 $LiNi_{0.5}Mn_{1.5}O_4$ 材料的充放电循环性能

从图 8-21 中可以看到,室温下,材料的充放电库仑效率为 99.2%,循环 100 次后容量保持率为 95.8%。当温度从室温升高到 55℃时,充放电容量略有增加,但是库仑效率降低,随着循环的进行,库仑效率趋于平稳,能够保持在

96.8%，循环 100 次以后，容量保持率为 94.4%。因此尖晶石 LiNi$_{0.5}$Mn$_{1.5}$O$_4$ 材料存在高温下容量衰减的问题。

前面介绍过，尖晶石 LiNi$_{0.5}$Mn$_{1.5}$O$_4$ 材料有两种晶体结构，即面心立方结构（$Fd\bar{3}m$）和简单立方结构（$P4_332$），P 型结构中 Ni/Mn 为有序排列，而 F 型结构中 Ni/Mn 为无序排列。由于在制备材料时通常存在氧缺陷，产生岩盐相，破坏了 Ni/Mn 的有序排列，使其成为无序结构，其中含有一定量的 Mn^{3+}。材料表面的 Mn^{3+} 可发生歧化反应

$$2Mn^{3+} \Longrightarrow Mn^{2+} + Mn^{4+} \tag{8-12}$$

生成的 Mn^{2+} 溶解在电解液中，在电池内部电场的作用下，向负极迁移，沉积在负极表面，然后发生还原反应，消耗一定量的 Li$^+$。温度升高时，这个反应加剧，这是高温下尖晶石 LiNi$_{0.5}$Mn$_{1.5}$O$_4$ 材料循环性能衰减的原因。

为了提高该材料在高温下的循环性能，需要控制材料表面的氧缺陷，进而控制 Mn^{3+} 含量，避免发生歧化反应。

采用 8.1 节中制备材料的方法，选择不同的降温方式制备 3 个样品。图 8-22 为 3 个样品的 SEM 形貌。

图 8-22　不同降温方式得到的 3 个样品的 SEM 形貌

(a)样品 1；(b)样品 2；(c)样品 3

从图 8-22 中可以看到，不同降温方式得到的样品在形貌上存在一些差别，它们都呈多边形，具体为截去顶端的八面体的形貌。样品 1 为快速冷却得到的样品，产物的颗粒有明显的团聚现象；样品 2 为控制降温速度得到的样品，团聚程度降低；样品 3 为退火得到的样品，团聚程度最轻。

图 8-23 是对退火得到的样品 3 通过透射电镜（TEM）得到的 [110] 区电子衍射光斑。可以看到，图 8-23 中出现一些亮的电子衍射光斑，这是 $Fd\bar{3}m$ 结构没有的，是由 Ni/Mn 有序的超晶格产生的，说明样品结构中是有序和无序两相共存的。

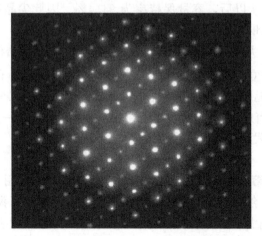

图 8-23　样品的电子衍射图谱

8.5　尖晶石型 $LiNi_{0.5}Mn_{1.5}O_4$ 的掺杂

向尖晶石 $LiNi_{0.5}Mn_{1.5}O_4$ 材料中掺杂其他元素以提高该材料的性能，是目前被广泛应用的一种方法。掺杂元素包括 Cr、Fe、Al、Co、Mg、Ru 等，这些元素的掺杂可以不同程度地提高原来材料的倍率能力和循环性能。

8.5.1　尖晶石型 $LiNi_{0.5}Mn_{1.5}O_4$ 中掺杂 Fe 的作用机理

由于 Fe—O 的键能高于 Mn—O 和 Ni—O 的键能，所以掺杂 Fe 有利于材料结构的稳定，提高其充放电循环性能。

1. $LiNi_{0.5}Mn_{1.5}O_4$ 和 $LiNi_{0.45}Fe_{0.1}Mn_{1.45}O_4$ 的制备

以 CH_3COOLi、$Ni(CH_3COO)_2 \cdot 4H_2O$ 和 $Mn(CH_3COO)_2 \cdot 4H_2O$ 为反应物，按照化学计量比 Li∶Ni∶Mn=1.02∶0.5∶1.5 称取上述反应物，溶解于去离子水中，搅拌，得到溶液 1。按照物质的量之比金属离子(Li＋Ni＋Mn)∶柠檬酸=1∶0.6 称取柠檬酸，并且将它溶解于去离子水中，得到溶液 2。将溶液 1 和溶液 2 混合、搅拌均匀，然后在 95℃下将溶液中的水蒸发掉，得到反应前驱体。将该反应前驱体放入空气炉中进行焙烧，反应温度为 910℃，时间为 8h，得到产物。按照同样的方法制备 $LiNi_{0.45}Fe_{0.1}Mn_{1.45}O_4$ 材料，其中 Fe 盐采用 $Fe(CH_3COO)_2 \cdot 4H_2O$。

2. 晶体结构的比较

图 8-24 为 $LiNi_{0.5}Mn_{1.5}O_4$ 和 $LiNi_{0.45}Fe_{0.1}Mn_{1.45}O_4$ 的 XRD 图谱。可以看到两种材料的 XRD 图谱上没有岩盐相 $Li_xNi_{1-x}O$ 的衍射峰，表明岩盐相的含量低于 5%。与 $LiNi_{0.5}Mn_{1.5}O_4$ 相比，$LiNi_{0.45}Fe_{0.1}Mn_{1.45}O_4$ 的衍射峰稍微向较小的衍射角方向偏移，但不明显。从离子半径大小的角度解释，Fe^{3+} 的离子半径为 0.064nm，Mn^{4+} 的离子半径为 0.053nm，Ni^{2+} 的离子半径为 0.069nm，当 Fe^{3+} 取代 Mn^{4+} 和 Ni^{2+} 时，即 $2Fe^{3+} = Mn^{4+} + Ni^{2+}$，取代前后离子半径差别不大，所引起的晶格常数变化较小，从这个角度看，XRD 衍射峰的位置应该没有大的偏移，与实验结果相符。

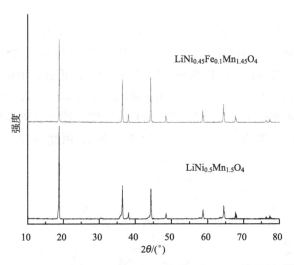

图 8-24　$LiNi_{0.5}Mn_{1.5}O_4$ 和 $LiNi_{0.45}Fe_{0.1}Mn_{1.45}O_4$ 的 XRD 图谱

3. 表面形貌的比较

图 8-25 为 $LiNi_{0.5}Mn_{1.5}O_4$ 和 $LiNi_{0.45}Fe_{0.1}Mn_{1.45}O_4$ 的 SEM 形貌。从图 8-25 中可以看到，两种材料都呈多面体形貌，其中产物 $LiNi_{0.5}Mn_{1.5}O_4$ 的颗粒大小不均匀，为 $1\sim4\mu m$，而且有较明显的团聚；而 $LiNi_{0.45}Fe_{0.1}Mn_{1.45}O_4$ 的颗粒大小差别较小，团聚程度较轻。

4. 拉曼光谱的比较

拉曼光谱是检测材料中离子有序排列程度的有效工具。材料 $LiNi_{0.5}Mn_{1.5}O_4$ 和 $LiNi_{0.45}Fe_{0.1}Mn_{1.45}O_4$ 表面的 Ni/Mn 有序排列程度通过拉曼光谱检测的结果

图 8-25　$LiNi_{0.5}Mn_{1.5}O_4$ 和 $LiNi_{0.45}Fe_{0.1}Mn_{1.45}O_4$ 的 SEM 形貌

(a)$LiNi_{0.5}Mn_{1.5}O_4$；(b) $LiNi_{0.45}Fe_{0.1}Mn_{1.45}O_4$

如图 8-26 所示。其中，$LiNi_{0.5}Mn_{1.5}O_4$ 材料在 $217cm^{-1}$、$238cm^{-1}$、$396cm^{-1}$、$487cm^{-1}$、$582cm^{-1}$、$601cm^{-1}$ 和 $629cm^{-1}$ 处出现拉曼峰。$629cm^{-1}$ 处的峰是 $Mn(Ni)O_6$ 八面体中 Mn—O 伸缩振动的结果，为 A_{1g} 模式；$396cm^{-1}$ 和 $487cm^{-1}$ 处的峰为 F_g 模式，对应 Ni^{2+}—O 的伸缩振动。$217cm^{-1}$、$238cm^{-1}$、$582cm^{-1}$、$601cm^{-1}$ 处拉曼峰的出现，指示 Ni/Mn 为有序排列。对于 $LiNi_{0.45}Fe_{0.1}Mn_{1.45}O_4$ 材料，缺少 $217cm^{-1}$、$238cm^{-1}$ 和 $601cm^{-1}$ 处的拉曼峰，因此 Ni/Mn 为无序排列。

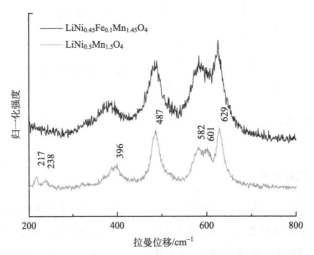

图 8-26　$LiNi_{0.5}Mn_{1.5}O_4$ 和 $LiNi_{0.45}Fe_{0.1}Mn_{1.45}O_4$ 的拉曼光谱

5. 充放电曲线特点

图 8-27 为材料 $LiNi_{0.5}Mn_{1.5}O_4$ 和 $LiNi_{0.45}Fe_{0.1}Mn_{1.45}O_4$ 在 0.2C、0.5C、1C

和 10C 下的充放电曲线。对于 $LiNi_{0.5}Mn_{1.5}O_4$ 材料，首次在 0.2C 下的放电容量为 $119.2mA \cdot h/g$，充放电库仑效率为 78.4%，第二次为 $121.5mA \cdot h/g$；在 0.5C 下的放电容量为 $115.5mA \cdot h/g$，在 1C 下的为 $107.6mA \cdot h/g$，在 10C 下的为 $50.6mA \cdot h/g$。对于 $LiNi_{0.45}Fe_{0.1}Mn_{1.45}O_4$ 材料，首次在 0.2C 下的放电容量为 $121.2mA \cdot h/g$，充放电库仑效率为 83.4%，第二次为 $121.7mA \cdot h/g$；在 0.5C 下的放电容量为 $124.3mA \cdot h/g$，在 1C 下的为 $118.5mA \cdot h/g$，在 10C 下的为 $83.7mA \cdot h/g$。这里的首次充电容量接近材料的理论容量 $148mA \cdot h/g$，因此放电容量能够比较可靠地反映材料的性能。由实验结果还可以知道，掺杂 Fe 元素，有利于材料进行嵌入/脱出 Li 的反应。如果将 3.5～4.4V 区间定义为 4V 电位区间，则 $LiNi_{0.5}Mn_{1.5}O_4$ 在 4V 电位区间的容量为 $7.4mA \cdot h/g$，$LiNi_{0.45}Fe_{0.1}Mn_{1.45}O_4$ 在 4V 电位区间的容量为 $14.6mA \cdot h/g$。根据法拉第定律可以计算出 $LiNi_{0.5}Mn_{1.5}O_4$ 和 $LiNi_{0.45}Fe_{0.1}Mn_{1.45}O_4$ 中 Mn^{3+} 的含量分别为 0.05 和 0.1。

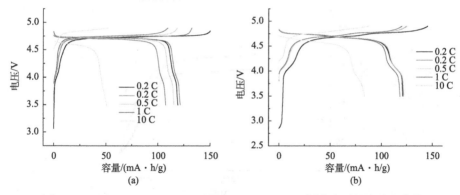

图 8-27　$LiNi_{0.5}Mn_{1.5}O_4$ 和 $LiNi_{0.45}Fe_{0.1}Mn_{1.45}O_4$ 不同倍率下的充放电曲线
(a)$LiNi_{0.5}Mn_{1.5}O_4$；(b) $LiNi_{0.45}Fe_{0.1}Mn_{1.45}O_4$

图 8-28 为材料 $LiNi_{0.5}Mn_{1.5}O_4$ 和 $LiNi_{0.45}Fe_{0.1}Mn_{1.45}O_4$ 的差分计时电位曲线。从 3.75～4.25V 电位区间的氧化还原峰可以看到，$LiNi_{0.45}Fe_{0.1}Mn_{1.45}O_4$ 材料在该区间的氧化还原峰较强[图 8-28(b)]，由于这个区间是 Mn^{3+}/Mn^{4+} 的反应区间，表明 $LiNi_{0.45}Fe_{0.1}Mn_{1.45}O_4$ 材料有较多的 Mn^{3+}/Mn^{4+} 转变。

图 8-29 为材料 $LiNi_{0.5}Mn_{1.5}O_4$ 和 $LiNi_{0.45}Fe_{0.1}Mn_{1.45}O_4$ 的热重曲线。热重实验从室温开始，以 10℃/s 的升温速度升温至 910℃，再以同样的速度降温至 70℃ 以下。从图 8-29 中可以看到，对于 $LiNi_{0.5}Mn_{1.5}O_4$ 材料，最后增重约 0.73%；而对于 $LiNi_{0.45}Fe_{0.1}Mn_{1.45}O_4$ 材料，最后增重为 4.4%。增重的原因有两个，一是岩盐相的长大，二是材料中已有氧缺陷与 O_2 的复合。

当温度升高至 700℃ 以上时，材料产生了岩盐相，同时发生失氧反应。当温

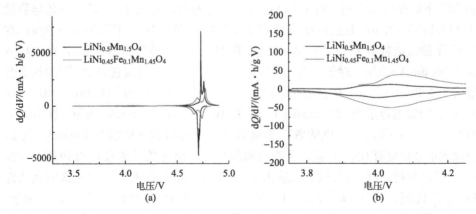

图 8-28　材料 $LiNi_{0.5}Mn_{1.5}O_4$ 和 $LiNi_{0.45}Fe_{0.1}Mn_{1.45}O_4$ 的差分计时电位曲线

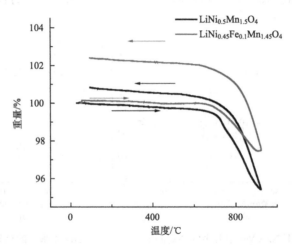

图 8-29　材料 $LiNi_{0.5}Mn_{1.5}O_4$ 和 $LiNi_{0.45}Fe_{0.1}Mn_{1.45}O_4$ 的热重曲线

度升高至 910℃，再降至 700℃时，失氧反应可逆进行。但是岩盐相会长大，导致温度降至室温时发生增重现象。另外，材料中也有可能已存在一定量的氧缺陷，当在 O_2 气氛下，从 910℃降至室温的过程中，环境中的 O_2 与材料中的氧缺陷空位复合，这也是增重的一个原因。

　　结合材料充放电曲线 4V 平台的容量大小可知，掺 Fe 材料 $LiNi_{0.45}Fe_{0.1}Mn_{1.45}O_4$ 中有较多的 Mn^{3+}，即有较多的氧缺陷。Mn^{3+} 的离子半径较大，本应该使晶格常数增大，但是由于存在氧缺陷，晶格常数减小，它们的综合作用使得材料的晶格常数变化不大，与实验结果吻合。

　　图 8-30 为材料 $LiNi_{0.5}Mn_{1.5}O_4$ 和 $LiNi_{0.45}Fe_{0.1}Mn_{1.45}O_4$ 在 1C 下的循环性能。可以看到，经过 100 次循环以后，掺 Fe 材料的容量保持率为 95.4%，而

$LiNi_{0.5}Mn_{1.5}O_4$ 材料的容量保持率为 88.8%。从这个结果可以知道，对于经过退火处理的 $LiNi_{0.5}Mn_{1.5}O_4$ 材料，由于它含有较少的 Mn^{3+}，不利于 Li^+ 在晶体中传输，倍率性能较差。掺 Fe 材料 $LiNi_{0.45}Fe_{0.1}Mn_{1.45}O_4$ 由于含有较多的 Mn^{3+}，具有较好的倍率性能，所以在 1C 充放电的条件下也能展示较好的循环性能。

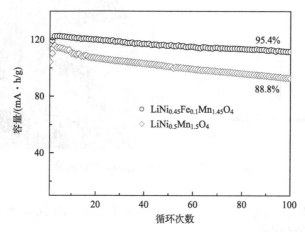

图 8-30　材料 $LiNi_{0.5}Mn_{1.5}O_4$ 和 $LiNi_{0.45}Fe_{0.1}Mn_{1.45}O_4$ 在 1C 下的循环性能

以上从 XRD、SEM、拉曼光谱、氧缺陷和充放电曲线特征等方面揭示了掺 Fe 的作用机理。在结构方面，掺 Fe 对晶格常数没有明显的影响，但是影响了 Ni/Mn 的有序排列程度。掺 Fe 能够增加材料中的氧缺陷，同时使材料中的 Mn^{3+} 含量提高，有利于改进材料的倍率性能。在形貌方面，掺 Fe 使材料呈现更明显的多边形形貌。掺 Fe 的材料具有较好的充放电循环性能。

8.5.2　掺 Cr、Ti 和 Mg 的作用

1. 掺 Cr

掺 Cr 有两种情况，一种是以 Cr 取代 Ni，另一种是 Cr 以 $2Cr^{3+}\!=\!\!=\!\!Ni^{2+}+Mn^{4+}$ 的方式取代 Ni 和 Mn，得到如 $LiNi_{0.45}Cr_{0.1}Mn_{1.45}O_4$ 等材料。第二种情况近年来有较多报道，这里介绍以 Cr 取代 Ni 的情况。在充电过程中，$LiNi_{0.5}Mn_{1.5}O_4$ 中的 Ni 被氧化，经历 $Ni^{2+} \rightarrow Ni^{3+} \rightarrow Ni^{4+}$ 的过程，这个过程发生在 4.7V 附近较高的电位，表面的 Ni 容易引发电解液的分解，导致材料循环性能下降。因此以 Cr 取代 Ni，减少材料表面 Ni 的含量，有利于提高材料的性能。

以 $Li(CH_3COO) \cdot 2H_2O$、$Ni(CH_3COO)_2 \cdot 4H_2O$、$Mn(CH_3COO)_2 \cdot 4H_2O$ 和 $Cr(NO_3)_3 \cdot 9H_2O$ 为反应物，锂盐过量 3%。首先将反应物溶解于去离

子水中，搅拌均匀，然后逐滴加入有机酸溶液，搅拌，在 80℃ 下蒸发掉水分，再在 900℃ 下焙烧 10h，冷却，得到产物 $LiNi_{0.40}Cr_{0.1}Mn_{1.5}O_4$。

图 8-31 为产物的 XRD 和 SEM 图。

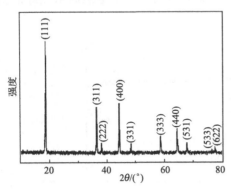

图 8-31 产物的 XRD 图谱和 SEM 形貌

产物的 XRD 图谱显示为纯相物质，属于 $Fd\bar{3}m$ 空间群，形貌为多面体结晶，有一定程度的聚集。

图 8-32 为产物的电化学性能。

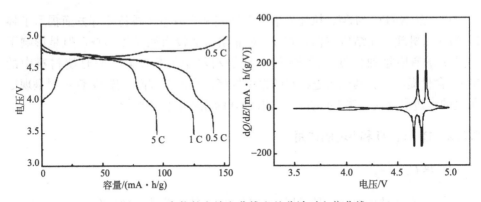

图 8-32 产物的充放电曲线和差分计时电位曲线

产物展现了较好的倍率性能，0.5C、1C 和 5C 下的放电容量分别为 141mA·h/g、125mA·h/g 和 95mA·h/g。差分计时电位曲线显示在 4.69V 和 4.78V 处出现氧化峰，在 4.65V 和 4.73V 处出现还原峰，在 4.0V 处有一对氧化还原峰，说明存在 Mn^{3+}。

产物也展示了优良的循环性能，循环 50 次后，容量保持率为 100%。合成产物 $LiNi_{0.40}Cr_{0.1}Mn_{1.5}O_4$ 的 XRD 数据已经被国际粉末衍射数据库收录。

2. 掺 Mg

根据前面的介绍，在制备尖晶石 LiNi$_{0.5}$Mn$_{1.5}$O$_4$ 材料时，由于氧缺陷的产生，材料中形成岩盐相，同时产生一定量的 Mn^{3+}，在充放电曲线上的 4V 处出现电压平台。由于材料表面的 Mn^{3+} 会发生歧化反应，材料循环性能下降，因此需要控制材料表面的 Mn^{3+} 含量。Mg 元素在材料 LiNi$_{0.5}$Mn$_{1.45}$Mg$_{0.05}$O$_4$ 的化合价为+2，以 Mg 替代 Mn，可减少 Mn^{3+} 含量，因此这是减小 LiNi$_{0.5}$Mn$_{1.5}$O$_4$ 材料 4V 平台的一个有效策略。

按化学计量比称取 LiNO$_3$，Ni(NO$_3$)$_2$ · 6H$_2$O，Mn(CH$_3$COO)$_2$ · 4H$_2$O 和 Mg(NO$_3$)$_2$ · 6H$_2$O，物质的量之比为 Li：Ni：Mn：Mg=1：0.5：1.45：0.05，将它们溶解于去离子水中，得到均匀的混合溶液；另外配制苹果酸水溶液作为螯合剂。为了补偿 Li 在高温下挥发的损失，锂盐应少量过量。将上述两种溶液混合，并且搅拌均匀，然后将水分蒸发掉，得到反应前驱体。在空气气氛和900℃下焙烧反应前驱体，然后在 700℃ 下退火 4h，再冷却至室温，得到 LiNi$_{0.5}$Mn$_{1.45}$Mg$_{0.05}$O$_4$ 材料。以同样的方法制备对照样品 LiNi$_{0.5}$Mn$_{1.5}$O$_4$，但是退火时间改为 20h。

图 8-33 为 LiNi$_{0.5}$Mn$_{1.45}$Mg$_{0.05}$O$_4$ 和 LiNi$_{0.5}$Mn$_{1.5}$O$_4$ 的充放电曲线，可以看到掺 Mg 材料的 4V 平台的容量明显小于尖晶石 LiNi$_{0.5}$Mn$_{1.5}$O$_4$。

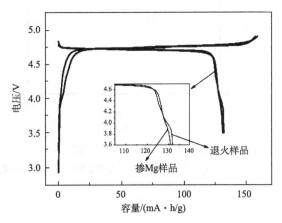

图 8-33　LiNi$_{0.5}$Mn$_{1.45}$Mg$_{0.05}$O$_4$ 和 LiNi$_{0.5}$Mn$_{1.5}$O$_4$ 的充放电曲线

3. 掺 Ti

以 LiCH$_3$COO · 2H$_2$O、Mn(CH$_3$COO)$_2$ · 2H$_2$O、Ni(CH$_3$COO)$_2$ · 2H$_2$O 和 Ti(OCH$_3$)$_4$ 为原料，将它们置于水-乙醇体系中进行回流，然后将溶剂蒸发

掉，最后在 900℃ 空气气氛下反应 10h，得到产物 $LiNi_{0.5}Mn_{1.2}Ti_{0.3}O_4$。

图 8-34 显示了 $LiNi_{0.5}Mn_{1.2}Ti_{0.3}O_4$ 的结构和性能。从 XRD 图谱看，得到的产物为纯相尖晶石结构，计算得到晶格常数为 0.8212nm。充放电曲线上 4V 处出现一个电压平台，说明有 Mn^{3+} 存在；在 0.1C 下，放电容量为 $134mA \cdot h/g$，当电流倍率升高到 0.5C 和 1C 时，容量分别为 $127mA \cdot h/g$ 和 $76mA \cdot h/g$。这个结果说明掺 Ti 材料 $LiNi_{0.5}Mn_{1.2}Ti_{0.3}O_4$ 的倍率性能并不突出。

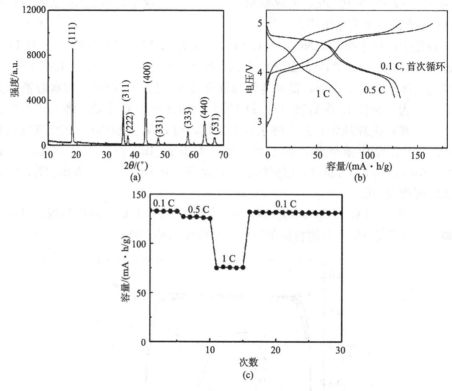

图 8-34　产物的结构和性能

(a)$LiNi_{0.5}Mn_{1.2}Ti_{0.3}O_4$ 的 XRD；(b)充放电曲线；(c)循环性能

8.6　尖晶石型 $LiNi_{0.5}Mn_{1.5}O_4$ 材料的电解液问题

尖晶石 $LiNi_{0.5}Mn_{1.5}O_4$ 材料具有较高的放电电压和能量密度，适合作为动力电池材料，然而目前还存在一些问题，使其尚未获得实际应用。石墨/ $LiNi_{0.5}Mn_{1.5}O_4$ 电池在室温下容量衰减较慢，但是在 55℃ 时容量衰减较快，如图 8-35 所示。对阴极表面进行 XPS 检测发现，在室温下循环以后，阴极表面 C、F 和 M 的含量减少，而 O 和 P 的含量增加，表面膜与电解液分解得到的产物成分一致。在 55℃循环时，Mn 的浓度继续减少，而 C、O、F、P 的含量相对稳定，说明循环后阴极表面膜增厚。一般电解液的分解产物为 $ROCO_2Li$、聚碳酸亚乙基酯（polyethylene carbonate）和氟化锂等。

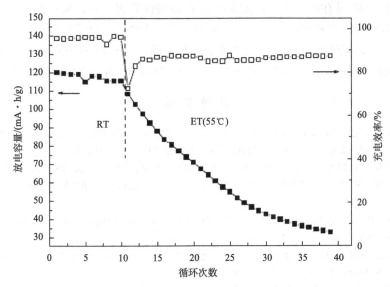

图 8-35　石墨/ $LiNi_{0.5}Mn_{1.5}O_4$ 电池在室温下和 55℃下的循环性能(Lu et al.，2003)

以上结果说明，电解液分解的成分变化不大，但是 Mn 的溶解是持续进行的，造成高温(55℃)时容量衰减。同时对负极的研究发现，电解液在负极分解形成表面膜，该膜的厚度不断增加，这种现象在其他电池体系中也有出现，因此负极对电池容量衰减的影响较小。

结合对 $LiMn_2O_4$ 材料的研究结果，$LiMn_2O_4$ 材料在 55℃也存在明显的容量衰减。研究发现，这是因为 Mn^{2+} 溶解并向负极迁移，在负极表面还原，由于 Mn/Mn^{2+} 的标准氧化还原电位(1.8V vs. Li/Li^+)比锂嵌入石墨的标准电位 (0.3~0V vs. Li/Li^+)高，负极表面的 SEI 膜破坏。因此，Mn^{2+} 的溶解是石墨/ $LiNi_{0.5}Mn_{1.5}O_4$ 电池高温(55℃)下性能衰减的不可忽视的原因。

石墨/ $LiNi_{0.5}Mn_{1.5}O_4$ 体系复杂，很多因素都会影响电池的性能，如阴极与电解液的反应、在高电位区电解液的分解和阳极的影响等。采用在电解液中使用添加剂的方法可以在一定程度上消除这些因素对电池性能的不利影响。例如，加入三丁基(2-甲氧基乙基)磷双三氟甲基磺酰亚胺[triethyl(2-methoxyethyl)phosphoniumbis(trifluoromethylsulfonyl)imide（TEMEP-TFSI）]和路易斯碱二甲基二酰胺[dimethylacetamide(DMAc)]能够在阴极 $LiNi_{0.5}Mn_{1.5}O_4$ 表面形成一层稳定的表面膜，从而抑制了循环过程中电解液的分解，明显提高了充电状态 $LiNi_{0.5}Mn_{1.5}O_4$ 电极的热稳定性；加入三（三甲基硅基）磷[tris(trimethylsilyl) phosphite (TMSP)]能够减轻 $LiPF_6$ 的水解，有效消除 HF，抑制 Ni、Mn 的溶解，并且能够在阴极表面形成保护层，防止电解液在高电位区分解；加入二草酸硼酸锂 LiBOB 可在阴极表面形成草酸锂和硼酸锂的表面膜，从而抑制了 55℃时碳酸乙烯酯的沉淀和阴极表面 Mn、Ni 的溶解，同时还能在阳极表面形成含有硼酸盐和更多硼酸锂的 SEI 膜，这种表面修饰能减少 Mn 和 Ni 在阳极表面的沉积，对阳极 SEI 膜损害小，能够提高石墨/ $LiNi_{0.5}Mn_{1.5}O_4$ 电池的高温循环性能。

参 考 文 献

刘国强. 2004. 高电压锂离子电池正极材料 $LiNi_{0.5}Mn_{1.5}O_4$ 的制备和性能研究，北京大学博士后出站报告

刘国强，等. 2005. 高电压锂离子电池正极材料的制备和性能. 电池，35：261-262

刘国强，其鲁，等. 2006-09-20. 一种制备锂离子电池材料 $LiNi_xMn_{2-x}O_4$ 的方法. 200510055239

刘国强，闻雷，等. 2006. 锂离子电池正极材料 $LiNi_xMn_{2-x}O_4$ 的制备和电化学性能研究. 稀有金属材料与工程，35：209-302

Amatucci G, Pasquier A D, Blyr A, et al. 1999. The elevated temperature performance of the $LiMn_2O_4$/C system: failure and solution. Electrochim Acta，45：255-271

Bae S Y, Shin W K, Kim D W. 2014. Protective organic additives for high voltage $LiNi_{0.5}Mn_{1.5}O_4$ cathode materials. Electrochim Acta，125：497-502

Chong J, Xun S D, Battaglia V S. 2013. Surface stabilized $LiNi_{0.5}Mn_{1.5}O_4$ cathode materials with high-rate capability and long cycle life for lithium ion batteries. Nano Energy，2：283-293

Jang D H, Oh S M. 1997. Electrolyte effects on spinel dissolution and cathodic capacity losses in 4V Li/$Li_xMn_2O_4$ rechargeable cells. J Electroche Soc，144：3342-3348

Jang M W, Jung H G, Scrosati B, et al. 2012. Improved Co-substituted, $LiNi_{0.5-x}Co_{2x}Mn_{1.5-x}O_4$ lithium ion battery cathode materials. J Power Sources，220：354-359

Komaba S, Itabashi T, Ohtsuka T, et al. 2005. The elevated temperature, Impact of 2-vinylpyridine as electrolyte additive on surface and electrochemistry of graphite for C/$LiMn_2O_4$ Li-ion cells. J Electrochem Soc，152：A937-A946

Liu G Q. 2010. Study of Synthesis and Electrochemical Properties of spinel $LiNi_{0.5}Mn_{1.2}Ti_{0.3}O_4$ by different methods. Met Mater Int，16：837-840

Liu G Q, Qi L, Li, W, et al. 2005. Synthesis and electrochemical performance of $LiNi_{0.5}Mn_{1.5}O_4$ spinel compound. Electrochim Acta，50：1965-1968

Liu G Q, Goodenough J B, Song J, et al. 2013. Influence of Thermal History on the Electrochemical Properties of $LiNi_{0.5}Mn_{1.5}O_4$. J Power Sources，243：260-266

Liu G Q, Li Y, Mu B Y, et al. 2013. A new strategy to diminish the 4 V voltage plateau of $LiNi_{0.5}Mn_{1.5}O_4$. Mater Res Bull，48：4960-4962

Liu G Q, Wen L, Mu B Y, et al. 2010. Rate capability of spinel $LiCr_{0.1}Ni_{0.4}Mn_{1.5}O_4$. J Alloy Compd，501：233-235

Liu G Q, Wen L, Li Y M, et al. 2010. Spinel $LiNi_{0.5}Mn_{1.5}O_4$ and its derivatives as cathodes for high-voltage Li-ion batteries. J Solid State Electrochem，14：2191-2202

Liu G Q, Wen L, Liu G Y, et al. 2011. Effect of the impurity $Li_xNi_{1-x}O$ on the electrochemical properties of 5 V cathode material $LiNi_{0.5}Mn_{1.5}O_4$. J Alloy Compd, 509: 9377-9381

Liu G Q, Wen L, Liu G Y, et al. 2011. Synthesis and Electrochemical Properties of $LiNi_{0.4}Mn_{1.5}Cr_{0.1}O_4$ and $Li_4Ti_5O_{12}$. Met Mater Int, 17: 661-664

Liu G Q, Xie H W, Liu L Y, et al. 2007. Synthesis and electrochemical performances of spinel $LiCr_{0.1}Ni_{0.4}Mn_{1.5}O_4$ compound. Mater Res Bull, 42: 1955-1961

Liu G Q, Zhang L X, Wang L, et al. 2013. Study of the intrinsic electrochemical properties of spinel $LiNi_{0.5}Mn_{1.5}O_4$. Electrochim Acta, 112: 557-561

Lu D S, Xu M Q, Zhou L, et al. 2013. Failure mechanism of graphite/$LiNi_{0.5}Mn_{1.5}O_4$ cells at high voltage and elevated temperature. J Electrochem Soc, 160: A3138-A3143

Ochida M, Domi Y, Doi T, et al. 2012. Influence of manganese dissolution on the degradation of surface films on edge plane graphite negative-electrodes in lithium-ion batteries. J Electrochem Soc, 159: A961-A966

Shin D W, Bridges C A, Manthiram A. 2012. Role of cation ordering and surface segregation in high-voltage spinel $LiMn_{1.5}Ni_{0.5-x}M_xO_4$ (M = Cr, Fe, and Ga) cathodes for lithium-ion batteries. Chem Mater, 24: 3720-3731

Song J, Shin D W, Goodenough J B, et al. 2012. Role of oxygen vacancies on the performance of $Li[Ni_{0.5-x}Mn_{1.5+x}]O_4$ ($x=0$, 0.05, and 0.08) spinel cathodes for lithium-ion batteries. Chem Mater, 24: 3101-3109

Song Y M, Han J G, Park S J, et al. 2014. A multifunctional phosphite-containing electrolyte for 5 V-class $LiNi_{0.5}Mn_{1.5}O_4$ cathodes with superior electrochemical performance. J Mater Chem A, 2: 9506-9513

Xiao J, Zheng J M, Graff G L, et al. 2012. High-performance $LiNi_{0.5}Mn_{1.5}O_4$ spinel controlled by Mn^{3+} concentration and site disorder. Adv Mater, 24: 2109-2116

Xu M Q, Zhou L, Lucht B L, et al. 2013. Improving the performance of graphite/ $LiNi_{0.5}Mn_{1.5}O_4$ cells at high voltage and elevated temperature with added lithium Bis(oxalato) Borate (LiBOB). J Electrochem Soc, 160: A2005-A2013

第9章　锂离子电池负极材料

锂离子电池负极材料主要分碳基材料和非碳基材料两大类，具体如下：

(1) 碳基负极材料：①石墨类材料，包括天然石墨、人造石墨和改性石墨；②无定形碳材料，包括软碳（易石墨化）和硬碳（难石墨化）。

(2) 非碳基负极材料：包括硅基材料、锡基材料、钛基材料、合金材料和过渡金属氧化物等。表 9-1 列出了各种阳极材料的性能。

表 9-1　各种阳极材料性能的比较

项目	材料					
	Li	C	$Li_4Ti_5O_{12}$	Si	Sn	Sb
密度/(g/cm^3)	0.53	2.25	3.5	2.3	7.3	6.7
锂基	Li	LiC_6	$Li_7Ti_5O_{12}$	$Li_{4.4}Si$	$Li_{4.4}Sn$	Li_3Sb
理论比容量/$(mA \cdot h/g)$	3862	372	175	4200	994	660
体积变化/%	100	12	1	420	260	200
电位/V vs. Li^+/Li	0	0.05	1.6	0.4	0.6	0.9

9.1　碳负极材料

1990 年，Sony 公司首次以石油焦炭作为负极材料制备出了锂离子二次电池。碳材料具有比容量高、电极电位低、循环效率高、循环寿命长和安全性能良好而且成本较低等优点，传统碳材料包括硬碳、软碳和石墨等，而新型的碳材料包括碳纳米管、富勒烯和石墨烯等。

9.1.1　石墨

石墨可以分为天然石墨和人造石墨，为层状结构，碳原子呈六角形排列并向二维方向延伸，层间距为 0.335nm，结构如图 9-1 所示。

锂在石墨中的嵌入/脱嵌反应发生在 $0\sim0.125V$（vs. Li^+/Li），具有良好的电压平台，理论容量为 372mA·h/g，如图 9-2 所示。但石墨的结晶度高，具有高度取向的层状结构，对电解液非常敏感，与溶剂相容性差；此外，石墨的大电流充放电能力低，导致动力性能较差。同时，由于石墨层间距小于锂插入石墨层后形成的石墨层间化合物 Li_xC_6 的晶面层间距（$d_{002} = 0.37nm$），在充放电循环过程中，石墨层间距变化较大；而且还会发生锂与有机溶剂共同插入石墨层间以及有机溶剂的进一步分解，容易造成石墨层逐步剥落、石墨颗粒发生崩裂和粉化，从而缩短石墨材料寿命。通过对石墨结构修饰，即采用物理方法或化学手段改性石墨，可对以上问题有所改善。

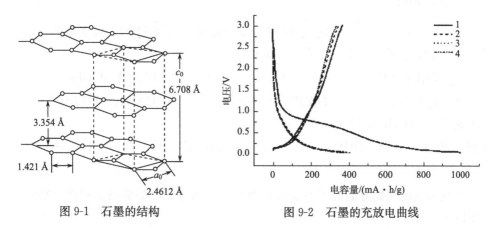

图 9-1　石墨的结构　　　　　　　图 9-2　石墨的充放电曲线

在石墨表面采取适度氧化、包覆聚合物热解碳以形成具有核壳结构的碳质材料，或采取表面沉积金属离子等方法对石墨进行表面修饰或改性处理，不仅保持了石墨的优点，而且能够明显改善其充放电循环性能，并可进一步提高石墨材料的可逆比容量。对石墨材料及其改性处理进行多方面的分析和研究，以获得安全、廉价、高性能的电极材料，达到锂离子动力电池的实用要求，将是今后的研究方向之一。

阳极与电解液作用的结果是在电极表面生成一层膜物质，称为固体电解质界面膜（SEI 膜）。SEI 膜对 Li^+ 导电但对电子的流动是绝缘体，并能够抑制电解液的进一步分解，从而提高锂离子电池的循环性能，这就使得 SEI 膜成为锂离子电池电化学过程中的一个重要组成部分。目前普遍使用的负极材料如碳基材料和锂合金，都能在表面形成稳定的 SEI 膜。

一般而言，钝态的 SEI 膜是在充电过程中电解液分解形成的。电解液中的导电盐如 $LiPF_6$、$LiAsF_6$、$LiBOB$、$LiClO_4$ 和 $LiBF_4$ 与有机碳酸盐溶剂形成的混合物在高于嵌锂反应电位下可发生分解，导致在石墨负极表面形成一层 SEI 膜。当对电池进行某种极端条件使用，如超长充放电循环、高温（>60℃）和高倍率充电时，形成的 SEI 膜将增厚或者失去保护性，导致电池性能下降（有不同的机理）。有机碳酸盐溶剂[除碳酸丙烯酯（PC）外]能够和电解质盐 $LiPF_6$ 形成稳定、较强的 SEI 膜。碳酸丙二酯在低温下具有很好的性能，然而很少单独使用，这是因为它能够使石墨电极片剥离，使溶剂能够嵌入而 Li^+ 难以嵌入。除了电解液成分，电极材料在 SEI 膜的形成过程中也起着重要作用。普通的电解质盐和有机碳酸盐溶剂在碳基负极材料表面上形成的 SEI 膜具有较好的微孔结构，与其他负极材料相比具有更好的效果。

1. 溶剂的还原

有些有机碳酸盐溶剂的还原反应遵循单电子的还原过程，以碳酸甲乙酯(EMC)为例，它的反应是一个单电子的过程

$$CH_3CH_2O(C=O)OCH_3 + e^- \longrightarrow CH_3CH_2O(C^{\cdot}-O^-)OCH_3 \quad (9-1)$$

这个过程生成了一个中间物质 $CH_3CH_2O(C^{\cdot}-O^-)OCH_3$，可以与 Li^+ 反应生成 CH_3CH_2OLi，反应式如下：

$$CH_3CH_2O(C^{\cdot}-O^-)OCH_3 + e^- + 2Li^+ \longrightarrow LiO(C=O)CH_3 + CH_3CH_2OLi$$
$$(9-2)$$

有些有机碳酸盐溶剂的还原反应是两个电子的过程，如碳酸二甲酯(DMC)发生以下过程

$$CH_3OCO_2CH_3 + 2e^- + 2Li^+ \longrightarrow Li_2CO_3 \downarrow + C_2H_6 \uparrow \quad (9-3)$$

碳酸乙烯酯(EC)具有很高的极化性和介电常数，可以被还原。与 DMC 相似，EC 的还原也是一个两电子转移过程，反应式如下：

$$(CH_2O)_2CO + 2e^- + 2Li^+ \longrightarrow Li_2CO_3 \downarrow + C_2H_4 \uparrow \quad (9-4)$$

或者发生生成烷基碳酸锂盐的两电子反应过程，反应式如下：

$$2C_3H_4O_3 + 2e^- + 2Li^+ \longrightarrow (CH_2OCO_2Li)_2 \downarrow + C_2H_4 \uparrow \quad (9-5)$$

石墨表面的 $(CH_2OCO_2Li)_2$ 能够与溶液中的痕量水发生如式(9-6)的反应，由于生成了气体，电池必须排放气体，避免发生爆炸。

$$(CH_2OCO_2Li)_2 + H_2O \longrightarrow Li_2CO_3 \downarrow + (CH_2OH)_2 \downarrow + CO_2 \uparrow \quad (9-6)$$

因此，必须保持电解液中水的含量为最低水平值($<1000ppm$)。EC 溶剂的还原依赖于电池的电压，当电压达到 $4.6 \sim 4.9V$ 时，才能够克服分解反应的阻碍。EC 分子具有很高的极化性，可以与其他有机碳酸盐溶剂混溶，进行亲电和亲核反应。

在有阴离子存在的情况下，如 PF_6^-、ClO_4^-、BOB^-、F_2OB^-、AsF_6^- 和 $CF_3SO_3^-$，电解质盐 $LiPF_6$、$LiClO_4$、$LiBOB$、LiF_2OB、$LiAsF_6$ 和 $LiCF_3SO_3$ 将引发碳酸乙烯酯分子化学键的断裂，在电极表面生成各种产物。例如，由 $LiPF_6$ 分解得到 PF_5，它与 H_2O 反应生成 POF_3，反应方程式如下：

$$PF_5 + H_2O \longrightarrow 2HF + POF_3 \tag{9-7}$$

POF_3 与 EC 反应生成中间产物 $CH_2FCH_2OCOOPF_2O$

$$POF_3 + C_3H_4O_3 \longrightarrow CH_2FCH_2OCOOPF_2O \tag{9-8}$$

它进一步分解生成 $CH_2FCH_2OPF_2O$ 和 CO_2

$$CH_2FCH_2OCOOPF_2O \longrightarrow CH_2FCH_2OPF_2O + CO_2 \uparrow \tag{9-9}$$

另外一个可能的反应是 PF_6^- 与 POF_3 同时与 EC 反应，生成阴离子 $CH_2FCH_2OCOOPF_3O^-$ 和 Lewis 酸

$$POF_3 + C_3H_4O_3 + PF_6^- \longrightarrow CH_2FCH_2OCOOPF_3O^- + PF_5 \tag{9-10}$$

再进一步分解

$$CH_2FCH_2OCOOPF_3O^- + PF_5 \longrightarrow CH_2FCHOCOOPF_2O + PF_6^- \tag{9-11}$$

这样使得分解反应持续进行，为了终止这个自催化的反应，可以加入 Lewis 碱形成一个稳定酸碱混合物。

由于 $LiPF_6$ 是热力学不稳定的盐，它能够与从 EC 还原中得到的 Li_2CO_3 反应生成 LiF、POF_3 和 CO_2

$$LiPF_6 + Li_2CO_3 \longrightarrow 3LiF + POF_3 + CO_2 \uparrow \tag{9-12}$$

另外，$LiPF_6$ 的还原产物 PF_5 也可以与 Li_2CO_3 稳定地反应

$$PF_5 + Li_2CO_3 \longrightarrow 2LiF + POF_3 + CO_2 \uparrow \tag{9-13}$$

HF 可以与 Li_2CO_3 反应，生成 CO_2 和 H_2O

$$Li_2CO_3 + 2HF \longrightarrow 2LiF + CO_2 + H_2O \tag{9-14}$$

溶液中痕量的 H_2O 和 CO_2 能与 Li^+ 反应形成 Li_2CO_3、LiOH 和 Li_2O，是 SEI 膜的成分。LiF 在石墨负极颗粒表面形成一层不溶解、不均匀的电绝缘层。电极表面上形成的反应产物也可以开裂，这是因为它们与石墨颗粒之间的热膨胀系数等不同，在裂纹处露出新的电极表面，因此反应会继续进行。石墨负极表面形成的 SEI 膜和开裂的形貌如图 9-3 所示。

虽然碳酸丙烯酯(PC)会分解，并且与 Li^+ 反应形成一层较弱的 SEI 膜，允许电解液共嵌入，导致石墨电极剥离等，但它仍然是使锂离子电池保持良好低温性能的较好的电解液成分。

PC 的还原涉及电子从电极至 PC 分子的转移过程，在 Li^+ 存在的情况下，在表面形成 Li_2CO_3、$CH_3CH(OCO_2Li)CH_2OCO_2Li$ 和丙烯气体，反应方程式为

$$3C_4H_6O_3 + 4e^- + 4Li^+ \longrightarrow CH_3CH(OCO_2Li)CH_2OCO_2Li + Li_2CO_3 \downarrow$$
$$+ 2C_3H_6 \uparrow \tag{9-15}$$

在 PC 溶液中发生的阳极失效包含石墨的剥离和膜产生裂纹，这些裂纹使得石墨颗粒与电流集流体之间失去电子传导，导致这些颗粒失去电化学活性。如前

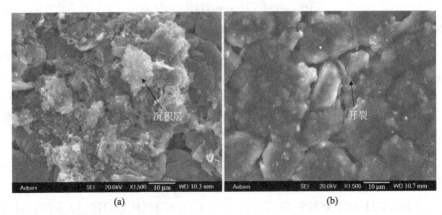

图 9-3　石墨负极表面形成的 SEI 膜(a)及其开裂(b)的形貌(Agubra and Fergus，2014)

面提到的，一种提高 PC 性能的方法是使用电解液添加剂。碳酸亚乙烯酯(VC)已经被广泛地用作 PC 溶剂的添加剂，它有助于生成一层稳定、强韧的 SEI 膜。

其他方法，如石墨的热处理、包覆薄铜层等可以有效地防止 PC 的分解和石墨的剥离。经热处理的石墨能够提供一个较高结晶度的表面，涂覆铜层可以防止电解液与活性炭表面的接触。

2. $LiPF_6$ 的分解

$LiPF_6$ 是锂离子电池中最常用的电解质盐，$LiPF_6$ 的分解分两步完成。

$LiPF_6$ 分解为 LiF 和 Lewis 酸 PF_5 或 Li^+ 和 PF_6^-，反应方程式如下：

$$LiPF_6 \longrightarrow LiF + PF_5 \tag{9-16}$$

$$LiPF_6 \longrightarrow Li^+ + PF_6^- \tag{9-17}$$

Lewis 酸 PF_5 可以与电解液中的 H_2O 或乙醇反应，生成 POF_3 或 PF_4OH 和 HF

$$PF_5 + H_2O \longrightarrow 2HF + POF_3 \tag{9-18}$$

$$PF_5 + H_2O \longrightarrow PF_4OH + HF \tag{9-19}$$

PF_4OH 可以进一步分解生成 POF_3 和 HF

$$PF_4OH \longrightarrow POF_3 + HF \tag{9-20}$$

Lewis 酸 PF_5 也可以和碳酸二烷基酯反应生成一系列产物，如醚 R_2O、磷的氧氟化物(POF_3)等。生成的 POF_3 可以和碳酸二乙酯 DEC 反应生成 $POF_2OC_2H_5$、CO_2 和 C_2H_5F。

$LiPF_6$ 的分解与电解液有关，具有较大介电常数和较高黏度的电解液如 EC 等可以促进其分解。当盐的阴离子与溶剂同时被还原时，它们的还原反应产物形成的 SEI 膜的保护性较差，这与电极电位和电解液的成分有关。这些问题可以通过采用合适的电极材料和电解液来克服。

Lewis 酸 PF_5 的反应活性是 $LiPF_6$ 不稳定的主要原因，降低 $LiPF_6$ 热不稳定性的方法是抑制碳酸烷基酯的酯转换反应，降低杂质 H_2O 和乙醇在有机碳酸盐溶剂中的浓度，添加 Lewis 碱等化合物。

3. SEI 膜的化学成分

在有机碳酸盐溶剂存在的情况下，电解质盐在电极表面形成各种还原产物，构成 SEI 膜。SEI 膜的化学成分是 $ROCO_2Li$、Li_2CO_3 和 $(CH_2OCH_2Li)_2$。可以利用傅里叶变换红外光谱（FTIR）、X 射线光电子能谱（XPS）和拉曼（Raman）光谱等方法检测膜中的化学成分。在 FTIR 分析中，化合物的检测主要与 $C=O$、$C-O-C$ 和 $C-F$ 的不对称或者对称伸缩振动有关，然而，LiF 和 Li_2O 的吸光度位于波数小于 $180cm^{-1}$ 处，低于 FTIR 的频率范围，因此需要其他检测表面成分的工具如 XPS 检测这些物质。

单独使用 PC 溶剂和电解质盐作为电解液是很少见的，因为这个组成不能使 Li 嵌入石墨晶体中。EC 是目前使用最多的碱基溶剂，在 EC/DEC 混合溶剂中通常生成 Li_2O，而在 EC/DMC 混合溶剂中通常生成 LiOH，这些反应主要和 Li 与溶剂中的 H_2O 发生反应有关。溶剂 DMC 很容易在水中发生水解生成甲醇和 CO_2；相反，DEC 是不溶于水的。选择两相、三相或者四相溶剂成分取决于电池的能量密度需要。根据电池的要求，已经开发出了可以满足不同需求的电解液，如导电型的（$LiPF_6$/EC：DMC：DEC：EMC）、高温型的（$LiPF_6$/EC：EMC）和低温型的（LiBOB/EC/DMC 和 $LiPF_6$/EMC/VC）等。电解液的选择能影响电池的安全性、热稳定性和电池对不适当使用的承受程度。

电解质盐除了在电极表面沉积还原物质，在电极过电压条件下还会产生 CO_2、CO 等气体。例如，在 EC 存在条件下生成 CO_2 和 C_2H_4，在 DEC 存在下生成 CO 和 C_2H_6，在 DMC 存在条件下生成 CO 和 CH_4。如果产生的气体溶解在电解液中将引起电解液成分的变化，在电解液中产生一个较强的浓度梯度。电解液的其他性能如 Li 盐的扩散系数、Li 盐的活度系数、Li^+ 的迁移数等也会受到影响。

4. SEI 膜的形成

固体电解质界面膜的形成取决于电极材料、电解质盐、有机碳酸盐溶剂等。SEI 膜的钝化一般遵循经典的极限扩散过程，此外也受到电解液添加剂及其电化学窗口的影响，大多数高纯度的电解质溶剂在 $4.6 \sim 4.9V$ 上都有一个分解电压。

溶剂的还原过程可以是电极与溶剂分子之间的单电子或者双电子反应，而盐的还原是由阳极极化导致的。SEI 膜的形貌主要受到电极材料、电解质盐和溶剂的影响。例如，电解质盐 $LiClO_4$ 和 LiTFSI 能够形成多孔和海绵状的形貌；而 LiBOB 会形成一个无序的基体和一个类胶体组成的结构；电解质盐 $LiCF_3SO_3$、$LiBF_4$、$LiN(SO_2CF_3)_2$ 可形成一种有漏隙的 SEI 膜，这种结构导致锂离子的循环损失。当电极表面的 Li^+ 与 EC 还原产生的 CO_2 发生反应时将生成 Li_2CO_3，它能够将分离的富锂和贫锂区域连接起来，从而改善了这种有漏隙的 SEI 膜的性能。

对于 $LiPF_6$，根据有机电解质和阳极材料的不同，可以形成不同形貌的 SEI 膜。它和有机碳酸盐溶液作用在石墨电极表面形成多孔的小珠状 SEI 膜，可以防止 Li 的消耗，缩短石墨颗粒之间的导电路径，控制界面的电阻。

SEI 膜的生长一般受到电解质流动速率、电解质成分、充电电流、电压和温度等因素的影响，它与时间的平方根呈线性关系。在高温和深度放电的条件下可以形成较厚的 SEI 膜。Li^+ 在电极和电解液界面之间的迁移受到 SEI 膜结构的影响，较厚的 SEI 膜使得 Li^+ 在界面层之间迁移的阻抗增加。

5. SEI 膜的破坏

构成 SEI 膜的化学成分与 H_2O 反应会生成 POF_2OR。这是一个自催化物质，它能加速盐的分解，改变 SEI 膜的成分并使其结构发生扭曲。SEI 膜结构的变化使其电导率降低，在较高的温度和充电电流倍率下，SEI 膜可发生完全的结构破坏，产生了很多关于性能下降的机理，如石墨剥层和在电极/电解质界面处产生的无定形化等。SEI 膜从形成阶段至最后破坏阶段与周围环境的作用如图 9-4 所示，它的结构破坏会引起石墨电极体相中的电解液渗透、锂离子镀覆和集流体的腐蚀。

6. SEI 膜的改进

很多有机碳酸盐电解液都使用了碳酸亚乙烯酯(vinylene carbonate，VC)添加剂，它在电极表面发生还原反应生成 $(CHOCO_2Li)_2$ 和 $(CH=CHOCO_2Li)_2$，形成 SEI 膜，促进 Li^+ 在电极/电解液界面的传输。VC 与支持溶剂 EC、PC 和 DMC 相比具有较高的负的还原电位，可以在这些支持溶剂之前还原，溶剂化程度较小。VC 还能够明显减少有机碳酸盐在阴极上分解产生乙烯、丙烯和氢等。其他 VC 基化合物如 2-氰基呋喃(2-cyanofuran，2CF)和乙基异氰酸酯(ethyl isocyanates)也能在石墨表面形成良好的钝化层以避免石墨在 PC 基溶剂中发生剥层。

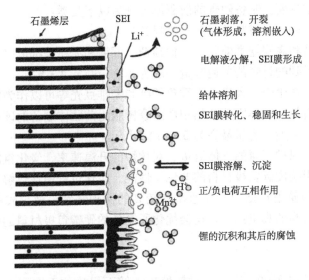

石墨烯层　　SEI　　　石墨剥落，开裂
　　　　　　Li⁺　　　（气体形成，溶剂嵌入）

电解液分解，SEI膜形成

给体溶剂
SEI膜转化、稳固和生长

SEI膜溶解、沉淀
正/负电荷互相作用

锂的沉积和其后的腐蚀

图9-4　SEI膜与电解液相互作用的机理（Agubra and Fergus，2014）

9.1.2　硬碳

　　硬碳主要指的是在高温下仍难以石墨化的碳材料，一般是从高分子有机物高温热解得到的。把这些具有网状结构的树脂高分子材料在1000℃左右进行高温热解即可得到硬碳。用这些方法制备的碳材料一般在2800℃下热处理也难以石墨化，因此又称为难石墨化碳，其中最常见的硬碳有树脂热解碳（如酚醛树脂热解碳、聚糠醇热解碳、环氧树脂热解碳等）、有机聚合物热解碳［如全氟烷氧基（PFA）、聚氯乙烯（PVC）、聚丙烯腈（PAN）和聚偏氟乙烯（PVDF）等］和炭黑（Super B、乙炔黑）等。其中，聚糠醇热解碳已经于1991年由Sony公司实现了商业化。与石墨相比，硬碳的层间距较大（约0.38nm），较大的层间距有利于锂离子在其中的快速嵌入与脱出，因此硬碳的大倍率充放电性能远好于石墨的大倍率充放电性能。同时，由于石墨在PC溶剂中会发生溶剂分子与锂离子的共嵌入，导致石墨层间剥落，结构遭到破坏。而硬碳则不然，它能够与PC基溶剂很好的兼容，这一点能够让硬碳更好地发挥出它的倍率性能。

　　因此，与传统的石墨类负极材料相比，硬碳材料具有更高的比容量、良好的循环稳定性和更优越的快速充放电能力，非常有希望代替石墨类材料。但是，硬炭负极材料自身存在的一些问题制约着其发展，如不可逆比容量较高，充放电曲线之间存在较明显的滞后回环，较低的密度制约了其体积比容量等。为了改善上述问题，得到低成本且高性能的硬碳负极材料，前驱体的筛选和制备方法的研究工作就显得非常重要。制备硬碳的前驱体可分为以下几类：单糖、二糖和高聚糖类；生物质类；高分子材料类；化石燃料类等。

单糖、二糖和高聚糖类前驱体：葡萄糖、蔗糖和淀粉等都可以作为前驱体制备硬碳材料，得到的材料的可逆容量一般为 $400\sim600mA\cdot h/g$。

生物质类：花生壳、大米壳、香蕉纤维和咖啡豆壳等可以作为前驱体。

高分子材料类：以热固性和热塑性酚醛树脂为前驱体制备的硬碳负极材料的滞后回环较小，可逆比容量最高为 $550mA\cdot h/g$。

热解温度、保护气氛的气体流量、炭化炉的升温速率、炭化氛围及样品的形貌等因素都会影响硬碳负极材料的电化学性能。炭化过程中在热解气体产生的阶段（尤其是 CO_2）使用较低的升温速率和较高的保护气氛流速，或在使用真空氛围炭化时使用较高的真空泵速，均会优化所制备的硬碳负极材料的电化学性能。

9.1.3　软碳

软碳指的是在 2500℃ 以上经过热处理能够石墨化的无定形碳。软碳的结晶性相对于硬碳而言要略高，层间距略小，为 0.35nm 左右。同时这二者也有很多相似之处，如首次效率不高，比容量较低，循环性能好，无明显的充放电平台区域等。常见的软碳材料有沥青、针状焦、石油焦、碳微球、碳纤维等，其中最常见的并且已经商业化的就是中间相碳微球（MCMB）。目前石墨材料大部分是由沥青热解碳经过石墨化处理得到的。因此软碳材料是一种介于石墨与硬碳材料之间的材料，目前也是研究的热点之一。

焦炭是经过液相炭化而形成的一种无定形碳，高温下容易石墨化，因此属于软碳的范畴。根据原料的来源不同可以将焦炭分为石油焦和沥青焦等。焦炭本质上是一种具有不发达的石墨结构的碳材料，它的碳层之间大致成平行排列状，但是层与层之间排列不规整，呈现一种乱层的结构。层间距 d_{002} 为 $0.334\sim0.335nm$，显然要大于石墨的层间距，因此用作锂离子电池的负极材料时也具有较为理想的大倍率充放电性能。

石油焦是焦炭的一种，它是由沥青在惰性气体氛围下 1000℃ 左右经脱氢、脱氧而制得。Sony 公司在 1990 年首次将锂离子电池商业化时采用的负极材料就是石油焦。其最大的理论充放电容量为 $186mA\cdot h/g$。但是单独采用焦炭作为锂离子电池的负极材料时的性能较差，主要是由于在锂离子的嵌入过程中材料会发生体积膨胀而降低电池寿命，通过中间相碳的包覆可以使可逆容量从 $170mA\cdot h/g$ 提高到 $300mA\cdot h/g$。

MCMB 是随着中间相的发现、研究而发展起来的，是沥青类有机化合物经液相热缩聚反应形成的一种微米级的各向异性球状碳材料。MCMB 是研究最多的软碳负极材料，其整体外形呈球形，堆积密度较高，为高度有序的层面堆积结构，单位体积嵌锂容量比较大。MCMB 表面光滑，比表面积较小，可以减少充放电过程中电极边界反应的发生，从而降低第一次充电过程中的容量损失；另外，小球具有片层状的结构，有利于锂离子从球的各个方向嵌入和脱出，解决了石墨类材料由于各向异性过高引起的石墨片溶胀、塌陷和不能快速大电流放电的问题。作为锂离子电池负极材料，热处理温度和热处理时间对 MCMB 的嵌锂性能影响较大。例如，在 700℃热处理的 MCMB 具有 750mA·h/g 的充放电容量，但随热处理温度的升高，容量开始下降，直到温度达到 2000℃时，容量才开始上升。这个超高的充放电容量主要是由于 MCMB 在 700℃热处理后，内部存在大量纳米级的孔，充电时锂离子不但嵌入碳层之间，同时也嵌入纳米级的孔中，所以充放电容量大大高于理论容量。

商业化的高度石墨化 MCMB 具有优良的循环性，是目前长寿命小型锂离子电池及动力电池使用的主要负极材料之一。而它存在的主要问题是比容量不高，低于 300mA·h/g；首次循环效率偏低，尤其是目前将中间相沥青碳微球作为锂离子电池电极材料使用时，需要进行 2800℃石墨化处理，这无疑大大提高了中间相沥青碳微球的成本，极不利于推广使用。因此，如何改进工艺，降低制造成本和提高性能，是当前中间相碳微球研究的主要问题。

目前商业化锂离子电池负极材料主要为各种碳材料，包括天然石墨、人造石墨、中间相碳微球等。碳负极材料应具有充放电可逆性好、比容量高、电压平稳、电位低等特点。由于不同碳材料在结晶度、孔隙度、微观形态、比表面积、表面官能团、杂质等方面的差异，它们的电化学性能也表现出明显的差异。按照碳材料的结构及石墨化难易程度，将碳负极材料分为 3 类：石墨类碳负极、低温软碳负极、硬碳负极。

(1) 石墨类碳负极：锂在石墨类碳负极材料中发生插层反应形成类似 LiC_6 的结构。绝大部分可逆容量在 0.25 V 以下，具有接近 0 V 的平坦充放电电压平台。

(2) 低温软碳负极：首次放电即嵌锂过程中在 0.7 V 有一个电压平台，这是由于碳材料表面和电解液发生的不可逆反应造成的，软碳负极没有明显的电压平台，同时存在较为明显的电压滞后和容量衰减。

(3) 硬碳负极：锂离子可吸附在硬碳中碳原子的边缘和纳米孔间，与软碳相比，硬碳负极的电压滞后及效率均显著改善，并在低电位区间存在较长的放电平台。

9.1.4 碳纳米管

1991 年，在日本的 NEC 公司基础研究实验室里，电子显微镜专家 Iijima 教授在用透射电子显微镜检验真空电弧蒸发石墨电极的产物时，发现其中含有由同轴纳米管组成的碳分子——碳纳米管。

碳纳米管可以分为两类：单壁碳纳米管(single-walled nanotubes, SWNTs)

和多壁碳纳米管(multi-walled nanotubes，MWNTs)。单壁碳纳米管是由一种缺陷少、具有高度均匀性的单层石墨层卷成的圆柱形管体，其直径很小。多壁碳纳米管是由数个石墨层构成的同轴管体嵌套而成，在多壁管的管壁上一般都遍布像小洞样的缺陷。

碳纳米管是一维纳米材料，质量比较轻，具有连接完美的六边形结构。它主要由呈六边形排列的碳原子构成数层到数十层的同轴圆管。管中层与层之间的距离大约保持在 0.34nm，直径大小范围在 2～20nm。碳纳米管的管身和端帽部分分别由六边形碳环微结构和含五边形的碳环组成的多边形结构组成，又有人将其称为多边锥形多壁结构。鉴于碳纳米管的异于一般材料的独特结构，碳纳米管的发现与研究对社会的发展具有十分重要的意义和潜在的应用价值，科学家们还预测碳纳米管将成为 21 世纪最有前途的纳米材料。

研究实验显示短碳纳米管电极在电流密度 0.2mA/cm² 和 0.8mA/cm² 下的可逆容量分别为 266mA·h/g 和 170mA·h/g，是长碳纳米管的 2 倍，明显优于长碳纳米管。

9.1.5 石墨烯

石墨烯于 2004 年被发现后，迅速成为继富勒烯、碳纳米管之后碳材料科学和凝聚态物理学领域的又一个研究热点。石墨烯是由碳原子以 sp^2 杂化连接的单原子层构成的新型二维原子晶体，其基本结构单元为有机材料中最稳定的六元环，理论厚度仅为 0.34nm，是迄今为止发现的最薄的二维材料，由于石墨烯结构的片段可以卷曲得到富勒烯、碳纳米管或者堆叠形成石墨，因此被认为是构建富勒烯、碳纳米管和石墨等碳材料的基本结构单元。石墨烯强度达到 130GPa，比钢高 100 倍，是目前强度最高的材料；热导率可达 500W/(m·K)，是金刚石的 3 倍；载流子迁移率高达 15 000cm³/(V·s)，是商用硅片的 10 倍以上；石墨烯具有超大的比表面积(2630m²/g)、室温量子霍尔效应和良好的铁磁性，是目前已知的在常温下导电性能最好的材料，电子在其中的运动速度远超过一般导体，达到了光速的 1/300。作为一种新型纳米碳材料，石墨烯具有较大的比表面积、良好的导电性和导热性，在锂离子电池材料方面有着巨大的应用前景。

目前石墨烯的制备方法主要有微机械剥离法、外延生长法、化学气相沉积(CVD)法、化学剥离法等，其中化学剥离法成本低廉，易于大量制备，因此储能材料研究用的石墨烯材料大多采用此方法制备。化学剥离法中最主要的方法是氧化剥离法，通常先将石墨在水溶液中氧化后，进行剥离得到氧化石墨烯，氧化石墨烯经还原获得石墨烯。化学剥离法制备的石墨烯材料存在较多的官能团和结构缺陷，深入了解化学剥离法制备的石墨烯材料的结构特征有助于充分认识石墨烯的储锂行为。

　　氧化石墨烯以碳、氢、氧元素为主，但没有固定的化学计量比。现在比较认可的氧化石墨烯结构如图 9-5 所示，主体仍然是由碳原子构成的蜂窝状六元环结构，称为碳平面。在碳平面上和碳平面的边缘含有大量的含氧官能团，平面上的官能团以含碳氧单键的羟基和环氧基团为主，而在碳平面的边缘则以含有碳氧双键的羧基和羰基为主。理想的石墨烯是由碳原子构成的厚度仅为单原子层（约 0.34nm）的二维晶体，而经氧化石墨烯还原得到的石墨烯存在大量的缺陷，如空位、非晶排列的碳平面、五元环和七元环等。

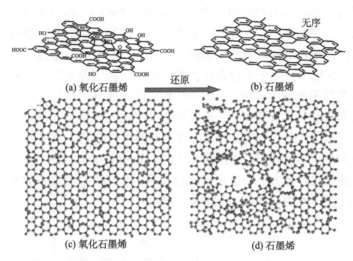

图 9-5　氧化石墨烯与石墨烯的结构示意图（闻雷等，2014）

　　在热还原过程中氧化石墨烯的含氧官能团能够与碳反应产生 CO 和 CO_2 而带走部分碳原子，因此石墨烯表面会出现一些无序的碳空位。由于氧化石墨烯经充分还原后还会含有稳定性较高的羰基等，氧化石墨烯还原得到的石墨烯仍然有较高的氧含量（7%～8%），其 C/O 取决于氧化石墨烯初始的氧含量、羟基/环氧和还原的条件等。因此，氧化剥离法制备的石墨烯材料可看成含有氧和空位等缺陷的二维碳材料，其结构特征决定了其储锂行为。

　　目前，石墨烯在锂离子电池领域的主要用途是利用石墨烯特殊的二维柔性结构及高的离子和电子导电能力与各种活性材料复合以提高锂离子电池循环特性和大电流放电特性。石墨烯宏观体结构是由微米大小、导电性良好的石墨烯片（可能是单层也可能是层数少于 10 层的多层石墨烯）搭接而成，具有开放的大孔结构。石墨烯材料的结构特征决定了石墨烯材料的储锂行为，石墨烯材料具有很高的储锂容量，开放的大孔结构也为电解质离子的进入提供了势垒极低的通道，可保证石墨烯材料具有良好的功率特性。

　　石墨烯作为锂离子电池负极材料具有很高的储锂容量。目前虽然有多种制备石墨烯材料的方法，并且石墨烯材料的产量和质量都有了很大的提升，但对不同方法制备的石墨烯材料的结构参数及表面官能团、结构缺陷、异质原子如氮、氧、氢等如何影响其电化学储锂性能尚缺乏深入研究，特别是石墨烯作为负极材料在充放电过程中容量衰减及电压滞后的原因尚需深入理解。

大部分碳材料均能与锂离子发生一定程度的电化学嵌入/脱嵌反应，其电化学行为取决于碳材料的结构。石墨烯的储锂过程主要具有以下优点：①高比容量，锂离子在石墨烯中进行非化学计量比的嵌入和脱嵌，比容量可达到 $700 \sim 2000 \text{mA} \cdot \text{h/g}$，远超过石墨材料的理论比容量 $372 \text{mA} \cdot \text{h/g}(\text{LiC}_6)$；②高充放电速率，多层石墨烯材料的面内结构与石墨相同，但其层间距离要明显大于石墨的层间距，因而更有利于锂离子的快速嵌入和脱嵌。石墨烯的储锂行为也具有以下缺点：①低库仑效率，由于大比表面积和丰富的官能团及空位等，循环过程中电解质会在石墨烯表面发生分解，形成 SEI 膜，造成部分容量损失，因此首次库仑效率与石墨负极相比明显偏低，一般低于 70％；②初期容量衰减快，一般经过十几次循环后，容量才逐渐稳定；③无电压平台及电压滞后，石墨烯负极材料除在首次充放电过程中因形成 SEI 膜而存在约 0.7V 的电压平台外，就不存在明显的电压平台，放电比容量大体与电压呈线性关系，且充放电曲线不完全重合，即存在电压滞后。图 9-6 为石墨烯的充放电性能。

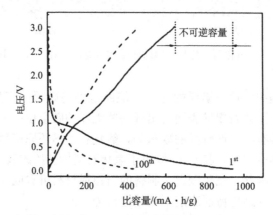

图 9-6　石墨烯作为负极的充放电性能(闻雷等，2014)

与其他大部分碳材料一样，石墨烯可以在低电位区间内(0.01～1.5V)与锂离子发生一定程度的嵌入/脱嵌反应。此外，石墨烯在 1.5～4.2V 电位区间也具有储锂活性，还可以作为正极材料储锂。石墨烯材料在高电位下与锂的反应的不可逆容量较低，可以在高倍率下反复充放电。石墨烯可采用形成 Li—O 或形成稳定的 LiC_6 嵌入式化合物两种反应方式。在高氧含量情况下，Li^+ 与含氧官能团以形成 Li—O 的方式进行反应。因为 Li—O 键能远强于 LiC_6 结合能，所以高氧含量的石墨烯具有更高的嵌锂电位。对环氧基团的计算结果表明，其锂化电位约为 1.7 V。石墨烯作为正极的充放电曲线如图 9-7 所示，带有环氧基团的石墨烯材料的最大比容量超过 $350mA·h/g$，超过了许多传统的过渡金属氧化物正极；石墨烯正极也具有良好的大电流放电性能，在 $0.2A/g$ 电流下可逆容量为 $164mA·h/g$，即使在 $2A/g$ 的大电流下，其可逆储锂容量仍然达到了 $91mA·h/g$，显示了石墨烯正极良好的大电流放电性能。在环氧基团的锂化过程中，Li—O 中的氧原子通过形成 Li—O—C 与石墨烯材料的碳层相互作用。环氧基团的锂化和脱锂能量分别为 $-1.21eV$ 和 $0.23eV$，表明石墨烯表面环氧基团的锂化过程在能量上是可行的。

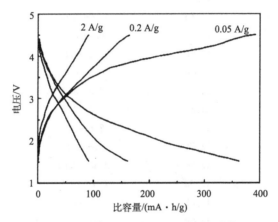

图 9-7　石墨烯作为正极的充放电性能（闻雷等，2014）

9.2　锂合金负极材料

研究者在 1983 年发现碳材料在室温下使用有机电解液时具有允许锂离子可逆地嵌入和脱嵌的性能。在此基础上，1989 年日本 Sony 公司推出了含有碳基负极材料的商业化锂离子电池。在此之前（1971～1977 年），人们更关注锂的合金作为锂电池负极材料的应用，那时采用的电解液是熔盐电解液，温度较高，大约在 400℃。当时主要有两个研究方向，一个是锂铝合金，另一个是锂硅合金。随后对一系列的两元合金体系进行了研究调查，包括 Li-Sb、Li-Bi、Li-Sn、Li-Cd、Li-In、Li-Pb 和 Li-Ga 等。

后来，两元体系的合金，包括 Li-Sb、Li-Bi、Li-Sn、Li-Zn、Li-Cd 和 Li-Ga 等，在室温下、有机电解液中的电化学性能又引起了关注。但是开始并没有期望这些材料能够在商业电池中获得应用，直到 Fuji 胶片公司宣布用非晶态的金属氧化物作为负极材料研制锂离子电池以后，这种状态开始发生了转变。这些氧化物在进行首次充电以后转变成含有 Li_2O 和 Li-金属合金的物质，进行完首次不可逆反应以后表现出的性能才是这些锂合金的实际性能。表 9-2 和表 9-3 分别为室温下锂合金中电位与成分含量范围的数据和一些合金中 Li 的化学扩散系数。

表 9-2　室温下锂合金中电位与成分范围的数据(Huggins，1999)

电压/V vs. Li^+/Li	体系	y	温度/℃
0.005	Li_yZn	1～1.5	25
0.055	Li_yCd	1.5～2.9	25
0.157	Li_yZn	0.67～1	25
0.219	Li_yZn	0.5～0.67	25
0.256	Li_yZn	0.4～0.5	25
0.292	Li_yPb	3.2～4.5	25
0.352	Li_yCd	0.3～0.6	25
0.374	Li_yPb	3.0～3.2	25
0.380	Li_ySn	3.5～3.4	25
0.420	Li_ySn	2.6～3.5	25
0.449	Li_yPb	1～3.0	25
0.485	Li_ySn	2.33～2.63	25
0.530	Li_ySn	0.7～2.33	25
0.601	Li_yPb	0～1	25
0.660	Li_ySn	0.4～0.7	25
0.680	Li_yCd	0～0.3	25
0.810	Li_yBi	1～3	25
0.828	Li_yBi	0～1	25
0.948	Li_ySb	2～3	25
0.956	Li_ySb	1～2	25

表 9-3　一些合金中 Li 的化学扩散系数

合金相	$D/(cm^2/s)$
$Li_{0.7}Sn$	$6×10^{-8}～8×10^{-8}$
$Li_{2.33}Sn$	$3×10^{-7}～5×10^{-7}$
$Li_{4.4}Sn$	$1.8×10^{-7}～5.9×10^{-7}$
LiZn	$8.8×10^{-10}～3.7×10^{-9}$
LiCd	$5.2×10^{-10}～2.1×10^{-9}$

室温下在一些锂合金中 Li 的扩散系数非常快。合金电极通常是一个复合结构，通常会在其中加入黏合剂，这是为了稳固电极或者用来提高结构中的电子电导率。

9.2.1 Li-Sn 合金

锡有两种氧化物，SnO_2 和 SnO。SnO_2 的储锂容量（782mA·h/g），比石墨要高出许多，但是循环性能欠佳。锡的氧化物可以进行可逆储锂，针对其储锂机理目前存在的观点是合金型储锂。过程如下：

$$2Li + SnO_2(SnO) \longrightarrow Sn + Li_2O \tag{9-21}$$

$$Sn + xLi \longrightarrow Li_xSn\ (0 < x < 4.4) \tag{9-22}$$

锂先与锡的氧化物发生氧化还原反应，生成金属锡和氧化锂，这一步反应为不可逆的，存在着很大的容量损失，但近年来有不少文献报道该反应是部分可逆的；接下来锂与生成的金属锡形成合金。锡的氧化物充放电循环性能不理想的主要原因是在充放电过程中，材料本身的体积变化（SnO_2、Sn、Li 的密度分别为 6.999 g/cm³、7.29 g/cm³ 和 2.56g/cm³，使得反应前后材料的体积变化极大）引起电极"粉化"或"团聚"，这将导致活性物质在集流体上脱落，因此容量衰减迅速。目前，许多研究侧重于以不同的方法制备纳米级或具有特殊结构的 SnO/SnO_2 颗粒，使其体积膨胀率降到最低，提高其电化学性能，如中空状、纳米棒和纳米纤维等。

图 9-8 是 Fuji 公司研制的 Li-Sn 的平衡相图。由实验测得的 25℃ 和 400℃ 下的平衡滴定曲线（电位-成分曲线）如图 9-9 所示。

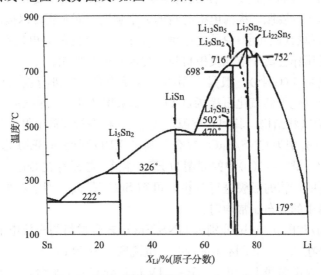

图 9-8 Li-Sn 的平衡相图（Huggins，1999）

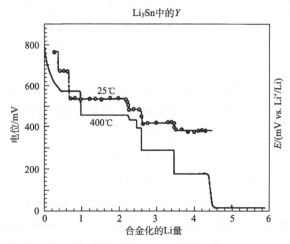

图 9-9　在 25℃和 400℃下 Li-Sn 系统的平衡滴
定曲线(电位-成分曲线)(Huggins，1999)

Li 与 Sn 可以形成如下合金：Li_5Sn_2、LiSn、$Li_{13}Sn_5$、Li_7Sn_2 和 $Li_{22}Sn_5$。Sn 被认为是有希望替代 C 成为锂离子电池负极材料的物质，它的储锂理论容量为 994mA·h/g，而且电位较低，缺点是与锂合金化的过程中会发生较大的体积变化，体积膨胀率可达到 300%，同时产生较大的应力，导致电极材料的开裂和粉末化，使容量快速衰减。

可以采用复合材料的途径解决这个问题，即采用碳基复合材料支撑 Sn 金属，以缓冲体积的膨胀，提高电极材料的力学强度，同时还可以提高导电性。由于石墨烯具有单层(或几层)原子的厚度，显示了非常好的导电性和高比表面积，所以可被考虑用作锂离子电池负极材料，提高负极的性能。

石墨烯纳米片(GNS)一般是采用两步合成法对石墨进行剥离得到的：①对石墨实行化学氧化得到氧化石墨烯(GO)；②采用还原方法将 GO 还原成 GNS。GNS 中含有褶皱状结构，其间有空隙，允许 Sn 在进行充放电循环时发生的体积膨胀。图 9-10 分别为 GNS/SnO_2 复合材料的 XRD 图谱和 SEM 形貌，SnO_2 的含量约为 36%。图 9-10(b)中的嵌图为 EDS 能谱，指示存在 Sn。

根据得到的产物的形貌进行分析，可知 SnO_2 是嵌入褶皱状的石墨烯中的，而且在石墨烯中的分布非常均匀。

图 9-11(a)和图 9-11(b)分别为 GNS/SnO_2 复合材料的充放电曲线和循环性能。充放电是在 0.05～2V 区间进行的，电流密度为 50mA/g。

在首次充放电曲线上，在 0.75～1.1V 电位处有一个平台，与 SEI 膜的形成以及 SnO_2 还原为 Sn 同时生成 Li_2O 的过程有关，这是首次容量衰减的主要原

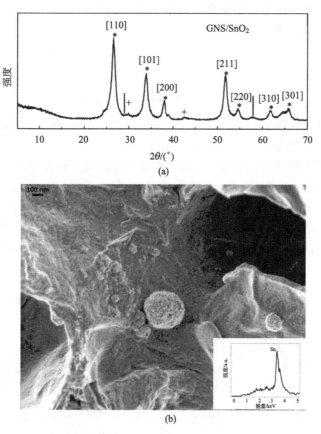

图 9-10　GNS/SnO₂ 复合材料的(a)XRD 图谱和(b)SEM 形貌(Birrozzi et al.，2014)

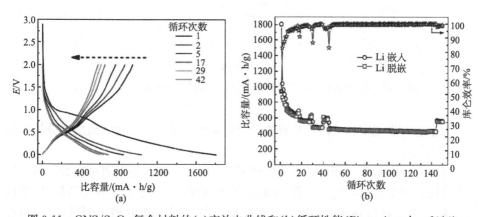

图 9-11　GNS/SnO₂ 复合材料的(a)充放电曲线和(b)循环性能(Birrozzi et al.，2014)

因。在以后的循环中充放电的形状没有明显的变化,在 0.75V 以下发生的反应过程可以用以下反应式表示:

$$SnO_2 + 4Li^+ + 4e^- \Longrightarrow 2Li_2O + Sn \tag{9-23}$$

$$Sn + xLi^+ + xe^- \Longrightarrow Li_xSn \ (0 \leqslant x \leqslant 4.4) \tag{9-24}$$

$$xLi^+ + C(石墨烯) \Longrightarrow Li_xC \tag{9-25}$$

从循环性能可以看到,首次的容量损失为 48%,而且前 10 次循环容量衰减较快,最后容量稳定在 450mA·h/g 左右。

为了更加清晰地分析反应的过程,对充放电曲线进行差分计时电位处理,结果如图 9-12 所示。图中 A-A* 峰电位分别为 0.760V 和 0.714V,对应生成 Li_2Sn_5;B-B* 峰电位分别为 0.657V 和 0.660V,对应生成 LiSn;C-C* 峰电位分别为 0.485V 和 0.485V,对应生成 Li_7Sn_x($2 < x < 5$);$Li_{22}Sn_5$ 则对应 0.423V 处的氧化峰。阴极峰 D* 隐藏在一个较大的斜坡中,对应 Li 嵌入碳。

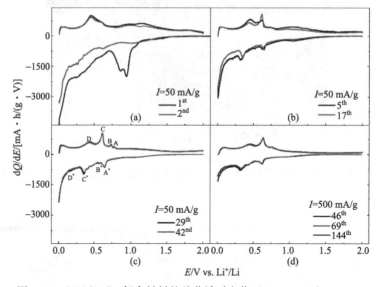

图 9-12　GNS/SnO₂ 复合材料的差分计时电位(Birrozzi et al., 2014)

为了进一步说明这种结构具有嵌锂的稳定性,进行了电化学阻抗谱分析,如图 9-13 所示。

可以看到,所有的 Nyquist 图均有两个半圆,高频区的半圆对应 SEI 膜,第二个半圆位于中频区,对应电极/电解液界面的双电层充放电以及电荷转移(法拉第电流)过程。在低频区有一斜线,对应 Li^+ 通过电解液和活性材料的扩散过程。经过拟合可以得到如下等效电路:$R_{el}(R_{sei}C_{sei})(R_{ct}C_{dl})WC_i$。式中 R_{el} 是电解液电阻;R_{sei} 和 C_{sei} 是与 SEI 膜有关的电阻和电容;R_{ct} 和 C_{dl} 是与电荷转移有关的电

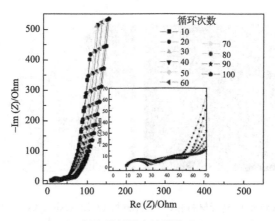

图 9-13　GNS/SnO₂ 复合材料的交流阻抗(Birrozzi et al.，2014)

阻和双电层电容；W 和 C_i 为 Li⁺ 的扩散电阻。R_{el}、R_{sei} 和 R_{ct} 都随循环而变化，R_{ct} 有小幅增加，与电极容量逐渐减少相对应。循环 100 次以后与 SEI 膜对应的电阻保持不变，说明电极表面具有较高的稳定性。

　　将富锂材料作为正极，Sn 作为负极组成全电池，是提高电池容量的有意义的研究，下面以 Sn-C/Li[Li₀.₂Ni₀.₄/₃Co₀.₄/₃Mn₁.₆/₃]O₂ 为例进行说明。

　　图 9-14（a）和 图 9-14（b）分别金属单质 Sn 和富锂材料 Li[Li₀.₂Ni₀.₄/₃Co₀.₄/₃Mn₁.₆/₃]O₂ 的 XRD 图谱。从图 9-14 中可以看到，负极材料为 Sn 单质，不含 SnO 和 SnO₂ 等氧化物；而正极材料为 α-NaFeO₂ 型结构，属于 $R\bar{3}m$ 空间群，在衍射角为 21°处为少量的 $C2/m$ 空间群物质。

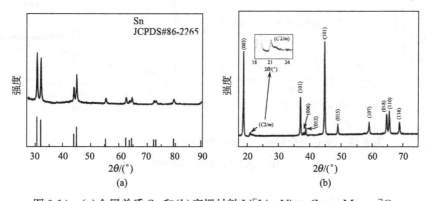

图 9-14　(a)金属单质 Sn 和(b)富锂材料 Li[Li₀.₂Ni₀.₄/₃Co₀.₄/₃Mn₁.₆/₃]O₂
的 XRD 图谱(Elia et al.，2014)

　　图 9-15(a)和图 9-15(b)分别为 Sn-C 复合材料和富锂材料 Li[Li₀.₂Ni₀.₄/₃Co₀.₄/₃Mn₁.₆/₃]O₂ 的 SEM 形貌。

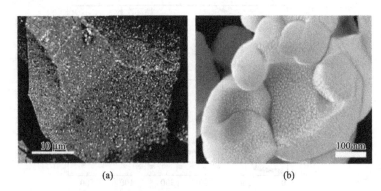

图 9-15　(a)Sn-C 复合材料和(b)富锂材料 Li[Li$_{0.2}$Ni$_{4/3}$Co$_{0.4/3}$Mn$_{1.6/3}$]O$_2$
的 SEM 形貌(Elia et al.，2014)

由图 9-15 可知，Sn-C 复合材料(Sn∶C＝38∶62，质量比)的颗粒大小为 50~60μm。Li[Li$_{0.2}$Ni$_{4/3}$Co$_{0.4/3}$Mn$_{1.6/3}$]O$_2$ 材料是由小的一次颗粒聚集而成，一次颗粒的大小为 100~200nm。

图 9-16（a）和图 9-16（b）分别为 Sn-C 复合材料和富锂材料 Li[Li$_{0.2}$Ni$_{4/3}$Co$_{0.4/3}$Mn$_{1.6/3}$]O$_2$ 的循环伏安曲线和充放电曲线。

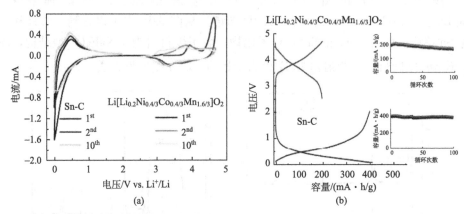

图 9-16　Sn-C 复合材料和富锂材料 Li[Li$_{0.2}$Ni$_{4/3}$Co$_{0.4/3}$Mn$_{1.6/3}$]O$_2$
的(a)循环伏安曲线和(b)充放电曲线

由图 9-16(a)可知，对于 Sn-C 复合材料，第一次循环伏安扫描显示了典型的不可逆过程，与无定形碳基材料表面形成 SEI 膜有关；在随后的循环中展现了可逆过程，为 Li-Sn 合金化的过程，反应中心位于约 0.5V 处。而 Li[Li$_{0.2}$Ni$_{4/3}$Co$_{0.4/3}$Mn$_{1.6/3}$]O$_2$ 材料在首次循环中也显示了不可逆性，不可逆的氧化峰位于 4.5~4.7V，与结构的重整和失氧有关；在随后的循环中显示了 Li$^+$

可逆地嵌入/脱出层状结构中的八面体间隙的位置，氧化峰和还原峰分别位于 3.9V 和 3.4V。还可以看到，随着循环的进行，$Li[Li_{0.2}Ni_{4/3}Co_{4/3}Mn_{1.6/3}]O_2$ 的氧化峰向 3.0V 移动，这是材料中层状结构相/尖晶石相相互生长的结果。

从充放电结果可以看到[图 9-16(b)]，Sn-C 复合材料的可逆循环容量约为 400mA·h/g，循环 100 次以后容量保持率约为 98%。$Li[Li_{0.2}Ni_{4/3}Co_{4/3}Mn_{1.6/3}]O_2$ 材料从 4.5V 开始放电，到 3.1V 为止，呈线性下降，因此电极的平均电压计算为 3.8V，比容量约为 200mA·h/g，经过 100 次循环以后，容量保持率约为 88%。如果按照 3.3V 为平均电压计算，则比能量为 660mA·h/g。

图 9-17 为金为全电池 $Sn\text{-}C/Li[Li_{0.2}Ni_{4/3}Co_{4/3}Mn_{1.6/3}]O_2$ 的充放电曲线和循环性能。

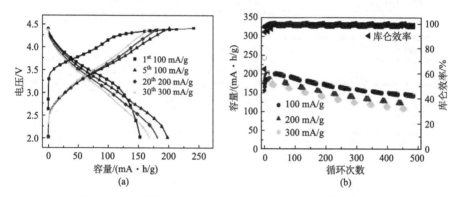

图 9-17 全电池 $Sn\text{-}C/Li[Li_{0.2}Ni_{4/3}Co_{4/3}Mn_{1.6/3}]O_2$ 的(a)
充放电曲线和(b)循环性能(Elia et al.，2014)

在充放电过程中，进行如下的可逆嵌锂反应：

$$Sn\text{-}C + Li[Li_{0.2}Ni_{4/3}Co_{4/3}Mn_{1.6/3}]O_2 \longrightarrow$$
$$Li_x Sn\text{-}C + Li_{(1-x)}[Li_{0.2}Ni_{4/3}Co_{4/3}Mn_{1.6/3}]O_2 \tag{9-26}$$

由于负极和正极均存在首次循环的不可逆性，所以全电池在首次循环中也表现出了不可逆性。在以后的循环过程中，平均电压为 3.3V，在 100mA/g 电流密度下，容量为 200mA·h/g，在 300mA/g 电流密度下，容量为 175mA·h/g。另外，在前几次的循环中容量略有增加，说明阴极和阳极材料在循环过程中结构进行了重新构造。这个电池的优点是随着电流倍率的提高极化程度较小。这确定了该电池是很有潜力的电池。经过 500 次循环，该电池的容量保持率可以达到 75%，库仑效率为 99%。

9.2.2 Zn_2SnO_4 材料

Zn_2SnO_4 为立方尖晶石结构，空间群是 $F\bar{3}dm$。Zn_2SnO_4(ZTO)作为一种重

要的半导体功能材料具有高电子迁移率、高导电率、优良的吸附性能和诱人的光学性能，有着重要的用途，在气体传感器、光电装置、太阳能电池染料增敏剂、电极材料等方面应用前景广阔。Zn_2SnO_4 的性能与材料制备方法紧密相关。为此，人们开发了很多相关的制备方法，其中有高温固相法、低温固相法、共沉淀法、化学气相沉积法等。水热反应是在密闭容器中进行的，人为地创造了一个高温高压环境，相对较低的反应温度，可以制备其他方法难以制备的材料，具有操作简单可控、产物晶体纯度高等优点，受到人们的极大关注。图 9-18 为一种 Zn_2SnO_4 的晶体结构数据。

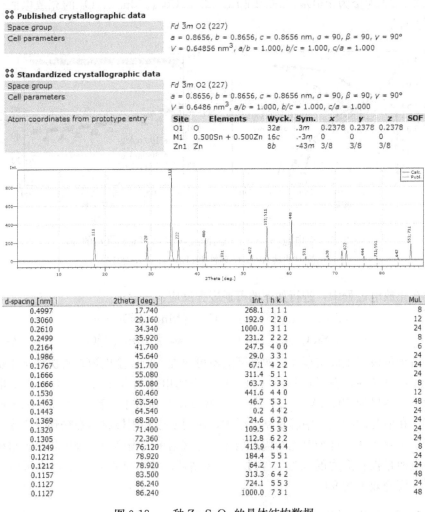

图 9-18　一种 Zn_2SnO_4 的晶体结构数据

1. 水热法制备 Zn_2SnO_4 材料

"水热"一词大约出现在 140 年前,原本用于地质学中描述地壳中的水在温度和压力联合作用下的自然过程,随后越来越多的化学过程也广泛使用这一词汇。直到 20 世纪 70 年代,人们才意识到水热法是一种制备陶瓷粉末的先进方法。简单来说,水热法是一种在密闭容器内完成的湿化学方法,与溶胶-凝胶法、共沉淀法等湿化学方法的主要区别在于温度和压力。水热法研究的温度范围在水的沸点和临界点(374℃)之间,但通常使用的是 130~250℃,相应的水蒸气压是 0.3~4 MPa。与溶胶-凝胶法和共沉淀法相比,水热法最大优点是一般不需高温烧结即可直接得到结晶粉末,从而省去了研磨及由此带来的杂质。据不完全统计,水热法可以制备包括金属、氧化物和复合氧化物在内的 60 多种粉末。所得粉末的粒度范围通常为 0.1 微米至几微米,有些可以达到几十纳米,且一般具有结晶好、团聚少、纯度高、粒度分布窄以及多数情况下形貌可控等特点。在超细(纳米)粉末的各种制备方法中,水热法被认为是环境污染少、成本较低、易于商业化的一种具有较强竞争力的方法。

水热法制备超细(纳米)粉末自 20 世纪 70 年代兴起后,很快受到世界上许多国家,特别是工业发达国家的高度重视,这些国家纷纷成立了专门的研究所和实验室,如美国 Battelle 实验室和宾州大学水热实验室,日本高知大学水热研究所和东京工业大学水热合成实验室,法国 Thomson-CSF 研究中心等。利用水热法制备超细(纳米)粉末,目前处在研究阶段的品种不下几十种,除铜、钴、镍、金、银、钯等几种金属粉末外,主要集中在陶瓷粉末上。目前对陶瓷粉末的研究基本处于扩大试验阶段,近期可望开发成功的有氧化锆、氧化铝等氧化物和钛酸铅、锆钛酸铅等压电陶瓷粉末,生产规模从几公斤/天到几百吨/年。

水热法的基本原理是利用高温高压的水溶液使那些在大气条件下不溶或难溶于水的物质溶解,或反应生成该物质的溶解产物,通过控制高压釜内溶液的温差使溶液产生对流以形成饱和状态而析出生长晶体的方法。

水热法合成材料采用的主要装置为高压釜,并充填矿化剂。矿化剂指的是水热法生长晶体时采用的溶剂。

矿化剂通常可分为以下 5 类:①碱金属及铵的卤化物;②碱金属的氢氧化物;③弱酸与碱金属形成的盐类;④酸类(一般为无机酸)。

制备 Zn_2SnO_4 的化学反应式如下:

$$SnCl_4 + 2ZnCl_2 + 8N_2H_4 \cdot H_2O \Longrightarrow Zn_2SnO_4 + 8N_2H_5Cl + 4H_2O \qquad (9\text{-}27)$$

操作过程如下:将按化学计量比称取的 $SnCl_4 \cdot 5H_2O$ 和 $ZnCl_2$ 配成溶液,在不停搅拌的条件下逐滴加入 $N_2H_4 \cdot H_2O$。$N_2H_4 \cdot H_2O$ 迅速和 $SnCl_4$、$ZnCl_2$ 溶液反应,形成白色溶胶,搅拌后将最终的混合物转移至聚四氟乙烯内衬的高压釜中，充满反应釜容积的 80％，密封后置于烘箱中，在 180℃恒温加热 24h。反应结束后冷却至室温，将沉淀物用去离子水反复进行离心洗涤，最后置于烘箱中 90℃恒温干燥，干燥后得到 Zn_2SnO_4 粉末。

图 9-19 给出了水热反应温度为 180℃，反应时间为 24h，水合肼的物质的量浓度分别为 0.4 mol/L、0.5 mol/L、0.6 mol/L 和 0.8 mol/L 所得产物的 XRD 图谱。从图 9-19 可以看出，当水合肼的物质的量浓度为 0.4 mol/L 时，得到的产物基本是 Zn_2SnO_4，但有少量的 SnO_2 杂质存在；当水合肼的物质的量浓度为 0.5 mol/L 和 0.6 mol/L 时，便可得到纯相的 Zn_2SnO_4，且衍射峰明显增强；但水合肼的物质的量浓度增加到 0.8 mol/L 时，除得到 Zn_2SnO_4 衍射峰外，又出现 $ZnSnO_3$ 杂质。这说明水合肼的物质的量浓度是影响水热反应的一个重要因素。水合肼的物质的量浓度过高和过低都得不到纯相 Zn_2SnO_4。

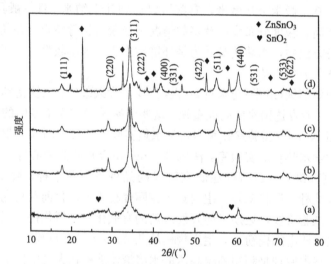

图 9-19　水热反应温度为 180℃，反应时间为 24h，
不同水合肼的物质的量浓度所得产物的 XRD 图谱(Yuan et al.，2010)
(a) 0.4mol/L；(b) 0.5 mol/L；(c) 0.6 mol/L；(d) 0.8 mol/L

在水热反应过程中，晶体表面同时存在着结晶与溶解这一对可逆过程。当结晶速度大于溶解速度时，晶体就会生长，反之晶体就会溶解。水合肼溶于水，与水反应呈弱碱性：$N_2H_4 + H_2O \longrightarrow N_2H_5^+ + OH^-$，形成正一价肼离子 $N_2H_5^+$ 和 OH^-；$N_2H_4 + 2H_2O \longrightarrow N_2H_6^{2+} + 2OH^-$，形成正二价肼离子 $N_2H_6^{2+}$ 和 OH^-。当水合肼的物质的量浓度过小时，生成的中间产物 $Sn(OH)_4$ 和 $Zn(OH)_2$ 浓度过低，两者碰撞的概率就小，结合成的 $Zn_2Sn(OH)_8$ 前驱体的结晶速率缓慢且结合不完全，因此所得的产物衍射峰相对较弱且有杂质；当水合肼的物质的量浓

度过大时可能发生如下副反应：

$$SnCl_4 + ZnCl_2 + 3N_2H_4 \cdot H_2O === ZnSnO_3 + 3N_2H_6Cl_2 \qquad (9\text{-}28)$$

图 9-20 为反应温度为 180℃，反应时间为 24h，不同水合肼的物质的量浓度下合成的样品的 TEM 形貌。由图 9-20 可见，当水合肼的物质的量浓度 0.4 mol/L 和 0.5 mol/L 时，所合成的材料形貌不规则，晶型不完美而且团聚严重，说明水合肼的物质的量浓度较低时，Zn_2SnO_4 晶体成核速度过慢，晶体发育不完全；当水合肼的物质的量浓度增加到 0.6 mol/L 时，样品均呈现规则的立方块形状，平均粒径为 30nm 左右，比水合肼的物质的量浓度为 0.4 mol/L 和 0.5 mol/L 合成的材料粒径大，这是因为水合肼的物质的量浓度增大时，Zn_2SnO_4 晶体成核速度和核生长速度都加快，所生成样品晶型趋于完美，样品颗粒也长大，对应的电子衍射 SAED 图由一系列同心圆环组成，表明合成的 Zn_2SnO_4 是多晶；当水合肼的物质的量浓度增大到 0.8 mol/L 时，样品中除有规则的立方块

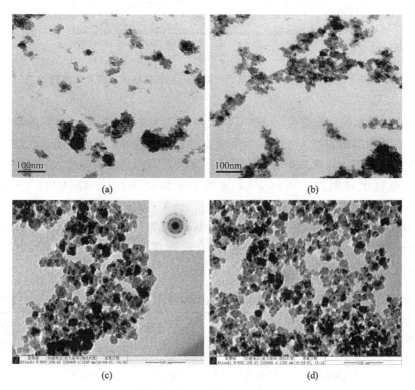

图 9-20　不同水合肼浓度下合成的样品的 TEM 形貌(Yuan et al.，2010)

(a)0.4 mol/L；(b)0.5 mol/L；(c)0.6 mol/L 以及对应的电子

衍射选区电子衍射(SAED)图；(d)0.8 mol/L

外，还能看到一些形貌不规则的小颗粒。结合 XRD 图可分析，这些小颗粒可能是 $ZnSnO_3$ 杂质。从上述分析看出：水合肼的物质的量浓度是影响样品的纯度、结晶度和形貌的重要因素，也是造成材料电化学性能差异较大的重要原因。

图 9-21 为合成产物的充放电曲线。

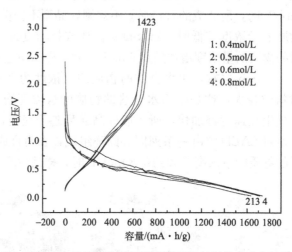

图 9-21　不同水合肼的物质的量浓度得到的材料的首次充放电曲线

表 9-4 为水热反应温度为 180℃，反应时间为 24h，不同水合肼的物质的量浓度下合成材料的首次充放电和循环性能数据。由表 9-4 可见，随水合肼的物质的量浓度的增大，首次放电容量先减小后增大，但库仑效率先增大后减小，对应的放充电容量分别为 1709mA · h/g 和 691.9mA · h/g、1634.0mA · h/g 和 709.7mA · h/g、1714.4mA · h/g 和 752.1mA · h/g 以及 1736.1mA · h/g 和 722.5mA · h/g，首次充放电库仑效率分别为 40.4％、43.4％、43.9％ 和 41.6％。由此可见，当水合肼的物质的量浓度为 0.6 mol/L 时，所制得的 Zn_2SnO_4 样品首次放电效率最高。

表 9-4　不同水合肼的物质的量浓度得到的材料的电化学性能（Yuan et al. ，2010）

水合肼的物质的量浓度 /(mol/L)	首次放电容量/(mA·h/g)	首次充电容量/(mA·h/g)	库仑效率 /％	40 次放电容量 /(mA·h/g)	容量保持率 /％
0.4	1709.9	691.9	40.4	394.5	57.0
0.5	1634.0	709.7	43.4	404.9	57.1
0.6	1714.4	752.1	43.9	483.9	64.3
0.8	1736.1	722.5	41.6	380.7	52.7

　　为了研究 Zn_2SnO_4 充放电过程，取水合肼的物质的量浓度为 0.5 mol/L 时制备的材料进行循环性能测试。图 9-22 为水合肼的物质的量浓度为 0.5 mol/L 时所得材料前 3 次和第 30 次循环的充放电曲线。由图 9-22 可见电池首次放电容量为 1634mA·h/g，随后的可逆容量为 709.7mA·h/g。首次放电曲线上在 1.0 V 以上电压范围内几乎没有容量，在 1.0~0.05V 出现一个较宽的平台。首次放电有别于其后的放电，首次不可逆容量高达 924.3mA·h/g。

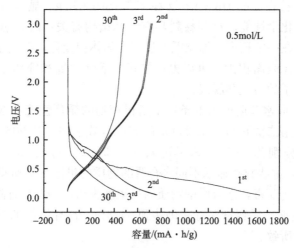

图 9-22　水合肼的物质的量浓度为 0.5 mol/L 时合成产物的
前 3 次和第 30 次循环的充放电曲线

Zn_2SnO_4 在充放电过程中发生如下反应：

$$4Li^+ + Zn_2SnO_4 + 4e^- \longrightarrow Sn + 2Li_2O + 2ZnO \tag{9-29}$$

$$8Li^+ + Zn_2SnO_4 + 8e^- \Longrightarrow 2Zn + Sn + 4Li_2O \tag{9-30}$$

$$xLi^+ + Sn + xe^- \Longrightarrow Li_xSn \ (0 \leqslant x \leqslant 4.4) \tag{9-31}$$

$$yLi^+ + Zn + ye^- \Longrightarrow Li_yZn \ (y = 1) \tag{9-32}$$

综上可知，反应可嵌入 14.4 个 Li^+，由如下比容量计算公式得到。

$$比容量 = nF/3.6M_w \tag{9-33}$$

式中，F 为法拉第常量；n 为嵌入 Li^+ 的物质的量；M_w 为活性物质的摩尔质量。

　　可以计算出 Zn_2SnO_4 材料的理论不可逆容量和可逆容量分别为 1231mA·h/g 和 547mA·h/g。而所制备的 Zn_2SnO_4 首次放电容量为 1634mA·h/g，超出其理论不可逆容量。

　　与其他锡基氧化物相似，Zn_2SnO_4 首次放电过程对应着晶格的破坏以及金属锡和金属锌的生成；然后在循环过程中形成的 Li-Sn 和 Li-Zn 合金发生可逆合金化与去合金化。锡基复合氧化物的电化学过程都是按合金型机理进行，可逆容量来自合金的可逆形成。反应过程中生成无定形 Li_2O，另外在充放电过程中电极表面生成 SEI 膜也要消耗 Li^+，导致首次不可逆容量的产生。而本研究制备的纳米 Zn_2SnO_4 具有很大的比表面积，SEI 膜所消耗的 Li^+ 较多，因此不可逆容量更大。实验结果还表明，虽然所制备的纳米 Zn_2SnO_4 材料有较大的首次不可逆容量，但是从第二次循环开始，放电容量达 764.1mA·h/g，经 20 次和 30 次循环后容量还能保持在 539.1mA·h/g 和 483.7mA·h/g，显示纳米 Zn_2SnO_4 材料具有较好的电化学性能。这与材料具有纳米结构有关，因为纳米 Zn_2SnO_4 的颗粒较小，可以在一定程度上抑制循环过程中的体积变化，有利于循环过程，同时材料粒径小、比表面积大，可以提供更多的活性位置和锂离子快速扩散的通道，有利于锂离子的嵌入和脱嵌。

图 9-23 为不同水合肼的浓度条件下所得产物的循环性能曲线。除首次充放电效率很低外，第二次开始，Zn_2SnO_4 的充放电效率都达到 90% 以上。40 次循环后放电容量分别为 394.5mA·h/g、404.9mA·h/g、483.9mA·h/g 和 380.7mA·h/g，这些数据显示不同水合肼的物质的量浓度下所得材料的容量衰减都很快，但相比而言，水合肼的物质的量浓度为 0.6 mol/L 时制备的材料循环性能最好，40 次循环后容量保持率仍达到 64.3%。循环性能的差异主要是由上述的结构和形貌所致。

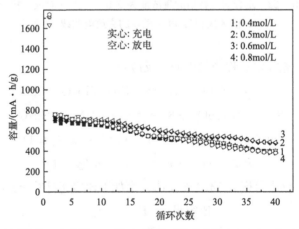

图 9-23　水热反应产物 Zn_2SnO_4 的循环性能曲线（Yuan et al.，2010）

2. $Zn_2Sn_{1-x}Ti_xO_4/C$（$x = 0.1$，0.2，0.3）复合材料的制备

以葡萄糖为碳源，将质量分数为 15% 的葡萄糖和水热合成的 $Zn_2Sn_{1-x}Ti_xO_4$ 粉末混合后溶于去离子水，在不停搅拌的条件下水浴加热烘干后，在氩气气氛下

600℃焙烧 2h，得到 $Zn_2Sn_{1-x}Ti_xO_4/C$ 复合材料。

图 9-24 为 Zn_2SnO_4 材料和 Ti 掺杂 $Zn_2Sn_{1-x}Ti_xO_4(x = 0.1, 0.2, 0.3)$材料的 XRD 图谱。由图 9-24 可见，参照纯相立方尖晶石型 Zn_2SnO_4 的标准 XRD 卡片(PDF No. 24-1470)，相同水热条件下，Zn_2SnO_4 与 Ti 掺杂 $Zn_2Sn_{1-x}Ti_xO_4$ 具有几乎相同的图谱且能与纯相立方尖晶石型 Zn_2SnO_4 的标准 XRD 卡片很好地吻合。这说明两者皆属于立方尖晶石型 Zn_2SnO_4，Ti 掺杂没有改变 Zn_2SnO_4 的晶体结构。由布拉格方程 $2d\sin\theta=n\lambda$ 可知，d 有逐渐减小的趋势，说明掺杂 Ti 已经进入立方尖晶石型 Zn_2SnO_4 中 Sn 的位置。因为 Ti^{4+} 的离子半径($r_{Ti^{4+}}=0.061nm$)比 Sn^{4+} 的离子半径 ($r_{Ti^{4+}}=0.071nm$)小，所以晶面间距 d 减小。同时，根据 Rietveld 方法计算出 Zn_2SnO_4 和 Ti 掺杂 $Zn_2Sn_{1-x}Ti_xO_4(x=0.1, 0.2, 0.3)$的晶胞参数，列于表 9-5 中。从表 9-5 中可以看出，随着 Ti 掺杂量的增加，材料的晶胞参数逐渐减小，进一步说明掺杂 Ti 进入 Zn_2SnO_4 的晶体结构中。

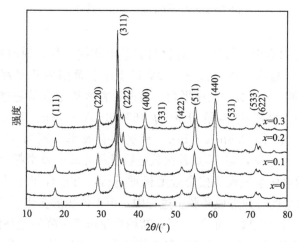

图 9-24　Zn_2SnO_4 材料和 Ti 掺杂 $Zn_2Sn_{1-x}Ti_xO_4(x = 0.1, 0.2, 0.3)$ 材料的 XRD 图谱(Yuan et al.，2011)

表 9-5　$Zn_2Sn_{1-x}Ti_xO_4(x = 0, 0.1, 0.2, 0.3)$的晶胞参数

样品	a/nm
$x=0$	0.8655
$x=0.1$	0.8646
$x=0.2$	0.8640
$x=0.3$	0.8635

$Zn_2Sn_{1-x}Ti_xO_4(x = 0.1, 0.2, 0.3)$材料的充放电曲线和循环性能如图 9-25
所示。

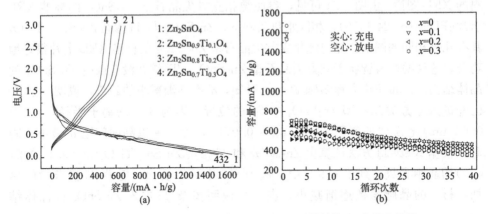

图 9-25　$Zn_2Sn_{1-x}Ti_xO_4(x = 0.1, 0.2, 0.3)$材料的(a)充放电曲线
和(b)循环性能(Yuan et al.，2011)

从图 9-25 可以看出，掺 Ti 前后材料充放电曲线相似，说明掺 Ti 前后有相
同的充放电机理。首次放电曲线在 1.0V 以上电压范围内几乎都没有容量，在
1.0～0.05V 出现一个较宽的电压平台。另外，首次放电容量随掺杂量的增加而
逐渐减小。对应的放电容量分别为 1670.8mA·h/g、1589.8mA·h/g、
1548.4mA·h/g 和 1532.5mA·h/g，首次库仑效率分别为 41.3%、40.9%、
36.8%和 33.4%。可见，掺 Ti 后首次放电容量和充放电效率都有一定程度的减
小。Zn_2SnO_4 的电化学过程是按合金型机理进行，可逆容量主要来自合金的可
逆形成。但在合金的可逆形成和脱去过程中，由于体积的变化引起电极的"团聚"
和"粉化"，容量迅速衰减。而掺 Ti 后，初始容量虽然下降但循环性能有所提高，
这是因为用 Ti 部分取代 Sn，不改变其晶体结构。TiO_2 嵌入和脱出 Li^+ 的机制与
Zn 和 Sn 不同，进行如下可逆反应：

$$TiO_2 + xLi^+ + xe^- \longrightarrow Li_xTiO_2 \tag{9-34}$$

TiO_2 是个亚稳相，并且在嵌入 Li^+ 的过程中，Li_xTiO_2 的晶体结构发生从四
方相 $Li_{0.05}TiO_2$ 向正方相 $Li_{0.5}TiO_2$ 的转变，对应的放电容量为 168mA·h/g，但是
它在充放电过程中可以保持结构的稳定。用 Ti 部分取代 Sn，虽然 $Zn_2Sn_{1-x}Ti_xO_4$
与 TiO_2 的晶体结构不同，但是由于 Ti—O 很稳定，很难被 Li^+ 还原成单质 Ti，
所以在充放电循环过程中，能够维持 Ti—O 的结构构架，使反应中心(Sn 或 Zn)
相互隔离，从而避免或减小循环过程中产生的金属 Zn 和 Sn 的聚集程度，并且
能够降低因活性材料粉末化造成的导电接触不好的程度，使嵌入和脱出 Li^+ 的过

程可逆程度提高，从而使循环性能得到改善。

由 $Zn_2Sn_{1-x}Ti_xO_4$ 材料的循环性能曲线可知，掺 Ti 的量对 $Zn_2Sn_{1-x}Ti_xO_4$ 的电化学性能影响较大。尽管 Ti 掺杂的样品首次放电容量和库仑效率均有一定程度减小，但循环性能有明显提高。当掺 Ti 量为 0.1 时，经 40 次循环后放电容量仍保持在 456.0mA·h/g，容量保持率由掺杂前的 49.9% 提高到 70.1%，说明掺 Ti 极大改善了材料的循环性能。但是继续增加掺杂量，容量反而降低，当掺杂量为 0.3 时，40 次循环后放电容量为 378.9mA·h/g，接近掺杂前的水平。由此可见，当掺杂量为 0.1 时，材料表现出最好的电化学性能。

材料的循环伏安曲线如图 9-26 所示，材料的首次循环和其后的循环差别很大。首次循环时，当电位降至 1.0V 以下时，锂化反应发生，纯 Zn_2SnO_4 和 $Zn_2Sn_{0.9}Ti_{0.1}O_4$ 材料在 0.10V 时出现还原峰。锂化过程对应多步电化学过程，包括 SEI 膜的生成、金属锡和锌的还原以及多种不同锂化量的 Li_xSn 和 Li_yZn 合金的生成。在第二次和第三次循环中，Zn_2SnO_4 和 $Zn_2Sn_{0.9}Ti_{0.1}O_4$ 材料分别在 0.76V 和 0.71V 附近出现还原峰，这个峰包含了不同锂化量的 Li_xSn 和 Li_yZn 合金的生成。与各自的可逆还原峰相对应，每次阳极扫描纯 Zn_2SnO_4 都在 1.27V 和 0.56V 附近出现氧化峰，而 $Zn_2Sn_{0.9}Ti_{0.1}O_4$ 都在 1.30V 和 0.71V 出现氧化峰。这两个氧化峰对应的是以上反应的可逆过程，这两个氧化峰的出现与 Li_xSn 和 Li_yZn 合金的连续去合金化反应有关。

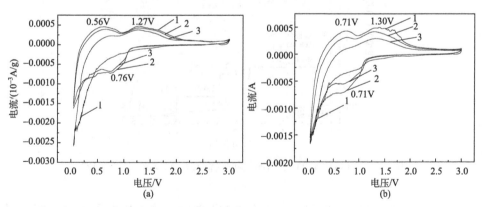

图 9-26　材料(a) Zn_2SnO_4 和(b)$Zn_2Sn_{0.9}Ti_{0.1}O_4$ 的前 3 次
循环伏安曲线(Yuan et al.，2011)

9.2.3　Li-Si 材料

硅在地球上储量丰富，成本相对较低，对环境无污染。硅和锂能形成 LiSi、$Li_{12}Si_7$、Li_2Si、$Li_{2.25}Si$、$Li_{4.7}Si_2$、$Li_{13}Si_4$、Li_7Si_3、Li_7Si_2、$Li_{15}Si_4$、Li_4Si、$Li_{21}Si_5$

和 $Li_{22}Si_5$ 等合金，$Li_{22}Si_5$ 合金的理论容量高达 4200mA·h/g，对应下面的反应式：

$$22Li^+ + 5Si + 22e^- \longrightarrow Li_{22}Si_5 \qquad\qquad (9\text{-}35)$$

是碳基负极材料的近 11 倍，在目前已知元素中理论容量最高，是一种非常有发展前景的负极材料。但硅基负极材料在脱嵌锂的过程中伴有较大的体积变化（体积膨胀约 400%），导致硅材料破碎和粉化，使材料内部结构崩塌、电极材料剥落，从而使电极材料失去电接触，造成电极的循环性能急剧下降，此外其首次效率也较低，这些缺点限制了它在锂离子电池中的实际应用。目前，硅基负极材料的研究基本上是围绕缓冲硅材料的体积变化和提高其电导率等方面进行的。

图 9-27 为 Li-Si 系统平衡相图，当 Li 嵌入 Si 材料时，Si 经历一系列的相变，理论上在恒电流-电压曲线上会产生多个电位平台，如图中粗线所示，然而实际上只是在高温(450℃)下才出现这种情况；室温下，晶体 Si 在第一次锂化过程中只进行晶体-无定形这个单一的相变，而且以后将保持无定形状态。

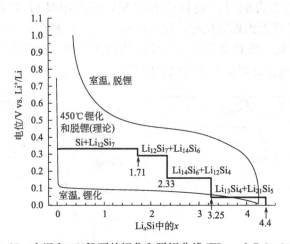

图 9-27　室温和 450℃下的锂化和脱锂曲线(Wu and Cui，2012)

在 0.002 英寸(1in＝2.54cm)厚的 304 不锈钢基体上用电子束蒸发镀一层 50nm 厚的 Au，并在 485℃下退火 30min，这期间通入硅烷 SiH_4，保持仓内的压力为 40Torr[①] 时间为 20min，通过微天平能够准确控制生成的 Si 纳米线的质量。实验装置如图 9-28 所示，Si-Au 二元相如图 9-29 所示，Si 纳米线的成长机理如图 9-30 所示。

---

① 1Torr＝1.33322×10²Pa。

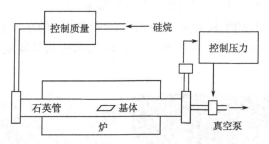

图 9-28　制备 Si 纳米线的实验装置(Chan et al.，2009)

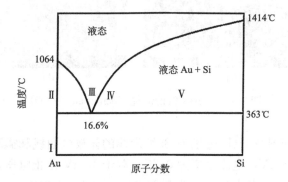

图 9-29　Si 纳米线的生长过程和 Si-Au
二元相图(Chan et al.，2009)

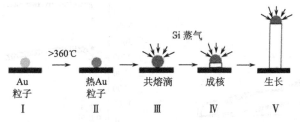

图 9-30　Si 纳米线的成长机理(Chan et al.，2009)

这是一个改进的气-液-固成长方法(vapor-liquid-solid，VLS)。VLS 方法是利用二元相图中的共晶区制备纳米线的一个重要方法。制备过程中，一种元素起到催化剂的作用，促进纳米线成核，另一种元素以蒸气形式提供，最终形成纳米线的体相。纳米线成长以后，催化剂在尖端位置。对 Si 而言，常用 Au 作为催化剂。Au 催化剂加热到高于共晶温度(363℃)后，通入气相 SiH_4，SiH_4 分解成单质 Si。Si 溶解在 Au 颗粒之中，形成一个共晶颗粒，如图 9-30 中Ⅲ所示。一旦达到过饱和，如图 9-30 中Ⅳ所示，单晶 Si 纳米线开始成核，连续通入气相

SiH₄，将使纳米线不断生长，如图 9-30 中 V 所示。

制备的 Si 纳米线的形貌如图 9-31 所示。Si 纳米线的平均直径为 100nm，长度为数十微米[图 9-31(a)]。横切面显示了 Si 纳米线从基体垂直成长的情况[图 9-31(b)]。

图 9-31　Si 纳米线的形貌(Chan et al.，2009)

图 9-32(a)和图 9-32(b)分别为 Si 纳米线的充放电曲线和循环性能。充电电压范围为 10mV～2V，电流倍率为 0.2C。对于 10mV 截止电压，充放电容量都较稳定，首次库仑效率为 84%，以后为 99%。循环 16 次以后，容量开始下降。循环 50 次以后，库仑效率为 61%，容量为 2000mA·h/g。

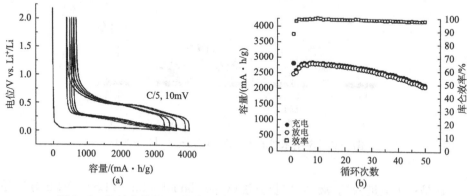

图 9-32　Si 纳米线的(a)充放电曲线和(b)循环性能(Chan et al.，2009)

交流阻抗是研究电极反应的一个有效方法。电极总的阻抗包括 SEI 电容、嵌锂过程的电荷转移电阻、界面双电层电容和固态扩散等。通过阻抗谱可以研究 Si 纳米线的嵌锂机理。

9.3　磷负极材料

相对于金属锂电极而言，尽管碳材料在安全性能和循环性能等方面有很大的改进，但仍存在许多不足：理论比容量低（$372mA \cdot h/g$）；锂离子在碳材料中扩散速率较慢；由于碳的嵌锂电位与金属锂的电极电位相近，在大电流充电时，容易在电极表面形成锂枝晶，存在安全隐患等。虽然通过有机裂解得到的碳材料的比容量得到了很大提高，但首次充放电效率低及电压滞后的缺点限制了它的实际应用。近年来，磷及其化合物作为锂离子电池的负极材料得到了越来越多的关注。

单质磷主要有 3 种同素异形体，分别是白磷、红磷和黑磷。纯白磷是无色透明的晶体，遇光逐渐变为黄色，因此又叫黄磷。黄磷有剧毒，误食 0.1g 就能致死。白磷晶体是由 P_4 分子组成的分子晶体，P_4 分子是四面体构型。分子中P—P键长是 221pm，键角∠PPP 是 $60°$，在 P_4 分子中，当每个 P 原子用它的 3 个 p轨道与另外 3 个 P 原子的 p 轨道形成 3 个 s 键时，这种纯的 p 轨道间的键角应为$90°$，而实际上却是 $60°$，因此 P_4 分子具有张力。这种张力的存在使每一个 P—P的键能减弱，易于断裂，因此黄磷在常温下有很高的化学活性。

将白磷隔绝空气在 400℃加热数小时就可以转化为红磷。红磷是紫磷的无定形体，是一种暗红色的粉末，不溶于水、碱和 CS_2 中，没有毒性。

红磷是由 9 个磷原子连接成的稠环结构，相当于一个六元环与一个五元环交叉在一起，横看是个通道，侧看也是个通道。

黑磷是磷的一种最稳定的变体，将白磷在高压（1215.9 MPa）下或在常压下用 Hg 做催化剂并以小量黑磷做"晶种"，在 220～400℃温度下加热 8d 才可得到黑磷。黑磷具有石墨状的片层结构并能导电，因此黑磷有"金属磷"之称。

黑磷为窄带隙半导体，导电导热性良好，电阻率为 $0.48～0.77Q \cdot cm$，有金属光泽。无定形黑磷的密度为 $2.25g/cm^3$，晶体黑磷密度为 $2.69g/cm^3$，高于石墨的密度，因此作为电极材料更有利于高体积比容量的实现。黑磷的这些优良性质使其成为目前锂离子电池负极材料的研究重点。目前已知的黑磷主要有四种结构：菱形、简单立方、正交和无定形。在常温常压下，黑磷为正交晶型结构。一定条件下各种结构之间可以相互转化。室温条件下，压强为 5GPa 时，正交晶型的黑磷可以转变为菱形，而当压强升到 10 GPa 时，又转变为简单立方。正交晶型的黑磷空间群为 *Cmce*，每个单胞里有 8 个原子，化学结构类似于石墨。但是它的结构与石墨还有差别，即同一层内的原子不在同一平面上，而是沿着 *b* 轴呈褶皱的层状结构，同一层的原子与周围的 3 个原子通过 3p 杂化轨道相连，层内具有较强的共价键，并留有未成对电子，由于每个原子都是饱和的，层间原子像石墨一样靠范德华力作用结合。黑磷结构中的 sp 轨道杂化使得褶皱层状结构十分稳定，并且褶皱层状结构中范德华力的存在改良了黑磷的电子特性，从而为其成为锂离子电池负极材料提供了可能。由于黑磷具有与石墨类似的层状结构而且具有较大的层间距，所以被认为具有与石墨相似的嵌锂性能。但是黑磷的晶胞远大于石墨的晶胞，形成的嵌锂反应通道间距为 0.43nm，大于石墨的 0.3354nm，这一特征决定了锂离子在正交晶型的黑磷中有高的扩散系数，因此，以黑磷为锂离子电池负极材料可以实现更高的大电流放电性能。黑磷沿着（0k0）晶面有特殊的褶皱层状结构，它为锂离子提供了一个二维脱嵌通道。在（020）晶面沿 a 轴具有最大的锂离子脱嵌通道，在（040）晶面无论沿 a 轴还是 c 轴都具有最优的锂离子脱嵌通道，这使得锂离子在黑磷中的迁移更加容易。锂离子嵌入黑磷晶胞的位置和分布也与石墨不同。对于石墨来讲，其嵌锂化合物为 LiC_6，理论比容量为 372mA·h/g；而对于黑磷而言，磷可以与锂通过电化学反应生成多种化合物，当单位磷嵌入 3 个锂时，可以形成高达2595mA·h/g的比容量，远超过目前商业化的石墨电极材料。

黑磷合成较难，一般离不开高温高压（HTHP）条件，因此较难获得商业应用。采用环境温度和压力，利用高能球磨（HEMM）的方法将无定形红磷转变为层状结构的黑磷有希望使该材料获得实际应用。HEMM 过程中温度一般可以达到 200℃以上，压力达到 6GPa 数量级，这样的条件能够使红磷转变成同素异形的黑磷。

图 9-33 为红磷、黑磷和黑磷/碳复合材料的充放电曲线。红磷的放电和充电容量分别为 1692mA·h/g 和 67mA·h/g，由于充电容量低，不能用作负极材料。尽管黑磷的充电容量有所提高，为 1279mA·h/g，但它的首次库仑效率仅为 57%，原因是它的本征电导率低。与单质红磷和黑磷相比，黑磷/碳复合材料显示了优良的放电和充电性能，首次放电和充电容量分别为 2010mA·h/g 和 1814mA·h/g，首次库仑效率为 90%，是目前报道最高的。

黑磷在首次放电过程中经历了如下过程：P（黑磷）→Li_xP→LiP→Li_2P→Li_3P

图 9-34 是红磷、黑磷和黑磷/碳复合材料的充放电循环性能的比较。红磷的循环性能最差，黑磷/碳复合材料在 0～2.0V 充放电电压区间循环时，容量衰减较快，这是因为在形成 Li_3P 时发生了较大的体积变化，颗粒粉碎。但是在 0.78～2.0V 电压区间，分别对应 LiP 相和 P 相，测试电极显示了良好的循环性能，循环 100 次后，容量仍大于 600mA·h/g。

图 9-35 为黑磷和 LiP 的结构图。黑磷属于正交晶系，为层状结构，层状结构中还含有褶皱层。P 原子沿 a 轴堆积较密，形成一个沿 c 轴可折叠的结构，层间则是以较弱的范德华力结合。

在单斜晶系 LiP 中，P 原子沿 b 轴相连，放电时，嵌入的 Li 使 P 原子链沿

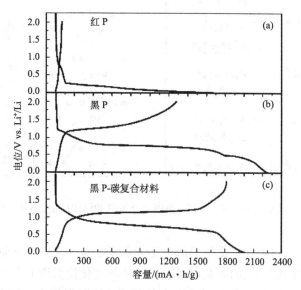

图 9-33　不同形态 P 的首次充放电曲线(Pack and Sohn，2007)

(a)红磷；(b)黑磷；(c)黑磷/碳复合材料

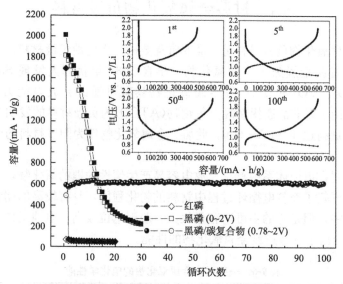

图 9-34　红磷、黑磷和黑磷/碳复合材料的充放电循环性能，嵌图为黑磷/碳复合材料在 0.78～2V 的第 1、5、50 和 100 次充放电循环(Park and Sohn，2007)

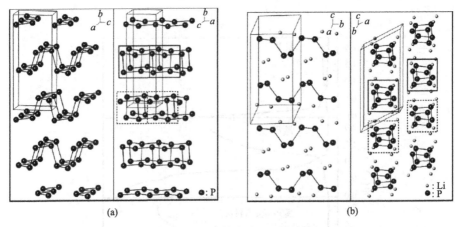

图 9-35　(a)正交晶系黑磷 P 和(b)单斜晶系 LiP 的结构(Park and Sohn，2007)

a 轴断开。单位晶胞中，正交的黑磷 P 沿 b 轴的长度与 LiP 沿 c 轴的长度几乎相同。P 与 LiP 之间结构上的联系以及很小的体积变化使黑磷 P 具有较好的嵌锂循环性能。P 作为负极可以避免当放电电位接近 0V 时形成 Li 晶枝而引发的安全问题。

9.4　过渡金属氧化物负极材料

过渡金属氧化物负极材料是一类非常重要的二次电池负极材料。过渡金属氧化物就是以过渡金属为主体的氧化物，早在 1987 年就有人发现 SnO、SnO_2、WO_2、MoO_2、VO_2 和 TiO_2 等金属氧化物具有可逆的充放电能力。1994 年，Fuji 公司申请了以非晶态锡基复合氧化物(ATCO)为负极材料的发明专利，该负极材料比容量高达 600mA·h/g。此后，金属氧化物作为阳极材料的研究被人们广泛关注。

这类材料在电池体系中首次充放电容易产生惰性的锂的氧化物，虽然利于材料的稳定，减轻了充放电循环过程中材料的粉化程度，且有较高的储锂容量和较好的循环性能，但是它的不可逆容量较大，脱锂电位较高，电池工作电压区间较窄。表 9-6 给出了一些过渡金属氧化物的性能。

表 9-6　一些过渡金属氧化物的电化学性能

金属氧化物	比容量/(mA·h/g)
Cr_2O_3	1058
MnO	755
MnO_2	1233

续表

金属氧化物	比容量/(mA·h/g)
SnO_2	782
SnO	875
Fe_2O_3	1007
Fe_3O_4	926
CoO	715
Co_3O_4	890
NiO	718
CuO	674
MoO_2	1117

　　与其他过渡金属氧化物的锂化机理不同，TiO_2 为嵌入/脱嵌机理，反应式如下：

$$TiO_2 + xLi \longrightarrow Li_x TiO_2 + xe^- \quad (9\text{-}36)$$

式中，x 为嵌入的锂离子的含量，存在一个最大值，为 0.5，对应理论容量为 167.5mA·h/g。虽然理论容量较低，但是它具有能够进行大倍率充放电的性能。由于 TiO_2 的电导率较低，需要设计成纳米结构才能有效改善 TiO_2 的储锂容量。同时，TiO_2 的(001)晶面对其性能有重要影响。图 9-36 为锂离子在锐钛矿型 TiO_2 中沿 c 轴方向迁移的示意图。

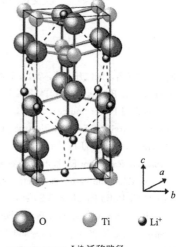

○ O　　○ Ti　　● Li$^+$

- - - - - - - Li$^+$ 迁移路径

图 9-36　Li$^+$ 在锐钛矿型 TiO_2 中迁移路径示意图(Chen and Lou，2012)

　　图 9-37 为采用不同方法制备的纳米 TiO_2 的形貌及它们的充放电倍率性能，它们具有不同的晶面比。图 9-37(a)中的 TiO_2 含有超过 60％的(001)晶面表面，而图 9-37(b)中的 TiO_2 含有超过 80％的(101)晶面表面。以(001)晶面为主的 TiO_2 展示了比以(101)晶面为主的 TiO_2 更优越的性能，前者在 20C 下仍具有很好的放电容量。

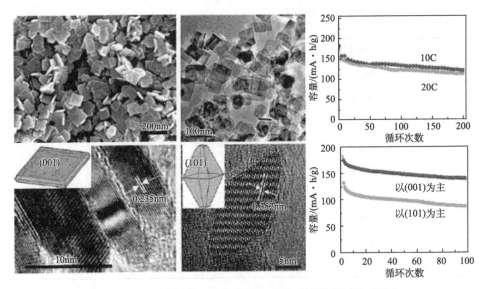

图 9-37　具有不同晶面的两种纳米 TiO_2 的 FESEM 和 TEM
以及它们的充放电性能(Chen and Lou，2012)

参 考 文 献

闻雷，刘成名，宋仁升，等，2014. 石墨烯材料的储锂行为及其应用. 化学学报，72(3)：333-344

Agubra VA，Fergus J W. 2014. The formation and stability of the solid electrolyte interface on the graphite anode. J Power Sources，268：153-162

Belliard F，Irvine T S. 2001. Electrochemical performance of ball-milled ZnO-SnO₂ systems as anodes in lithium-ion battery. J Power Sources，97-98：219-222

Birrozzi A，Raccichini R，Nobili F，et al. 2014. High-stability graphene nano sheets/SnO₂ composite anode for lithium ion batteries. Electrochim Acta，137：228-234

Chan C K，Ruffo R，Hong S S，et al. 2009. Structural and electrochemical study of the reaction of lithium with silicon nanowires. J Power Sources，189：34-39

Chen J S，Lou X W. 2012. SnO₂ and TiO₂ nanosheets for lithium-ion batteries. Mater Today，15：246-254

Dahn J R，Xing W，Gao Y. 1997. The 'falling cards model' for the structure of microporous carbons. Carbon，35(6)：825-830

Elia G A，Wang J，Bresser D，et al. 2014. A new, high energy Sn-C/Li[Li₀.₂Ni₀.₄/₃Co₀.₄/₃Mn₁.₆/₃]O₂ lithium-ion battery. ACS Appl Mater Interfaces，6：12956-12961

Huggins R A. 1999. Lithium alloy negative electrodes. J Power Sources，81-82：13-19

Iijima S. 1991. Helical microtubules of graphitic carbon. Nat，354：56-58

Liu Z，Andreev Y G，Bruce P G，et al. 2013. Nanostructured TiO₂(B)：the effect of size and shape on anode properties for Li-ion batteries. Mater Inter，23(3)：235-244

Mabuchi A，Tokumitsu K，Fujimoto H，et al. 1995. Charge-discharge characteristics of the mesocarbon microbeads heat-treated at different temperatures. J Electrochem Soc，142(4)：1041-1046

Matsumura Y, Wang S, Mondori J. 1995. Interactions between disordered carbon and lithium in lithium ion rechargeable batteries. Carbon, 33(10): 1457-1462

Mochidaa I, Koraia Y, Ku C H, et al. 2000. Chemistry of synthesis, structure, preparation and application of aromatic-derived mesophase pitch. Carbon, 38(2): 305-328

Park C M, Sohn H J. 2007. Black phosphorus and its composite for lithium rechargeable batteries. Adv Mater, 19: 2465-2468

Sen U K, Shaligram A, Mitra S. 2014. Intercalation anode material for lithium ion battery based on molybdenum dioxide. ACS Appl Mater Interfaces, 6: 14311-14319

Takami N, Satoh A, Hara M, et al. 1995. Structural and kinetic characterization of lithium intercalation into carbon anodes for secondary lithium batteries. J Eleetrochem Soc, 142(2): 371-378

Tatsumi K, Iwashita N, Sakaebe H, et al. 1995. The influence of the graphitic structure on the electrochemical characteristics for anode of secondary lithium batteries. J Electrochem Soc, 142(3): 716-720

Tokumitsu K, Fujimoto H, Mabuchi A, et al. 1999. High capacity carbon anode for li-ion battery: A theoretical explanation. Carbon, 37(10): 1599-1605

Winter M, Besenhard J O. 1999. Electrochemical lithiation of tin and tin-based intermetallics and composites. Electrochim Acta, 45: 31-50

Wu H, Cui Y. 2012. Designing nanostructured Si anodes for high energy lithium ion batteries. Nano Today, 7: 414-429

Yamada Y, Imamura T, Kakiyama H, et al. 1974. Characteristics meso-carbon microbeads separated from pitch. Carbon, 12(3): 307-319

Yuan W S, Tian Y W, Liu G Q. 2010. Synthesis and electrochemical properties of pure phase Zn_2SnO_4 and composite Zn_2SnO_4/C. J Alloy Compd, 506(2): 683-687

Yuan W S, Tian Y W, Liu G Q. 2011. Comparing the electrochemical properties of pure phase Zn_2SnO_4 and composite Zn_2SnO_4/C. Russ J Electrochem, 47: 829-834

Yuan W S, Tian Y W, Liu G Q. 2011. Hydrothermal synthesis of $Zn_2Sn_{1-x}Ti_xO_4$ as anode material for lithium-ion batteries. Russ J Electrochem, 47(2): 170-174

第10章 柔性电极材料和先进纳米电极材料

10.1 柔性电极材料

当前对柔性电池的研究相当活跃，这是因为它可以应用于移动电子设备领域，如智能集成电路、植入式生物医学设备等。锂离子电池(LIB)具有较高的能量密度、较轻的质量和环境友好性，可应用于柔性电池。柔性的 LIB 能够在弯曲、扭曲或变形的情况下长时间地进行快速和持续供电，但是 LIB 的电极，尤其是阳极材料，需要改进倍率性能和使用寿命。将来化学电源的发展方向是研究能够持久耐用的、具有高倍率性能和高容量的电极。

10.1.1 具有超级功率和超长循环寿命的柔性 TiO$_2$ 基电极(Liu et al., 2013)

TiO$_2$ 具有优良的本征安全性能和倍率性能，被认为能够替代传统的石墨负极材料成为高能 LIB 的电极材料。多面体 TiO$_2$(B)材料具有开放的通道结构，使电极具有快速充放电能力。它的理论容量为 335mA·h/g，是锐钛矿型 TiO$_2$ 容量(170mA·h/g)的 2 倍。TiO$_2$(B)材料的性能高度依赖 Li$^+$ 在晶体中特殊位置的吸附效率和扩散速度，纳米级材料相对于块状材料确实能够提高倍率性能和循环性能，然而由于比较低的热力学稳定性，在深度循环过程中，纳米级颗粒容易聚集，导致电极成分之间的电绝缘发生，不可避免地降低材料的导电性能。通常加入一些辅助的聚合物黏合剂和导电剂以提高材料的力学整体性和电子导电性。但是这些添加剂使非电化学活性的体积增加，储锂反应的电化学环境变得不均匀，对电极的性能起到相反的作用。最近，集成电极，即把活性纳米结构材料均匀地包覆在独立的碳布和石墨稀/碳纳米管上，显示了超高的功率和较长的使用寿命。将强韧的炭黑与纳米结构结合不仅能够改进材料的性能，而且能够提高电池的柔性强度，增大能量密度。

将聚丙烯腈(PAN)作为碳的前驱体，用电纺丝的方法合成活性碳纤维(ACF)。将 PAN(摩尔质量为 150 000g/mol)溶于二甲醚甲酰胺中，形成质量比为 10% 的均匀的溶液，电纺丝的正极电压为 22kV，电纺丝用旋转的金属收集，其转速为 400r/min，将得到的纺丝材料在 280℃ 的空气中稳定 2h，升温速度为 1℃/min，然后在 750~900℃ 下通入 CO$_2$，流速为 150mL/min，反应时间为 0.5h，进行活化处理，得到活化的 ACF。

为了使 TiO$_2$(B)纳米片在 ACF 表面生长，将 0.1mL 的 TiCl$_4$ 溶解在 80mL

的乙二醇中，搅拌 2h，加入 2mL 的氨水，放入一片 $3cm \times 3cm$ 的 ACF 片后，将混合溶液移入 100mL 的水热釜中，反应温度为 150℃，反应时间为 24h。冷却到室温后，将产物收集起来，用去离子水和乙醇清洗，然后在空气中退火 2h，温度为 350℃。

图 10-1 为制备 TiO_2(B)/ACF 杂化电极的示意图，以 PAN 作为碳的前驱体，用静电纺丝技术制备均匀的由碳纳米纤维(CNFs)构成的 ACF，在 $750 \sim 900$℃下、CO_2 气氛中进行活化处理，使 CNFs 成为高度多孔的结构并具有活性。这有助于 TiO_2(B)纳米片在 CNFs 上的快速沉积。最后将有机残余物移走，并在 350℃下退火，得到 TiO_2(B)/ACF 膜。该膜可以直接用作 LIB 的免添加剂电极。

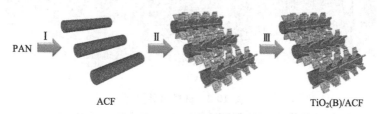

图 10-1　制备 TiO_2(B)/ACF 杂化电极示意图

Ⅰ. 用电纺丝制备 ACF，在 CO_2 中进行活化；Ⅱ. 采用水热法在 ACF 上生长
TiO_2(B)纳米片；Ⅲ. 对 ACF 上的 TiO_2(B)纳米片进行退火处理

ACF 的场发射扫描电子显微镜(FESEM)形貌如图 10-2 所示。ACF 由均匀的 CNFs 构成，CNFs 的直径为 300nm，长度为几百微米。尽管纳米纤维是没有编织的，但是独立的 ACF 具有坚韧的织构和高度柔韧性，能够进行折叠和卷绕而不产生裂纹。ACF 坚韧的织构为水热过程中沉积 TiO_2(B)纳米片提供了便利。反应后，CNFs 可以覆盖上一层 TiO_2(B)纳米片而不破坏材料的结构 [图 10-2(a)～(c)]。透射电子显微镜(TEM)形貌显示，TiO_2(B)纳米片可以均匀地长在 CNFs 上，形成一个厚度为 $30 \sim 40nm$ 的密实层[图 10-2(d)]。尽管生长得很密实，但是纳米片能够保持独立，没有出现堆积和明显的团聚。TEM 形貌进一步展示了在 CNFs 上形成的均匀的纳米 TiO_2(B)涂层，纳米涂层的厚度为数个纳米[图 10-2(e)～(f)]。

制备的 TiO_2(B)/ACF 膜含有大量的羟基和有机残余物，因此需要采用热处理提高材料的纯度和结晶度。退火过程并没有使纳米片熔融和分离，暗示 TiO_2(B)纳米片与 CNFs 之间存在强烈地吸附作用。纳米片的高分辨率透射电子显微镜(HRTEM)分析显示晶格条纹为 0.35nm，对应 TiO_2(B)晶体的(110)晶面间距[图 10-2(f)]。

另外，测得材料的 BET 比表面积为 $592m^2/g$，其中 $412m^2/g$ 来源于 ACF

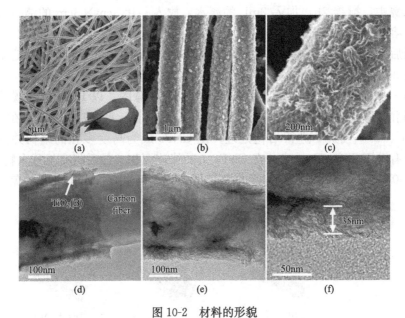

图 10-2　材料的形貌

(a)，(b) TiO₂(B)/ACF 膜退火前的 FESEM 形貌，(a)中的嵌图为折叠的 TiO₂(B)/ACF 膜的形
貌；(b)ACF 上纳米片生长的 FESEM 形貌；(c)纤维上生长一层致密的纳米片的 FESEM 形貌；
(d)，(e)均匀 TiO₂ 薄层的 TEM 形貌；(f)TiO₂(B)纳米片的 TEM 形貌

微孔，其余 $180m^2/g$ 主要来自 $TiO_2(B)$ 纳米片。由于拥有较大的比表面积，
$TiO_2(B)/ACF$ 电极可以提供较大的界面进行电化学反应。

　　图 10-3 为卷绕的 $TiO_2(B)/ACF$ 膜和圆盘电极及材料 $TiO_2(B)/ACF$ 在空气
中 300℃下退火后的形貌，没有发现明显的变化。

　　图 10-4 为 $TiO_2(B)/ACF$ 电极的 CV 曲线，扫描速度为 0.1mV/s。在 1.5～
1.6V 有两对氧化还原峰，它们为 $TiO_2(B)$ 的赝电容储锂过程(注：赝电容，也
称为法拉第准电容，是在电极表面或体相中的二维或准二维空间上，电活性物质
进行欠电位沉积，发生高度可逆的化学吸附、脱附或氧化、还原反应，产生和电
极充电电位有关的电容。赝电容不仅在电极表面，而且可在整个电极内部产生，
因而可获得比双电层电容更高的电容量和能量密度。在电极面积相同的情况下，
赝电容可以是双电层电容量的 10～100 倍)。另外一对氧化还原峰 1.75V/1.9V，
主要来自锐钛矿型 TiO_2，这对峰较弱，说明产物的纯度较高。不同扫描速度的
CV 曲线(0.1～1.0mV/s)指示了峰电流的大小。

　　图 10-5 为 $TiO_2(B)/ACF$ 电极在 1C 下的充放电曲线(1C=335mA/g)，电位
范围为 1.0～3.0V，初始放电和充电容量分别为 307mA·h/g 和 230mA·h/g。
首次循环比较大的容量损失主要是由于 $TiO_2(B)$ 和电解液之间的界面反应。电

图 10-3　(a)，(b)卷绕的 $TiO_2(B)$/ACF 膜及一个圆盘电极；(c)，(d) 300℃退火后的 $TiO_2(B)$/ACF 膜的 FESEM 形貌；(e) FESEM 形貌显示退火后保持着纳米片结构；(f)包覆 $TiO_2(B)$纳米片的纳米 ACF 的 TEM 形貌；(g) $TiO_2(B)$纳米片的 TEM 形貌；(h)HRTEM 展示了 $TiO_2(B)$纳米片的(110)晶面

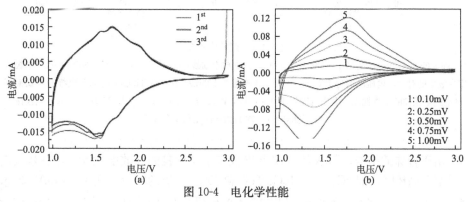

图 10-4　电化学性能
(a) $TiO_2(B)$/ACF 电极的循环伏安曲线，扫描速度为 0.1mV/s；
(b) $TiO_2(B)$/ACF 电极在不同扫描速度下的循环伏安曲线，电压范围为 1.0～3.0V

解液中的 $LiPF_6$ 可能发生分解，H_2O 和 $TiO_2(B)$ 表面的 O—H 反应，这些问题的影响可以通过用 C_2H_5OLi 处理 $TiO_2(B)$ 材料来减弱，原理是用 Li 替代 H_2O 和 TiO_2 表面的 O—H。另外，不可逆的容量损失也说明 $TiO_2(B)$ 材料的本征电导率低。在萃取 Li 的过程中，$TiO_2(B)$ 的表面变得高度绝缘，阻碍 Li 的萃取，导致不可逆的容量发生。然而循环数次以后，库仑效率可以达到 100%。从第二次循环开始，$TiO_2(B)/ACF$ 电极显示了稳定的容量保持率(85%)，可以达到 1000 次循环。

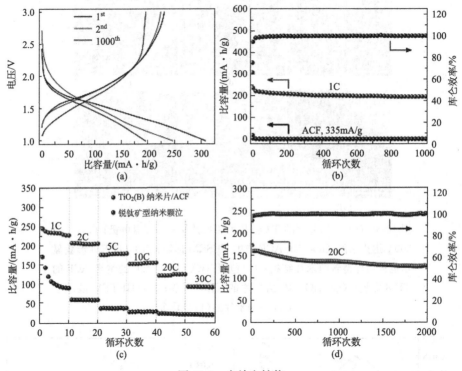

图 10-5 充放电性能

(a)$TiO_2(B)/ACF$ 电极的第 1、2 和 1000 次循环的充放电曲线；(b) $TiO_2(B)/ACF$ 电极和 ACF 电极的库仑效率的对比，电压范围为 1.0~3.0V，电流密度为 335mA/g；(c) $TiO_2(B)/ACF$ 电极和锐钛矿型 TiO_2 纳米颗粒的倍率性能，电压范围为 1.0~3.0V，电流倍率为 1~30C；(d) $TiO_2(B)/ACF$ 电极在 20C 下循环 2000 次的循环性能和库仑效率

由于特殊的结构，$TiO_2(B)/ACF$ 电极展示了优良的充放电性能，当在较高电流倍率下循环时，如 2C、5C、10C、20C 和 50C，电极的容量分别为 210mA·h/g、180mA·h/g、160mA·h/g、140mA·h/g 和 97mA·h/g。同时，$TiO_2(20～40nm)$电极在相同的条件下也进行了测试，在 1~5C 范围，它的容量为 40~100mA·h/g，这是由于滞后的离子吸附、扩散和较差的电子电导率造成的。在

10C 下，$TiO_2(B)/ACF$ 电极仍然显示了较好的赝电容储锂容量，而锐钛矿型 TiO_2 纳米颗粒几乎没有储锂容量。在 20C 时（6700mA/g），$TiO_2(B)/ACF$ 电极在 2000 次循环后仍有 130mA·h/g 的容量，库仑效率接近 100%，总的容量损失为 13%。

循环后，$TiO_2(B)/ACF$ 电极和锐钛矿型 TiO_2 纳米颗粒仍然保留初始的织构特点，如形貌、大小、结构完整性等，显示了较高的结构稳定性等。除此以外，$TiO_2(B)/ACF$ 电极折叠后仍具有较好的电化学性能。

综上所述，$TiO_2(B)/ACF$ 电极特殊的电化学性能是由它的结构决定的。首先，$TiO_2(B)$ 含有共边或共角的八面体 TiO_6 的褶皱状面，它们之间包含无数个开放通道，有助于 Li^+ 的迁移。其次，超薄的纳米片状结构极大地缩短了离子扩散路径，也为赝电容储锂反应提供了充足的电极-电解液接触面积。另外，单体 $TiO_2(B)$ 纳米片在 CNFs 上牢固地生长，经过深度循环后，没有出现团聚，这样可以使电解液中的 Li^+ 充分接触到它们；在传统的纳米颗粒电极中，纳米颗粒很可能发生团聚，从而失去大部分储锂的活性界面。再者，ACF 中的 CNF 网络对加强电极性能也起到重要的作用，它们形成了一个连续的三维电子通道，能够进行快速稳定的电荷传输，同时也赋予了电极较大的表面积、较高的空隙率和较好的力学柔性。这些优势结合在一起，使 $TiO_2(B)/ACF$ 电极对柔性 LIB 和超级电容器具有极大的应用潜力。

10.1.2　碳纳米管(CNT)柔性电池(Hu et al.，2010)

传统的 LIB 由正负电极、隔膜和电解液组成，其中正负电极是将正极材料和负极活性材料分别涂覆在铝箔和铜箔上制得的，铝箔和铜箔作为导电集流体。

最近报道可将 LIB 的这些成分集成在一张纸上。独立、质轻的 CNT 薄膜（$0.2mg/cm^2$）可以作为阴极和阳极的导电集流体，并通过一个简单的涂覆和剥离过程与电极材料集成在一起。双层膜被涂在商业用纸上，其中纸起到力学承载和 LIB 隔膜的作用。纸的内部存在许多小孔，与商业的隔膜相比阻抗较低，而且有良好的循环性能。用聚合物密封以后便得到新型 LIB。这种新型的 LIB 很薄，具有力学柔性，可以达到很高的能量密度。它可以满足很多应用，如无线电频率传感和电子纸等。

将十二烷基苯磺酸钠(SDBS)用作表面活性剂，重量比为 10%，制备 CNT 墨水溶液。CNT 墨水溶液的浓度为 1.7mg/mL，用刀片将其涂在不锈钢(SS)基体上，在 80℃ 干燥 5min 后，形成 2 μm 厚的薄膜。将质量分数为 70% 的 $Li_4Ti_5O_{12}$(LTO)和 $LiCoO_2$(LCO)等活性物质与质量分数为 20% 的炭黑和质量分数为 10% 的 PVDF 混合，溶剂为 NMP，制备电池浆料。将电池浆料涂到 CNT/SS 上，在 100℃ 下干燥 0.5h。这样在 CNT 薄膜上就形成了双层膜，CNT

起到集流体的作用，如图 10-6 所示。

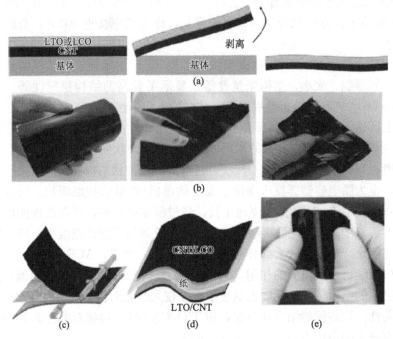

图 10-6　薄膜电极的制作

(a)制备独立的 LCO/CNT 和 LTO/CNT 双层薄膜电极机理，将 CNT 膜涂到 SS 基体上
烘干，整个基体浸入到去离子水中，由于 CNTs 与 SS 基体的结合较弱，双层薄膜容易
剥离；(b) 左图为 LCO/CNT 双层膜涂在 SS 基体上；中图为双层膜在 DI 水中从 SS 基体
上剥离下来；右图为最后烘干的独立的膜；(c)叠层过程机理，用圆棒将独立的膜叠层
到纸上；(d)纸的 LIB 结构示意图，将 LCO/CNT 和 LTO/CNT 叠层到基体纸的两面，
纸起到隔膜和基体的作用；(e)在测量之前对电池进行封装

将 SS 浸入 DI 水中，然后用镊子将 LCO/CNT 和 LTO/CNT 双层膜剥下。
图 10-6 (b)分别显示了 LTO/CNT 薄膜的大小为 7.5cm×12.5cm(左)、在水中
被剥离(中)和独立的形式(右)。以往通常将 CNT 薄层涂在塑料基体上，用于各
种装置的透明电极，包括太阳能电池和光发射二集体等。研究发现，与塑料和纸
质相比，CNT 与 SS 基体的作用较弱，可以利用 SS 制备独立的集流体和电极薄
膜。用这种方法得到的双层薄膜较轻，CNT 为 $0.2mg/cm^2$，电极材料为 2～
$10mg/cm^2$。独立的双层膜显示了较低的电阻和良好的柔性，将其折叠到 6mm
厚时，仍有较好的性能，而且不出现裂纹。

将电极活性材料在较轻的 CNT 集流体上集成以后，采用叠层的技术可以在
纸上制作电池。

图 10-7 为 CNT/LTO/纸/LCO/CNT 的叠层 LIB 的横截面的 SEM 图像，图 10-7(a)为复印纸的表面形貌，复印纸含有较大的纤维(直径为 20μm)，表面粗糙 (峰谷之间距离为 10μm)。复印纸含有微孔，可以作为叠层电极的 LIB 的隔膜。图 10-7(b)为复印纸上的双层 LTO/CNT 膜的横截面，SEM 图像展示了 CNT 薄膜连续的形貌，薄膜厚度为 2μm。复合的 LTO 电极薄膜厚度为 30μm。复印纸的厚度为 100μm，纸中的孔隙使电解液有效地扩散到内部，可作为电池的隔膜。图 10-7(c)为图 10-7(b)中 LTO 和 CNT 的界面的选区图像，没有 CNT 渗入 LTO 层中，CNT 薄层形成了连续的承载层，可作为电极的集流体，利用四电极法测得其电阻为 5Ohm/sq。图 10-7(d)是作为集流体的高度导电的 CNT 膜的表面形貌。

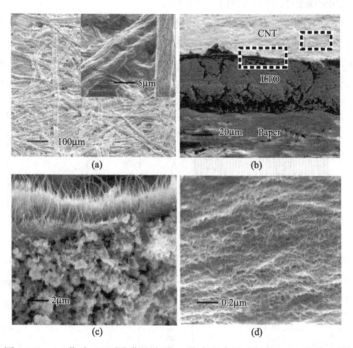

图 10-7　(a)作为 LIB 隔膜的多孔、结实的复印纸的 SEM 形貌，嵌图为选区形貌的放大图像；(b)叠层纸电池横截面的 SEM 图像，OVT 层、LTO 层和纸层的厚度分别为 2μm、30μm 和 100μm；(c) CNT/LTO 双层纸横截面的选区图像，选区为(b)中下面框；(d)作为集流体的 CNT 薄膜的 SEM 图像，选区为(b)中上面框

为了评估复印纸作为 LIB 隔膜的性能，将 CNT 膜作为正极、Li 作为负极、复印纸作为隔膜制成袋电池，测试其电化学性能，结果如图 10-8 所示。电流密度为 50 μA/cm²，电压为 1～4.3V。图 10-8(a)显示充放电容量非常小，为

$0.01mA \cdot h/cm^2$，说明纸隔膜和 CNT 膜的不可逆容量可以忽略。图 10-8(b)
为 LTO/Li 的扣式电池的交流阻抗图谱，阻抗谱在高频区与 X 轴的截距表示
隔膜中孔内电解液的电阻，记为 R_{SL}。嵌图中提供了不同厚度的隔膜的 R_{SL} 值，
R_{SL} 值按式(10-1)计算：

$$R_{SL} = \rho_s L(t/f)/A \tag{10-1}$$

式中，ρ_s 为标准 EC/DEC 电解液的电阻率，约为 $100\Omega \cdot cm$；L 为隔膜的厚度；
A 为横截面积；t 为弯曲度(离子的迁移路径与隔膜厚度的比值)；f 为孔的比值
(孔的体积与电极整体体积之比)。t/f 对隔膜具有重要意义，表示电解液的渗透
能力。纸的弯曲度和孔的分数为 $t/f = 9.1$，标准隔膜的 $t/f = 28.8$，这说明纸
与相同厚度的隔膜相比具有更好的导电性。

　　图 10-8(c)为半电池 CNT/LTO 的充放电曲线，比较首次、30 次和 300 次循
环可以看到，半电池没有明显的电压降。图 10-8(d)为以导电纸为支撑电极的
LTO 纳米粉半电池的循环性能。在 0.2C 下，CNT/LTO 电极的首次放电容量
为 $147mA \cdot h/g$，循环 300 次以后容量保持率为 95%。在前几次循环过程中，库

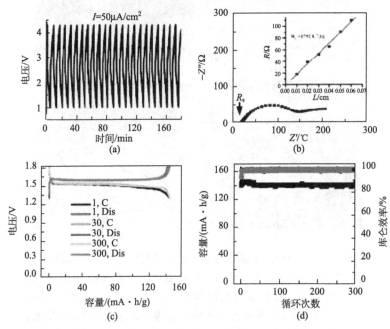

图 10-8　电化学性能

(a) CNT/纸 vs. Li 的恒电流充放电曲线，显示在 1～4.3V 其容量可以忽略；(b) 以 LTO 为负
极、Li 为正极、复印纸为隔膜的电池的阻抗测试；(c)以导电纸为电流集流体、LTO 为负极的
半电池的充放电曲线，LTO 电极的质量为 1.8mg，电流为 0.2C；(d)LTO 纳米粉半电池
(0.2C，0.063mA)的循环性能

仑效率和放电容量有所提高。

图 10-9(a)为用透明袋封装的锂离子纸电池的首次充放电曲线，塑料袋的厚度为 10 μm。图 10-9(b)中的嵌图为全电池的充放电循环性能，其首次库仑效率为 85%，稍微低于 LTO 和 LCO；首次循环以后，库仑效率为 94%～97%；循环 20 次以后，放电容量保持率为 93%。对实际应用，特别是大规模的能量储存应用，自放电性能尤为重要。以 0.1C 的电流将电池充电至 2.7V，保持 5min，然后断开电路，如图 10-9(b)所示，电压瞬间下降 2%，这是由负载(IR)电阻产生的。350h 后，有 5.4mV 的电压降，这相当于完全充满电，一个月后自放电为 0.04%。

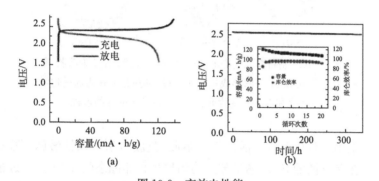

图 10-9　充放电性能

(a) 叠层的 LTO/LCO 纸电池的恒流充放电曲线；(b) 全电池充电
到 2.6V 后的自放电行为，嵌图为全电池的充放电循环性能

10.2　先进的纳米电极材料

目前，高效二次电池有两个重要发展方向，一是作为动力电源应用于交通汽车领域；二是面向可再生能源、智能电网、通信等领域所需的大规模储能系统对高性能 LIB(高能量密度、高功率密度、循环寿命长、安全性能好)的需求正在持续扩大。

由于受到材料结构等因素的限制，锂/钠离子电池电极材料的本征性能有限。纳米储锂材料由于电子和离子在纳米材料中的扩散路径大大缩短，以及电极材料和电解液的接触面积大大增加，有利于提高电极材料充放电倍率及其他储锂性能。但是纳米材料也存在比表面积大，表面能大，可与电解液发生副反应等问题。研究纳米材料的反应机理可以克服这些不利方面，促进材料性能的提高。因此，研究纳米电极材料是二次充电电池的一个重要的研究方向。本章将介绍一些先进纳米电极材料的制备和性能。

10.2.1　介孔空心 $Li_4Ti_5O_{12}$ 球的制备和性能(Yu et al.，2013)

由于特殊的结构特点，空心纳米和微米结构材料已在能源储存、催化、化学传感器和生物化学等领域引起了较大的关注。模板法被认为是制备空心材料的最有代表性和最直接的方法，而且该方法制备的材料具有一定的形貌和高度均匀性。采用模板法制备介孔空心 $Li_4Ti_5O_{12}$ 球的示意图如图 10-10 所示。

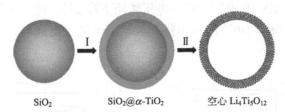

SiO_2　　　　　　$SiO_2@\alpha\text{-}TiO_2$　　　　空心 $Li_4Ti_5O_{12}$

图 10-10　制备介孔空心 $Li_4Ti_5O_{12}$ 球的示意图：Ⅰ为溶胶-凝胶过程在 SiO_2 表面形成均匀 $\alpha\text{-}TiO_2$ 的过程；Ⅱ为通过化学锂化和退火转变为介孔空心 $Li_4Ti_5O_{12}$ 球的过程

首先，采用一种借助表面活性剂的溶胶-凝胶方法，以钛酸四丁酯(TBOT)为前驱体，在单分散的 SiO_2 纳米球上均匀地沉积非晶态的 TiO_2，通过精确地控制 TBOT 在乙醇/水溶液中的水解和凝聚，通过一步反应，可以得到厚度为 $50\sim200nm$ 的壳体。然后将得到的 $SiO_2@\alpha\text{-}TiO_2$ 核壳球在 LiOH 溶液中采用水热法原位转变成锂化的前驱体(记为 L-T-O)。需要强调的是，在水热反应过程中，LiOH 不只作为锂化剂使 TiO_2 壳发生相转变反应，也提供了一个适度的碱性环境，使得内部的 SiO_2 核逐步被移走，而不破坏已形成的空心球的结构完整性。

图 10-11 为用 FESEM 和 TEM 检测的产物的形貌。原始的 SiO_2 模板的平均直径为 400nm，表面平滑，如图 10-11(a)所示。图 10-11(b)对应的 TEM 形貌显示这些核壳结构继承了原始 SiO_2 模板的球形形状，没有明显的颗粒团聚现象。尽管非晶态的 SiO_2 和 TiO_2 使得核壳材料的边界不明显，但是能够观察到沉积的 TiO_2 使得球的直径增加到 500nm。无定形的 $SiO_2@\alpha\text{-}TiO_2$ 的结构特征可由 XRD 检测，如图 10-12(a)所示，产物经过退火后为尖晶石 $Li_4Ti_5O_{12}$ 相，空间群为 $Fd\bar{3}m$。用 Scherrer 公式计算晶粒大小为 8.9nm，说明空心球的亚单位是纳米颗粒。图 10-11(f)中的 HR TEM 形貌显示尖晶石(111)晶面间距为 0.48nm 的晶格条纹，与 XRD 结果一致。

图 10-12(b)为 $Li_4Ti_5O_{12}$ 的 N_2 吸附曲线，显示 $Li_4Ti_5O_{12}$ 具有较大的 BET 比表面积，数值为 $220m^2/g$，这是由于它是空心和多孔结构的原因。另外，根据计算可得到孔径大小主要分布在 $6\sim8nm$。

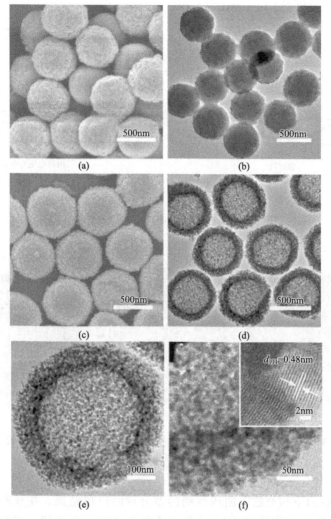

图 10-11　$SiO_2@\alpha$-TiO_2 的(a)FESEM 和(b)TEM 形貌，$Li_4Ti_5O_{12}$ 的
(c)FESEM 和(d)TEM 形貌，单个的 $Li_4Ti_5O_{12}$ 颗粒的(e)TEM 形貌
和介孔壳的(f)TEM 形貌，嵌图为 HR TEM 形貌

　　另外，通过在包覆的初始阶段调整加入的 TBOT 量，可以控制空心球壳的厚度。图 10-13 显示使用 1mL 的 TBOT 时，空心球壳的厚度为 50nm；而使用 5mL 的 TBOT 时，不改变其他条件，空心球壳的厚度可达到 200nm。另外，LiOH 溶液的浓度也很重要，如果浓度过低，则不能将 SiO_2 模板完全溶出；相反，如果浓度过高，则会破坏空壳结构。

　　图 10-14 为制备的空心 $Li_4Ti_5O_{12}$ 球的电化学性能，图 10-14(a)为根据 1C

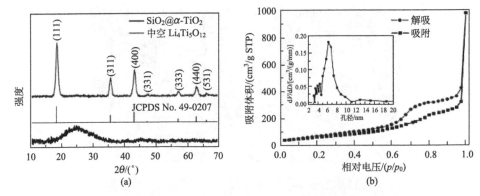

图 10-12　(a) $SiO_2@\alpha\text{-}TiO_2$ 和 $Li_4Ti_5O_{12}$ 的 XRD 图谱；
(b) 77K 下 $Li_4Ti_5O_{12}$ 的 N_2 吸附曲线和计算的孔径分布

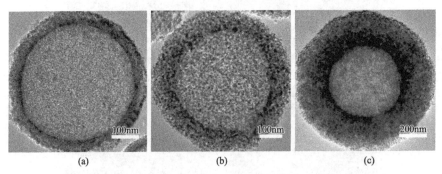

图 10-13　加入不同量的 TBOT 得到不同壳厚材料的 TEM 形貌
(a)1mL；(b)3mL；(c)5mL

(1C=175mA/g)下的充放电曲线得到的差分计时电位结果。在首次循环中，在 1.5V 处出现两个尖锐的氧化还原峰，对应充电和放电曲线。另外在 1.7V 和 2.5V 处出现两个不明显的峰，是首次充放电过程中的副反应，在随后的循环中消失。这些不可逆的副反应导致首次循环中库仑效率和容量较低，这种效果在高比表面积和新电极中更加明显。在随后的循环中只有两个可逆峰，说明在 $Li_4Ti_5O_{12}$ 和 $Li_7Ti_5O_{12}$ 之间进行的嵌入和脱出 Li^+ 的局部反应具有高度可逆性。这种介孔空心球形材料展示了在各种倍率性能下的优异的容量保持率，如图 10-14(b)所示。虽然在 1C 下的前几次循环中，容量出现略微的衰减，但是在 2C、3C、5C 和 10C 下，可逆容量能够分别达到 150mA·h/g、139mA·h/g、128mA·h/g 和 115mA·h/g。在 20C 下，比容量仍能达到 104mA·h/g。重要的是当电流倍率减小到 1C 时，容量能够恢复到 170mA·h/g，显示了优异的结

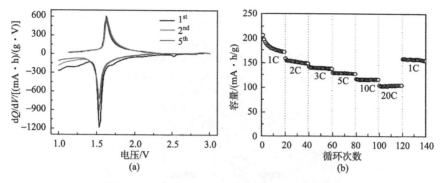

图 10-14　介孔空心 $Li_4Ti_5O_{12}$ 球的电化学性能

(a)在第 1、2、5 次循环的差分计时电位；(b)不同倍率的放电容量

构稳定性。

材料的具体制备过程如下：将 0.2g 纳米 SiO_2 分散在 0.1g 羟丙基纤维素（相对分子质量小于 80 000）、60mL 乙醇及 0.6mL 去离子水中，搅拌 30min 以后，以 1.5mL/min 的流速加入 6mL 的 TBOT 和乙醇溶液，其中 TBOT 为 1mL。为了控制 TiO_2 的厚度，TBOT 的变化范围选为 1～5mL。然后将温度升高到 80℃，进行回流 100min，用离心方式得到沉淀，用乙醇清洗，然后再用 15mL 乙醇分散沉淀，得到 $SiO_2@\alpha\text{-}TiO_2$ 核壳球。

将得到的 $SiO_2@\alpha\text{-}TiO_2$ 核壳球再与 30mL 的去离子水混合，然后加入 0.5mmol/L 的 LiOH，将混合物置于 Teflon 内衬的不锈钢水热反应釜中，反应温度为 160℃，时间为 6h。再用去离子水和乙醇清洗数次，在 60℃干燥，将得到的物质在 500℃下退火 4h，得到介孔的空心 $Li_4Ti_5O_{12}$ 球。

电化学测试时，电极组成为活性物质：炭黑：PVDF＝70：20：10（质量比）。

10.2.2　SnO_2 纳米箱的制备及性能

制备 SnO_2 纳米箱的示意图如图 10-15 所示，通过控制 Sn^{4+} 的水解，在 $SnCl_4$ 的水溶液和 Cu_2O 固体的界面发生反应，在 Cu_2O 模板支架上生成一层 SnO_2。作为中间过程，反应生成不溶的 CuCl，CuCl 又生成络合物 $[CuCl_x]^{(x-1)-}$，$[CuCl_x]^{(x-1)-}$ 能溶解在 NaCl 溶液中，最终在 SnO_2 壳内形成空腔。$[CuCl_x]^{(x-1)-}$ 向外扩散溶解，而 Sn^{4+} 和 Cl^- 向内扩散，最终导致 Cu_2O 的完全溶解。化学反应方程式为

$$SnCl_4(aq) + xH_2O + 2Cu_2O(s) \longrightarrow SnO_2 \cdot xH_2O(s) + 4CuCl(s) \quad (10\text{-}2)$$

$$CuCl(s) + (x-1)Cl^-(aq) \longrightarrow [CuCl_x]^{(x-1)-} \quad (10\text{-}3)$$

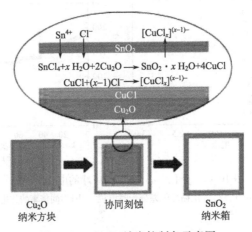

图 10-15　SnO_2 纳米箱制备示意图

　　图 10-16 为制备的 SnO_2 纳米箱的 XRD 图谱，以及 SEM 形貌。由于反应在室温下进行，所以制备出的 SnO_2 为非晶态，同时也知道产物中不含 Cu_2O 和 CuCl 等物质。经过在空气中 500℃下退火以后，SnO_2 纳米箱的结晶度提高，晶体衍射峰的强度增强。在 N_2 环境下进行的 TGA 实验显示，退火后，由于失去水分及形成晶体，产物将失重 8%～15%。SnO_2 纳米箱继承了原来 Cu_2O 的形状和尺寸，边长为 350～400nm，内部形貌可以由图 10-16(d)观测到。

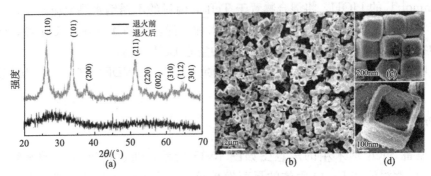

图 10-16　材料的结构和形貌

(a)SnO_2 纳米箱的 XRD 图谱；(b)、(c) 具均匀结构的 SnO_2
纳米箱的 SEM 形貌；(d)SnO_2 纳米箱的断面

　　图 10-17 为 SnO_2 纳米箱的 TEM 形貌，纳米箱的壁厚为 10～20nm。

　　图 10-18 为 SnO_2 纳米箱的电化学性能，放电和充电的初始容量分别为 2242mA·h/g 和 1041mA·h/g。这样高的初始容量与 SnO_2 纳米箱的特殊结构

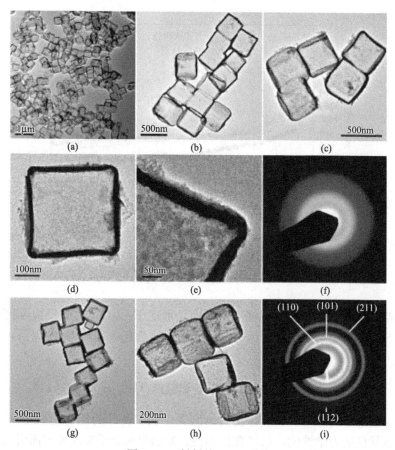

图 10-17　材料的 TEM 形貌

(a) 低倍率的 SnO₂ 纳米箱的 TEM 形貌；(b)、(c) 不同放大倍率下的 SnO₂ 纳米箱的 TEM 形貌；(d) 具有薄壳的 SnO₂ 纳米箱；(e) SnO₂ 纳米箱的薄壳结构；(f) SnO₂ 纳米箱的 SAED 图谱；空气中 500℃ 下退火的 (g) TEM 图和 (h) 选区电子衍射图谱；(i) 退火后的 SnO₂ 纳米箱

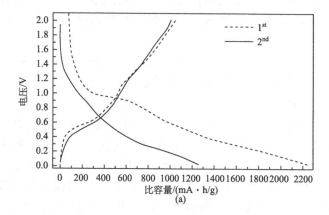

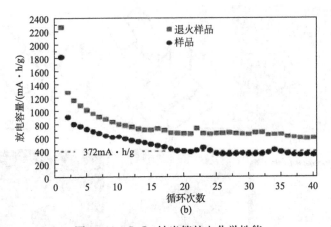

图 10-18　SnO$_2$ 纳米箱的电化学性能

(a) 退火的 SnO$_2$ 纳米箱在 0.01V 和 0.02V 之间、0.2C 的充放电性能;
(b) 退火的 SnO$_2$ 纳米箱在 0.2C 的循环性能

有关。首次循环有较大的容量损失,原因是形成了 Li$_2$O,这个反应不可逆,以及形成 SEI 膜和电解液分解等因素。从第二次循环起,循环 40 次以后,容量逐渐衰减为 570mA·h/g。

10.2.3　一维纳米金属氧化物薄片的制备和性能(Ding et al.,2011)

一维碳纳米管(CNTs)具有较大的比表面积、良好的热稳定性和化学稳定性,以及优良的力学性能,已经在传感器、光催化和电子装置等方面引起人们巨大的兴趣。在大多数应用中,CNTs 可以与其他功能性材料如金属、氧化物和聚合物等杂化,发挥作用。

当将 CNTs 应用于 LIB 领域时,一般将金属氧化物如 SnO$_2$ 和 TiO$_2$ 用作储锂材料,CNTs 的作用是形成具有优良导电性的三维网络,同时,良好的力学性能可以有效地缓解活性材料如 SnO$_2$ 在充放电循环过程中产生的较大的体积变化。

制备 TiO$_2$-NSs@CNT 的方法:将 50mg 经过酸处理的多壁 CNTs 分散在 40mL 异丙醇中,超声波处理 10min,然后加入 0.03mL 的二乙烯三胺(DETA),搅拌 2min 以后,加入异丙氧化钛(TIP)1.8mL,然后将反应溶液移入水热反应釜中,在 200℃反应 24h,然后降温至室温。采用离心方法收集黑色沉淀,用乙醇清洗,在 60℃下干燥,然后在 400℃的空气气氛下反应 2h,得到包覆 CNTs 的结晶度较高的锐钛矿型 TiO$_2$ 纳米片(NS),即 TiO$_2$-NSs@CNT。

制备 TiO$_2$-NSs@SnO$_2$@CNT 的方法:将 50mg 经过酸处理的多壁 CNTs 分散在 40mL 10mmol/L 的巯基乙酸溶液中,超声处理 10min,加入 0.5g SnCl$_2$、

0.5g 尿素、0.5mL 37％ 的 HCl 溶液，搅拌 2min 以后，将反应混合物转移到 60mL 的水热反应釜中，在 80℃下反应 6h，然后冷却到室温。采用离心方法收集黑色 SnO_2@CNT 沉淀，用乙醇清洗，在 60℃下干燥。然后在 SnO_2@CNT 表面包覆 TiO_2-NSs，采用在 CNTs 表面包覆 TiO_2-NSs 的方法，不同的是加入 100mg 的 SnO_2@CNT 和 1.5mL 的 TIP，最后将制备的 TiO_2-NSs@SnO_2@CNT 在 400℃下处理 2h，得到高结晶度材料。

制备 SnO_2-NSs@CNT 的方法：将 6mg 经过酸处理的多壁 CNTs 加入 40mL 10mmol/L 的巯基乙酸溶液中，再加入 100mg $SnCl_2$、0.5g 尿素、0.5mL 37％ 的 HCl 溶液，搅拌 2min。将反应混合物转移到 60mL 的水热反应釜中，在 120℃下反应 24h，然后冷却到室温。采用离心方法收集黑色 SnO_2-NSs@CNT 沉淀，用乙醇清洗，在 60℃下干燥。在 400℃下处理 2h，升温速度为 1℃/min，得到高结晶度材料。

图 10-19 为不同样品的 SEM 和 TEM 形貌。图 10-19（a）为一维结构

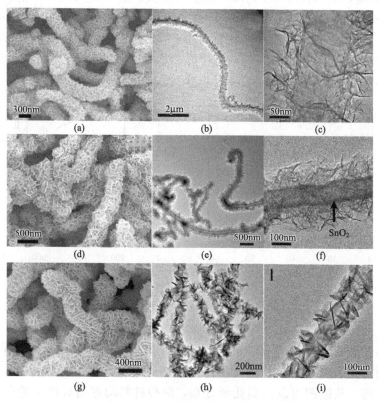

图 10-19　TiO_2-NSs@CNT 的（a）SEM 形貌和（b）、（c）TEM 形貌；TiO_2-NSs@SnO_2@CNT 的（d）SEM 形貌和（e）、（f）TEM 形貌；SnO_2-NSs@CNT 的（g）SEM 形貌和（h）、（i）TEM 形貌

TiO_2-NSs@CNT 的 SEM 形貌，样品直径为 300nm，每个一维结构由类片状的亚结构组成，NSs 的均匀生长可由图 10-19(b) 的 TEM 形貌确定，沿着 CNT 的纵轴形成毛茸茸的结构，图 10-19(c) 为几百纳米宽的纳米片，厚度只有几个纳米，围绕在 CNT 的骨干上。图 10-19(d) 为一维 TiO_2-NSs@SnO_2@CNT 的整体织构，几乎与 TiO_2-NSs@CNT 相同。图 10-19(e) 为 TEM 检测出的中间 SnO_2 和外侧 TiO_2 纳米片上的均匀涂层。另外，与 (f) 和 (c) 图比较，由于存在 SnO_2 层，CNT 骨干的轮廓比 TiO_2-NSs@CNT 容易辨认。通过稍微修改实验条件，可以在 CNTs 骨干上均匀生长 SnO_2-NSs，在较高分辨率下，如图 10-19(i) 所示，SnO_2-NSs 的结构与 TiO_2-NSs 的结构不同，单体 SnO_2-NSs 为半圆形，直径为 100nm。由于 SnO_2-NSs 的侧边较小，它们更坚硬，能垂直立在 CNT 骨干上，密度稍小。

图 10-20(a) 为样品的 XRD 图谱，TiO_2-NSs 的衍射峰为锐钛矿型 TiO_2 结构 (JCPDS No. 21-1272，SG：$I4_1/amd$，$a_0 = 3.7852$Å，$c_0 = 9.5139$Å)。衍射峰 $2\theta = 26°$ 对应 CNT 的 (002) 衍射峰，几乎与锐钛矿型 TiO_2 的 (001) 衍射峰重叠。SnO_2-NSs 的衍射峰为金红石型 SnO_2 (JCPDS No. 41-1445，SG：$P4_2/mnm$，$a_0 = 4.738$Å，$c_0 = 3.187$Å)。两种杂化材料中 CNT 的质量分数根据热重分析确定，如图 10-20(b) 所示。在 600℃ 时，两个样品均有明显的失重，这是 CNT 燃烧的结果。达到 800℃ 时，TiO_2-NSs 和 SnO_2-NSs 的失重分别为 29% 和 7%。

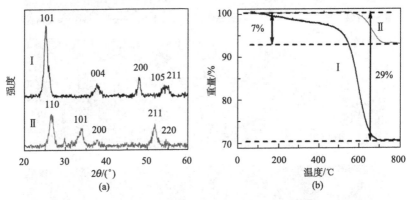

图 10-20　TiO_2-NSs(Ⅰ) 和 SnO_2-NSs(Ⅱ) 的 (a)XRD 图谱及 (b)TGA 曲线

样品的表面结构用 N_2 吸收曲线测试，结果如图 10-21 所示。两个样品的 N_2 等温吸附-脱附线相似，在相对压力 0.4~0.9 处出现一个小的滞后环，表示材料为介孔结构。从嵌图可以得到孔径分布，两种材料均有相对较宽的孔径分布。TiO_2-NSs 和 SnO_2-NSs 的比表面积分别为 170m^2/g 和 70m^2/g。

图 10-22 显示了 TiO_2-NSs 的电化学性能，图 10-22(a) 为 CV 曲线，电压范围为 1.0~3.0V。在 1.7V 和 2.3V 处有一对氧化还原峰，这些峰指示 Li^+ 在锐

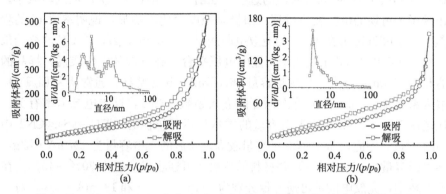

图 10-21　(a) TiO₂-NSs 和(b)SnO₂-NSs 的 N₂ 吸收曲线，嵌图为孔径分布

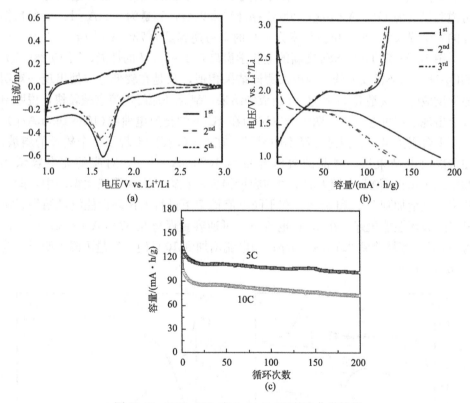

图 10-22　TiO₂-NSs 在 1.0～3.0V 的电化学性能

(a)扫描速度为 0.5mV/s 的 CV 曲线；(b)0.1C 的充放电曲线；

(c)不同电流倍率的循环性能，电压范围为 1.0～3.0V

钛矿型 TiO_2 晶格中嵌入和脱嵌的过程。在前 5 次循环中，阴极电流峰减小，说明出现了不可逆的电极反应过程；阳极峰强度变化不明显，说明萃取 Li 的程度相似。图 10-22(b)为在 1C 下的充放电曲线(1C=168mA/g)，与 CV 曲线结果一致，在 1.7V 和 2.3V 出现两个明显的电压平台。在首次放电结束后，样品的放电容量为 185mA·h/g，比理论容量 167.5mA·h/g 略高。通常认为 Li_2TiO_2 中的嵌入系数 $x=0.5$，然而首次循环的嵌入系数达到 1，这与电流倍率有关。在电压范围 1.0~3.0V，CNT 对容量的贡献是不可忽视的，TiO_2-NSs@CNT 中含 29%的 CNT，因此，TiO_2-NSs 的容量较高。随后的充电容量为 127mA·h/g，导致不可逆容量为 31%。TiO_2 基材料的首次不可逆容量一般为 30%~45%。在第二次循环中，充放电的不可逆容量分别为 124mA·h/g 和 135mA·h/g，对应的库仑效率为 92%，第三次循环进一步增加到 95%，该现象说明在循环过程中不可逆容量减少。图 10-22(c)为不同电流倍率下样品的循环性能，电流为 5C 时，可逆容量约为 110mA·h/g，200 次循环结束以后，容量为 96mA·h/g，每次循环的容量损失为 2%。电流倍率为 10C 时，可逆容量为 73mA·h/g。

图 10-23 为 TiO_2-NSs 在新的电化学窗口 0.1~3.0V 的性能，图 10-23(a)为 TiO_2-NSs 循环伏安曲线，与前面测试结果相似，只是在较低电位处出现一对明显的反应峰，这是 CNT 吸收 Li 造成的结果。氧化还原峰电流衰减较快，说明电极上出现了不可逆反应。图 10-23(b)为在 1C 下的充放电曲线(1C=168mA/g)，电压平台仍然可见，但是已经不明显了，在 0~0.75V 出现了一个较长的斜坡。在首次放电结束后，样品的放电容量为 1020mA·h/g，对应的充电容量为 395mA·h/g，说明有较大的不可逆容量损失。在第二次和第三次循环中，库仑效率分别增加到 79%和 85%。在不同电流倍率下进行的循环性能测试结果显示材料的循环性能较好。在 0.1C 电流下，可逆容量保持在 320mA·h/g；当电流为 5C 时，容量降到 221mA·h/g；当电流增加到 10 C 时，容量下降不明显，为 198mA·h/g。

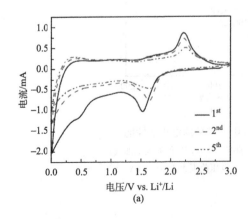

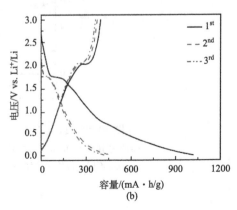

(a)　　　　　　　　　　　　　　　　(b)

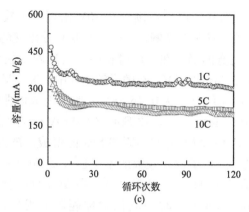

图 10-23　TiO$_2$-NSs 在 0.1～3.0V 的电化学性能

(a)扫描速度为 0.5mV/s 的 CV 曲线；(b)0.1C 的充放电曲线；

(c)不同电流倍率的循环性能，电压范围 0.1～3.0V

图 10-24 为 SnO$_2$-NSs@CNT 的电化学性能，图 10-24(a)为 SnO$_2$-NSs 的循

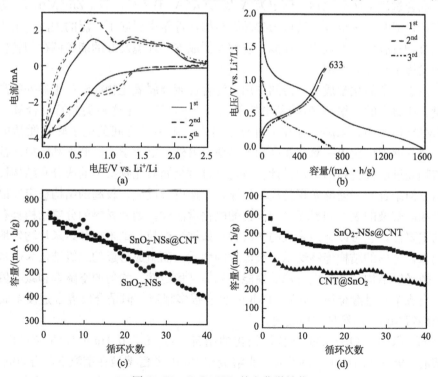

图 10-24　SnO$_2$-NSs 的电化学性能

(a)扫描速度为 0.5mV/s 的 CV 曲线，5mV～2.5V；(b)160mA/g 下的充放电曲线；(c)不同电流

倍率的循环性能，160mA/g；(d) 不同电流倍率的循环性能，400mA/g，0.01～1.2V

环伏安曲线，在首次循环中，电压范围 0.5～0V 出现一个较大的阴极峰，在以后的扫描过程中，该峰分解为 2 个峰，一个为在 0 V 处出现的尖峰，另一个为在 0.7～1.4V 处出现的较宽的峰。在充电过程中，出现两个较弱的阳极峰，一个在 0.75V，另一个在 1.25～2.25V。在随后的循环中，0.75V 的峰强度增加，说明电极材料被激活。图 10-24(b) 为在 160mA/g 时的充放电曲线，首次放电后得到较高的容量，为 1600mA·h/g，比 SnO_2（790mA·h/g）的可逆容量明显提高，这个结果归因于 SnO_2 的不可逆还原和 SEI 的形成。随后充电至 1.2V，萃取出 633mA·h/g 的容量，引起比较大的不可逆容量 60.4%，第二、三次循环时，库仑效率快速升高到 89.2% 和 91.2%。图 10-24(c) 比较了 SnO_2-NSs@ CNT 和 SnO_2-NSs 在 160mA/g 时的电化学性能，很明显，一维分层结构的 SnO_2-NSs@CNT 展示了比纯 SnO_2NSs 好的循环性能。在 40 次循环后，SnO_2-NSs@CNT 的可逆比容量为 549mA·h/g，而 SnO_2-NSs 的为 406mA/g。

10.2.4　介孔分层结构 $Ni_{0.3}Co_{2.7}O_4$ 的制备和性能（Wu et al.，2013）

混合过渡金属氧化物，标记为 $A_xB_{3-x}O_4$（A，B= Co，Ni，Zn，Mn，Fe 等），具有计量或非计量组成，结构为尖晶石结构，近年来引起了广泛的关注。由于这类化合物具有优异的电化学性能，它们在低成本、环境友好的能源储存和转换技术中发挥了重要的作用。

由于复杂的化学成分和协同作用，混合过渡金属氧化物能够产生额外的高比容量，比典型的石墨/碳酸盐基电极材料高 2～3 倍。在这种尖晶石复合氧化物 MTMOs 体系中，阳离子存在多种化学价态，阳离子之间的电子转移激活能较低，通常展现出比单一氧化物高的电导率。另外，电化学能量储存和转换的性能也依赖先进电极材料的结构设计。将复合过渡金属氧化物材料的成分和结构设计这两方面结合起来能够实现超离子传导、快速电极反应、较高的结构稳定性以及电极和电解液的表面和界面之间优良的电化学活性。纳米材料的分层结构具有特殊的重要性，它可以将纳米级的初级颗粒如纳米颗粒、纳米棒和纳米片均匀地组装起来，这样的结构能够继承初级颗粒的性质，而组成形成的二级结构为微米级或亚微米级结构，能产生特殊的性能，如提高稳定性、均匀的空隙率和减小偏析等。合成单一过渡金属氧化物（TMOs）已有很多报道，但是合成混合过渡金属氧化物（MTMOs）仍然具有挑战性。

$Ni_{0.1}Co_{0.9}C_2O_4·nH_2O$ 分层结构的制备：将 1mL 0.1mol/L 的 $Ni(NO_3)_2$ 水溶液、9mL 0.1mol/L 的 $CoCl_2$ 水溶液和 10mL 乙醇溶液在室温下混合 30min。然后，将 10mL 0.1mol/L 的 $Na_2C_2O_4$ 溶液快速加入上面的溶液中，反应 1h 以后，收集粉色的沉淀作为合成混合镍钴氧化物分层结构的前驱物。

介孔镍钴氧化物分层结构的制备：将反应前驱物以 1℃/min 的速度从室温

加热到 400℃，保温 10min，标记为 P1。将 450℃和 500℃下反应的样品分别标记为 P2 和 P3。

整个反应过程可以在室温进行，不需要表面活性剂和模板，具有反应简单、适合大规模生产的特点。

电化学性能测试的电极成分为活性物质 80%、乙炔黑 15%、聚四氟乙烯（PTFE）5%。

由于掺 Ni 量较少，所以掺 Ni 的草酸钴的 XRD 图谱与纯草酸钴的 XRD 图谱相似，如图 10-25 所示，反应前驱体的 SEM 和 TEM 形貌如图 10-26 所示。反应前驱体由粒径为 4μm 的球形颗粒组成，每个颗粒都是由大量的棒状亚单元组成，方向向外，呈放射状，呈蒲公英花状。同时，一些纳米棒相互联在一起，形成比较大的团簇。这些纳米棒直径较小，约为 50nm，长度与分层颗粒的半径接近，大约为 2μm。

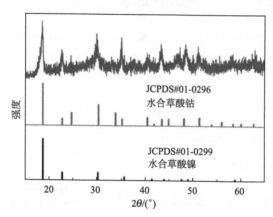

图 10-25　反应前驱体和水合草酸钴、水合草酸镍的 XRD 图谱

金属草酸盐前驱体是热力学不稳定的，受热后将分解转变为对应的金属氧化物。

对 $Ni_{0.1}Co_{0.9}C_2O_4 \cdot nH_2O$ 前驱体进行热重分析（TGA）实验，结果在 TGA 曲线上，200℃和 400℃以下有两个主要的失重步骤，因此 400℃的温度足以完成由前驱体向过渡金属氧化物的转变。将前驱体在不同温度 400℃、450℃和 500℃下退火，即得到介孔镍钴氧化物分层结构（分别记为 P1、P2 和 P3），它们的 XRD 图谱如图 10-27 所示。

图 10-27 显示，P1、P2 和 P3 的 XRD 图谱与 $NiCo_2O_4$ 和 Co_3O_4 的标准图谱相似，表示混合镍钴氧化物也为尖晶石结构，具有相似的晶格常数。EDS 定量分析 3 种镍钴氧化物 Co/Ni 原子比，计算结果约为 9。进一步用电感耦合等离子体原子发射光谱（ICP-AES）分析确定 Co/Ni 原子比，可以得出合成的混合镍钴

图 10-26　反应前驱体 $Ni_{0.1}Co_{0.9}C_2O_4 \cdot nH_2O$ 的
FESEM[(a)～(c)]和 TEM[(d)～(f)]

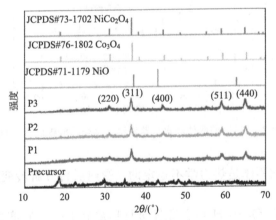

图 10-27　制备样品（前驱体、P1、P2 和 P3）以及标准
样品 $NiCo_2O_4$，Co_3O_4 和 NiO 的 XRD 图谱

氧化物的分子式为 $Ni_{0.3}Co_{0.7}O_4$，具有尖晶石结构。

　　具有分层结构的 $Ni_{0.3}Co_{0.7}O_4$ 的 FESEM 形貌如图 10-28 所示。一般而言，分层结构和蒲公英花状形貌在空气中进行退火后能够保持，说明结构有一定的强度。同时，颗粒表面变得粗糙多孔，指示为孔状织构。为了更好地观察 3 个样品的多孔特征，对它们进行 TEM 检测，如图 10-29 所示。与前驱体的棒状亚结构单元相比，分层结构的 $Ni_{0.3}Co_{2.7}O_4$ 中的棒状组元是由几十纳米大小的纳米颗粒组成。由对应的 SAED 图谱可以确定为多晶体，如嵌图所示。TEM 图像也显示初始的纳米颗粒具有较好的结晶度，与 XRD 的分析结果一致。草酸盐前驱体的分解和随后在低温下进行的再结晶有助于形成较小的金属氧化物纳米晶。在退火过程中产生的气体也可能高度多孔织构。最终在纳米颗粒之间产生大量的介孔，贯穿整个镍钴氧化物分层结构。

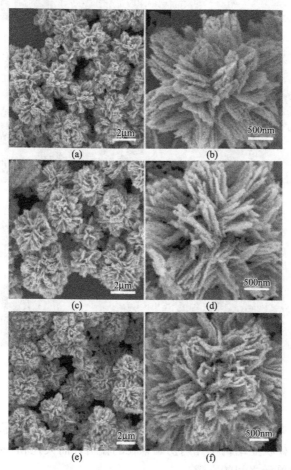

图 10-28　介孔分层材料 $Ni_{0.3}Co_{2.7}O_4$ 的 FESEM 图像
(a)、(b)P1；(c)、(d)P2；(e)、(f)P3

对分层的 $Ni_{0.3}Co_{2.7}O_4$ 多孔结构材料进行 N_2 等温吸附-脱附实验，结果如图 10-30所示。BET 比表面积随退火温度的升高而减小，对于 P1、P2 和 P3 样品，比表面积分别为 $44m^2/g$、$35m^2/g$ 和 $28m^2/g$，这是因为温度升高时初始的

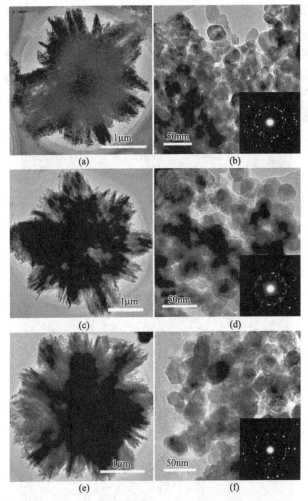

图 10-29　介孔分层材料 $Ni_{0.3}Co_{2.7}O_4$ 的 TEM 图像

(a)、(b)P1；(c)、(d)P2；(e)、(f)P3，嵌图对应 SAED 图谱

颗粒的合并和长大消除了一些空隙。等温线滞后环表示 3 个样品中都存在介孔，介孔主要起源于棒状亚结构单元内初始颗粒的偏析，而大孔和一些较大的介孔则对应棒状亚结构单元之间的空隙。

　　法拉第氧化还原反应对应 M—O/M—O—OH，其中 M 为 Ni 和 Co。随着扫描速度的增加，除了有较小的峰位置的移动，CV 曲线的斜率基本保持不变，说明材料具有优良的电化学可逆性和优良的倍率性能。为了对分层结构的介孔 $Ni_{0.3}Co_{2.7}O_4$ 材料进行定量的电化学性能分析，用式(10-4)计算由 CV 测量得到的比电容：

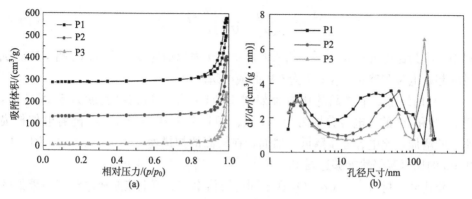

图 10-30　(a) 介孔分层材料 $Ni_{0.3}Co_{2.7}O_4$ 的 N_2 等温
吸附-脱附曲线；(b)对应的 BJH 孔径分布曲线

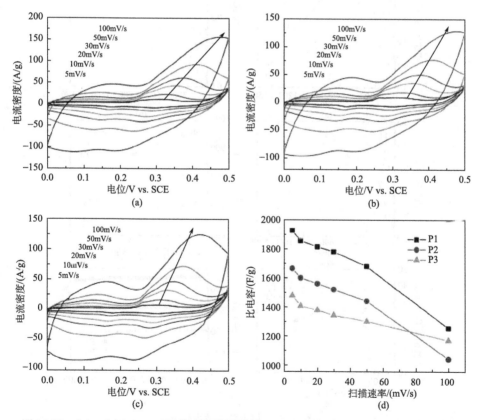

图 10-31　(a)～(c)0.0～0.5V 的介孔分层材料 $Ni_{0.3}Co_{2.7}O_4$(P1、P2、P3)的 CV 曲线，
扫描速度为 5～100mV/s，室温下 3mol/L KOH 溶液中；(d)从 CV 曲线测得的比电容

$$C = \frac{1}{mv(V_c - V_a)} \int_{V_a}^{V_c} I(V) \mathrm{d}V \qquad (10\text{-}4)$$

式中，C 为比电容；m 为活性物质的质量；v 为扫描速度；V_c 和 V_a 指 CV 测试时的起始电位和终止电位；I 为 CV 曲线的瞬时电流。

CV 曲线上 3 个样品的比电容如图 10-31 所示，当扫描速度为 5mV/s 时，P1、P2 和 P3 的比电容分别为 1931F/g、1965 F/g 和 1478 F/g。随着电位扫描速度的增加，比电容逐步降低。然而，在较高的扫描速度 100mV/s 时，P1、P2 和 P3 的比电容仍然能够达到 1254F/g、1037 F/g 和 1164 F/g。

介孔分层材料 $Ni_{0.3}Co_{2.7}O_4$ 在不同电流倍率下的恒电流充放电测试结果如图 10-32 所示。充放电曲线没有明显的电位平台，与 CV 测试结果相符。

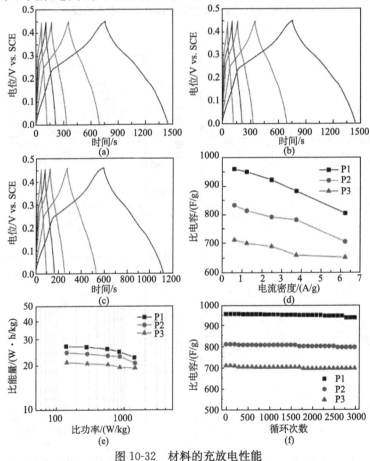

图 10-32　材料的充放电性能

(a)~(c) 分别为介孔分层结构 $Ni_{0.3}Co_{2.7}O_4$(P1, P2, P3) 的充放电曲线，分图中曲线对应的电流密度从右至左依次为 0.625A/g、1.25A/g、2.50A/g、3.75A/g 和 6.25A/g，电解液为 3.0mol/L KOH；(d) 室温放电曲线的比电容；(e) 各种充放电倍率下的能量和功率的关系曲线；(f) 电流密度 6.25A/g 下的充放电循环性能综上所述，介孔分层材料 $Ni_{0.3}Co_{2.7}O_4$ 展示了优良的超级电容器的性质，包括比电容、倍率性能和循环性能。在较低退火温度下制备的样品 P1 在测试样品中的电化学性能最好，这些优良的性能是材料的成分和纳米结构协同作用的结果。具体而言，初始纳米颗粒能够提供较高的电化学活性和相对较大的活性表面积；而微米尺寸的二级分层结构的颗粒可以防止成分偏析，并保持孔状结构的稳定，足量的介孔面积对电化学过程具有重要的意义，高度的介孔网络可以使电解液快速渗透，促进材料表面和临近表面的氧化还原反应，保证材料在高倍率下具有较高的比电容。另外，较好的强度使得材料能够进行超长的循环而保持较好的结构稳定性。

参 考 文 献

Ding S J, Chen J S, Lou X W. 2011. One-dimensional hierarchical structures composed of novel metal oxide nanosheets on a carbon nanotube backbone and their lithium-storage properties. Adv Funct Mater, 21: 4120-4125

Hu L B, Wu H, Mantia F L, et al. 2010. Thin, flexible secondary Li-ion paper batteries. Acs nano, 4(10): 5843-5848

Liu S H, Wang Z Y, Yu C, et al. 2013. A flexible TiO_2(B)-based battery electrode with superior power rate and ultralong cycle life. Adv Mater, 25: 3462-3467

Wang Z Y, Luan D Y, Boey F Y C, et al. 2011. Fast formation of SnO_2 nanoboxes with enhanced lithium storage capability. J Am Chem Soc, 133: 4738-4741

Wu H B, Pang H, Lou X W. 2013. Facile synthesis of mesoporous $Ni_{0.3}Co_{2.7}O_4$ hierarchical structures for high-performance supercapacitors. Energy Environ Sci, 6: 3619-3626

Yuan C Z, Wu H B, Xie Y, et al. 2014. Mixed transition-metal oxides: design, synthesis, and energy-related applications. Angew Chem Int Ed, 53: 1488-1504

Yu L, Wu H B, Lou X W. 2013. Mesoporous $Li_4Ti_5O_{12}$ Hollow spheres with enhanced lithium storage capability. Adv Mater, 25: 2296-2300

第11章　钠离子电池材料

自从日本 Sony 公司在 1991 年宣布第一款商业化的锂离子电池以来，锂离子电池已经迅速进入人们的日常生活之中。相对于铅-酸、镍-氢和镍-镉等二次电池，锂离子电池除具有更高的能量密度、功率密度和工作电压外，还具有自放电率低、循环寿命长、无记忆效应、操作温度范围广、安全性好和环境友好等优点。在过去的几十年中，小且轻的锂离子电池已经被广泛应用在便携式电子设备上（如笔记本电脑、手机和 MP3 播放器等）。最近几年里，在大力发展"绿色"科技的趋势下，锂离子电池的应用范围将从便携电子设备扩展到大型设备上，特别是电动汽车领域。

与此同时值得关注的是，锂元素在地壳中的储量不足以满足人们日益增长的需求。当世界上 50% 的燃油汽车被电动汽车（包括混合动力电动汽车和插件式混合动力电动汽车）所取代时，大约要消耗 790 万吨的金属锂；从长远考虑，锂的价格也将提高。因此，寻找新型电池十分必要，具有重要的意义。

钠与锂处于同一主族，它们有很相似的性质，如表 11-1 所示。钠离子电池的基本工作原理与锂离子电池基本相同，在充放电过程中，碱金属离子在正负极之间反复嵌入与脱嵌。钠离子电池与锂离子电池相比有两个突出的优势：①原料资源丰富，成本低廉，分布广泛；②钠离子电池的半电池电势较锂离子电势高 0.3～0.4V，能利用分解电势更低的电解质溶剂及电解质盐，电解质的选择范围更宽。

表 11-1　钠单质与锂单质的性质

金属	摩尔质量 /(g/mol)	密度 /(g/cm^3)	熔点 /℃	价态变化	标准电势 /V vs. SHE	比容量 /(mA·h/g)	地壳丰度 /%
Li	6.94	0.534	180.5	1	−3.04	3862	0.006
Na	22.99	0.968	97.8	1	−2.71	1166	2.64

11.1　钠离子电池工作原理

钠离子电池的工作原理与锂离子电池相似，在充放电过程中，钠离子在正负极之间来回移动，被称为"摇椅"（rock chair）式电池或钠离子电池。正极材料一般为电势较高的嵌钠化合物,如钴酸钠、锰酸钠和磷酸锰钠等。负极材料有石墨和活性炭等。电解液为 $NaPF_6$ 和 $NaClO_4$ 等钠盐溶于有机溶剂,溶剂和锂离子电池一样采用碳酸乙烯酯(EC)、碳酸丙烯酯(PC)和碳酸二甲酯(DMC)等。隔膜一般用聚烯烃类树脂将正极与负极隔开,常用聚丙烯(PP)和聚乙烯(PE)微孔膜。钠离子电池是由正极、负极、电解液、隔膜、导电剂、黏结剂、集流体和外壳等组成。充电时,钠离子从正极脱嵌经过电解液嵌入负极,电子则从正极经外电路到负极。此时,负极处于富钠状态而正极处于贫钠状态。放电时正相反,钠离子从负极脱嵌经过电解液嵌入正极,电子从负极经外电路到正极,正极处于富钠状态,如图 11-1 所示。

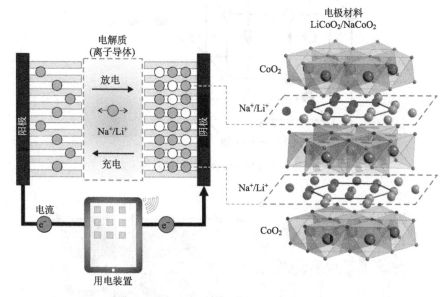

图 11-1　钠离子电池示意图

在钠离子电池体系中,正、负电极材料仍然是决定电池性能的关键所在。在正极材料中,目前主要研究开发的材料有普鲁士蓝材料、磷酸盐材料和氧化物材料等。

11.2　正　极　材　料

11.2.1　普鲁士蓝材料

普鲁士蓝 $A_xM[Fe(CN)_6]_y \cdot zH_2O$(其中 A 和 M 分别代表碱金属和过渡金属元素)是人类最早合成的一类化合物,属于立方晶系。

　　普鲁士蓝配位化合物呈面心立方结构，如图 11-2 所示。晶格中金属与铁氰根按 Fe—C≡N—M 排列形成三维结构骨架，Fe 离子和金属 M 离子按立方体状排列，C≡N 位于立方体的棱上。其中氰根的 C 原子围绕 Fe，而 N 原子围绕 M 排列，Na^+ 占据立方体空隙，立方体的晶格常数为 0.508nm。这样大的空隙允许 Na^+ 通过，且 Fe—C≡N—M 立方体骨架结构稳定，充放电前后晶体晶格变化小，是一类有希望成为钠离子电池电极的材料。图 11-3 为普鲁士蓝的充放电状态结构图。

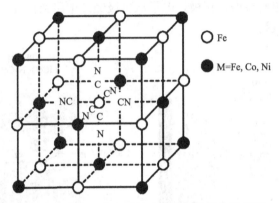

图 11-2　普鲁士蓝配位化合物的晶体结构示意图

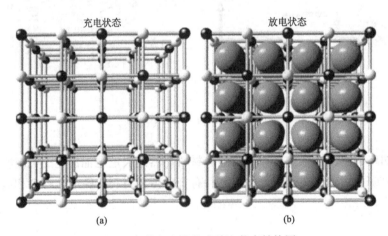

图 11-3　普鲁士蓝的充放电状态结构图

　　$Na_x M_y Fe(CN)_6$（M=Fe，Co，Ni）化合物中的两个过渡金属离子都有可能参与电化学反应。理论上，伴随 Na^+ 的脱嵌，可以实现两个及以上的电子转移。例如，$Na_2 CoFe(CN)_6$ 可能发生的反应为

$$Na_2Co^{2+}Fe^{2+}(CN)_6 \longrightarrow NaCo^{2+}Fe^{3+}(CN)_6 + Na^+ + e \qquad (11\text{-}1)$$

$$NaCo^{2+}Fe^{3+}(CN)_6 \longrightarrow Co^{3+}Fe^{3+}(CN)_6 + Na^+ + e \qquad (11\text{-}2)$$

第一步为 $Fe(CN)_6^{4-}$ 被氧化成 $Fe(CN)_6^{3-}$，伴随 1 个 Na^+ 的脱出；第二步为 Co^{2+} 被氧化成 Co^{3+}，同时又有 1 个 Na^+ 从晶格中脱出。脱出两个 Na^+ 的理论容量是 $170mA \cdot h/g$。图 11-4 为 $Na_2CoFe(CN)_6$ 充放电曲线和循环性能图。

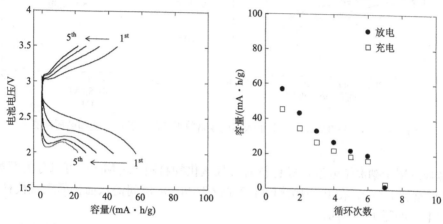

图 11-4　$Na_2CoFe(CN)_6$ 的充放电曲线和循环性能

普鲁士蓝材料的电导率偏低。例如，当 $Fe_4[Fe(CN)_6]_3$ 混入乙炔黑时，其电导率是 $0.96\ mS/cm^2$，这时当电流密度为 $0.125mA/cm^2$ 时最大放电容量为 $78mA \cdot h/g$，当电流密度为 $0.5mA/cm^2$ 时，产生很大的过电位，出现了不可逆容量。

当 $Fe_4[Fe(CN)_6]_3$ 中混入阿克苏导电炭黑(ketjen black)时，电导率可以提高到 $9.62\ mS/cm^2$，提高约 10 倍，这时过电位和不可逆容量均减小。充放电过程中，发生下列变化

$$Fe_{4-x}[Fe(CN)_6]_3 — Na_4Fe(CN)_6 — Na_xFe_{4-x}[Fe(CN)_6]_3 \qquad (11\text{-}3)$$

图 11-5 为 $Fe_4[Fe(CN)_6]_3$ 材料混入不同碳材料得到的充放电曲线和循环性能。

11.2.2　氧化物材料

A_xMeO_2 型过渡金属氧化物类材料是目前的研究方向，其中 A 为碱金属，Me 为 V、Cr 和 Mn 等过渡金属。过渡金属的不同会产生不同的晶体结构，一般为 On 和 Pn，$n=1$、2、3。O3 结构为 ABCABC 堆积，P2 结构为 ABBA 堆积，P3 结构为 ABBCCA 堆积。O、P 分别为与 O 和 Na 配位的八面体和三方棱柱，n 一般指过渡金属堆积的重复周期，当 MO_2 层发生滑移时，On 和 Pn 会发生结

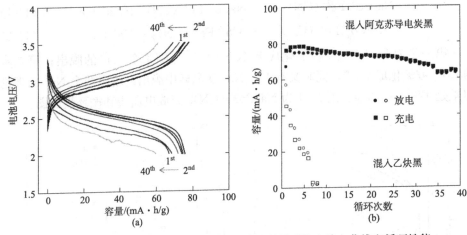

图 11-5　$Fe_4[Fe(CN)_6]_3$ 材料混入不同碳材料得到的充放电曲线和循环性能

构转换。用于钠离子电池正极材料的层状氧化物材料 Na_xMeO_2 可以分为两类，即 O3 型和 P2 型。在 P2 型结构中，Na 位于 MeO_2 层间的八面体间隙或棱柱间隙点上，如图 11-6 所示。

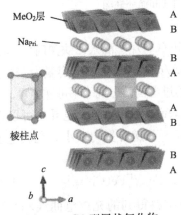

图 11-6　P2 型层状氧化物
材料 Na_xMeO_2 结构示意图
（Yoshida et al.，2014）

$P2$-$Na_{2/3}Ni_{1/3}Mn_{2/3}O_2$ 是一类新的嵌钠化合物材料，目前对该材料的研究较少。Dahn 首先调查研究了该材料的嵌入和脱嵌钠离子的性能，揭示了钠离子能够可逆地在 P2 结构中进行嵌入和脱嵌，但是并没有对该材料进行详细的充放电性能测试。

将 Na_2CO_3、NiO 和 MnO_2 按一定化学计量比混合，以乙醇为分散剂，在球磨机上球磨 6h，然后放入干燥箱中烘干，取出后研磨；将研磨后的材料装入坩埚压实，放入马弗炉中，分别在 800℃、850℃ 和 900℃焙烧 12h，然后自然冷却至室温，得到 3 种产物。

将合成的正极材料与石墨、黏结剂 PVDF（溶解在 NMP，N-甲基吡咯烷酮）按照 0.85：0.10：0.05 的质量比混合均匀，然后涂在铝箔上制成正极极片，在干燥箱中 100℃下进行干燥，最后冲成直径为 1.15cm 的圆形极片，用压力机压实。以金属 Na 为负极，GF/B GMF Circles 玻璃纤维滤纸为隔膜，1mol/L 的 $NaClO_4$/（EC＋PC）（1：1，体积比）为电解液，在充有氩气的手套箱中组装成扣式电池。用 LAND 电池测试系统（CT2001A）进行电池的充放电循环测试。

Published crystallographic data

Space group	$P6_3/mmc$ (194)
Cell parameters	$a = 0.2885$, $b = 0.2885$, $c = 1.1165$ nm, $\alpha = 90$, $\beta = 90$, $\gamma = 120°$
	$V = 0.08048$ nm^3, $a/b = 1.000$, $b/c = 0.258$, $c/a = 3.870$

Standardized crystallographic data

Space group	$P6_3/mmc$ (194)
Cell parameters	$a = 0.2885$, $b = 0.2885$, $c = 1.1165$ nm, $\alpha = 90$, $\beta = 90$, $\gamma = 120°$
	$V = 0.0805$ nm^3, $a/b = 1.000$, $b/c = 0.258$, $c/a = 3.870$

Site	Elements	Wyck.	Sym.	x	y	z	SOF
O1	O	4f	3m.	1/3	2/3	0.5898	
Na1	Na	2c	-6m2	1/3	2/3	1/4	0.335
Na2	Na	2b	-6m2	0	0	1/4	0.335
M1	0.670Mn + 0.330Ni	2a	-3m.	0	0	0	

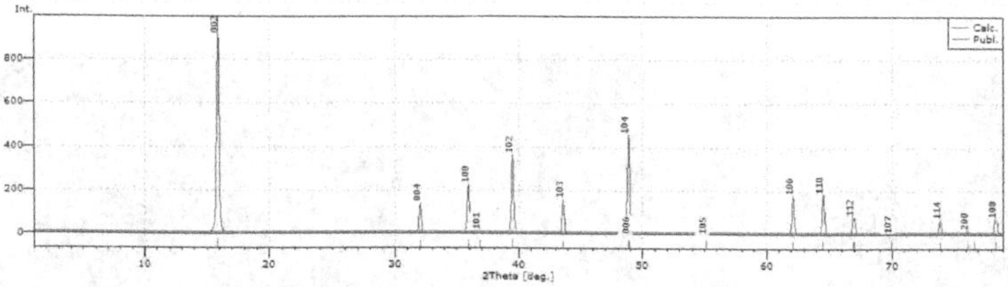

d-spacing [nm]	2theta [deg.]	Int.	h k l	Mul.
0.5583	15.860	1000.0	0 0 2	2
0.2791	32.040	144.6	0 0 4	2
0.2499	35.920	227.9	1 0 0	6
0.2438	36.840	15.2	1 0 1	12
0.2280	39.480	366.5	1 0 2	12
0.2074	43.600	164.9	1 0 3	12
0.1862	48.880	459.5	1 0 4	12
0.1861	48.900	1.8	0 0 6	2
0.1665	55.120	0.0	1 0 5	12
0.1492	62.140	179.9	1 0 6	12
0.1443	64.560	186.7	1 1 0	6
0.1397	66.940	85.0	1 1 2	12
0.1396	67.000	24.3	0 0 8	2
0.1344	69.920	2.8	1 0 7	12
0.1282	73.900	942.3	1 1 4	12
0.1249	76.140	305.2	2 0 0	6
0.1242	76.700	7.7	2 0 1	12
0.1219	78.380	545.7	1 0 8	12
0.1218	78.420	1000.0	1 0 8	12
0.1184	81.140	206.3	2 0 3	12
0.1140	85.000	943.6	2 0 4	12
0.1140	85.020	52.3	1 1 6	12
0.1117	87.240	115.8	0 0 10	2
0.1111	87.780	148.4	1 0 9	12

图 11-7　一种 P2-Na$_{2/3}$Ni$_{1/3}$Mn$_{2/3}$O$_2$ 材料的晶体结构数据

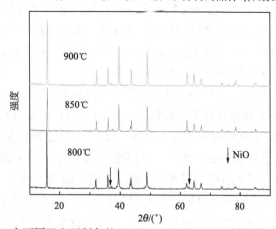

图 11-8　在不同温度下制备的 P2-Na$_{2/3}$Ni$_{1/3}$Mn$_{2/3}$O$_2$ 材料的 XRD 图谱

图 11-7 为一种 P2-Na$_{2/3}$Ni$_{1/3}$Mn$_{1/3}$O$_2$ 材料的晶体结构数据。

图 11-8 为在不同温度下制备的 P2-Na$_{2/3}$Ni$_{1/3}$Mn$_{2/3}$O$_2$ 材料的 XRD 图谱，可以看到在 800℃下合成的产物含有 NiO 杂相峰，而 850℃和 900℃下合成的产物为纯相。

图 11-9 为在不同温度下制备的 P2-Na$_{2/3}$Ni$_{1/3}$Mn$_{2/3}$O$_2$ 材料的 SEM 形貌，可以看到 800℃下合成的产物形貌为层状多边形结构，结晶程度不好；850℃下合成的产物形貌显示了很好的结晶效果，层状结构清楚可见，颗粒大小为 2～5μm，厚度小于 1μm；800℃下合成的产物被烧成更小的颗粒，层状结构被破坏。

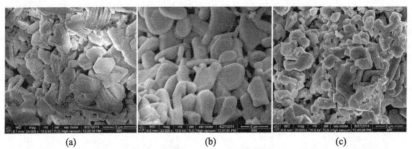

图 11-9　在不同温度下制备的 P2-Na$_{2/3}$Ni$_{1/3}$Mn$_{2/3}$O$_2$ 材料的 SEM 形貌
(a)800℃；(b) 850℃；(c) 900℃

图 11-10(a)～图 11-10(d) 分别为 3 种材料在 2.0～4.0V 不同倍率的充放电曲线和循环性能。可以看到，800℃下合成的产物在 0.1C 和 2C 下的放电容量分别为 84.4mA·h/g 和 57mA·h/g[图 11-10(a)]；而 850℃下合成的产物在 0.1C 和 2C 下的放电容量分别为 88.5mA·h/g 和 67.2mA·h/g[图 11-10(b)]；900℃下合成的产物在 0.1C 和 1C 下的放电容量分别为 81.5mA·h/g 和 59.7mA·h/g[图 11-10(c)]。900℃下合成的产物性能较差是因为材料的层状结构被破坏。图 11-10(d) 为 3 种材料的循环性能，循环前 20 次在 0.1C 下进行，其次 20 次循环是在 0.2C 下进行，然后在 0.5C 下循环 50 次，最后在 1C 下循环 20 次。可以看到，850℃下合成的产物的性能最好。

图 11-11(a) 和图 11-11(b) 分别为 850℃下合成的产物在 2.0～4.5V 进行的不同倍率的充放电曲线和循环性能实验结果。由图 11-11(a)可以看到，其开路电压约为 3.12V，0.1C 下充电容量约为 170mA·h/g，接近理论容量 173mA·h/g，表明其中的 Na 几乎全部被脱嵌出来。在充电曲线上约 4.21V 处出现一个较长的平台，这是由于原来 P2 结构的材料中出现了 O2 相结构，这个平台区间是 P2 和 O2 两相共存区，而且随着充电的进行，O2 相的成分由少增多，当该平台结束，电位又增加时，材料完全转变为 O2 相。该平台的容量大约为 80mA·h/g。首次放电容量约为 158mA·h/g，随着充放电倍率的增加，容量逐渐减少。

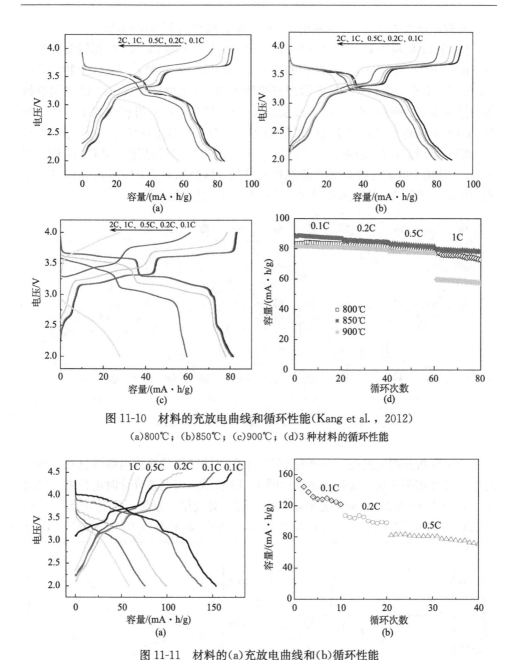

图 11-10　材料的充放电曲线和循环性能（Kang et al.，2012）

(a)800℃；(b)850℃；(c)900℃；(d)3 种材料的循环性能

图 11-11　材料的(a)充放电曲线和(b)循环性能

图 11-11(b)是材料的循环性能。可以看到，刚开始几次的循环，容量衰减较快，经过 10 次循环以后，容量为 120mA·h/g。在随后的 10 次循环中，充放电倍率为 0.2 C，容量由 107mA·h/g 减小到 97mA·h/g。在随后的 20 次循环

中，充放电倍率为 0.5 C，容量由 82mA·h/g 减小到 71mA·h/g。

图 11-12 是利用 Pearson's Crystal Data 软件画出的 P2 和 O2 相转变的过程示意图。图 11-12(a)表示 P2 结构的 $Na_{2/3}Ni_{1/3}Mn_{2/3}O_2$ 材料，三棱柱上相间分布 Na 和 Mn 原子；图 11-12(b)显示当三棱柱上的 Na 被脱嵌出去，O-O 之间有较强的排斥作用，使得 MO_2(M 为过渡金属元素)发生滑移；滑移有图 11-12(c)和图 11-12(d)两种方式；滑移的结果是 O 原子占据三棱柱上的位置，由于图 11-12(c)和图 11-12(d)都可能发生，所以将出现 O 的堆垛错排结构，即 O2 结构。当 Na 嵌入结构中时，这种 O 的堆垛错排将消失，恢复原来的 P2 结构。但是 O2 结构的出现不能使 Na 的嵌入和脱嵌完全可逆，造成容量衰减。

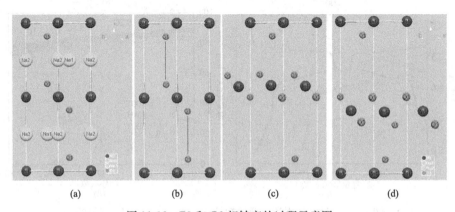

(a)   (b)   (c)   (d)

图 11-12 P2 和 O2 相转变的过程示意图

为了分析充放电过程，分别对 850℃下合成的产物的充放电曲线进行差分计时电位计算和循环伏安实验，结果如图 11-13 所示。根据差分计时电位曲线的结果，对于 2.0~4.0V 区间的充放电过程，有 5 对氧化还原峰，分别位于 2.29V/2.24V、3.18V/3.12V、3.31V/3.25V、3.63V/3.53V 和 3.67V/3.64V。Dahn

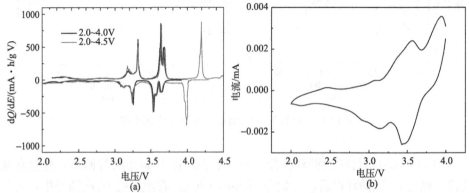

图 11-13 850℃下合成产物的(a)差分计时电位和(b)循环伏安(Liu et al.，2015)

采用原位 XRD 方法对材料 P2-$Na_{2/3}Ni_{1/3}Mn_{1/3}O_2$ 充放电过程的结构变化进行了测试，发现在不同充放电阶段会发生衍射峰位置偏移的现象，但是在 3.8V 以下没有新的衍射峰出现，说明这是一个单一相脱嵌钠的过程。对于 2.0～4.5V 区间的充放电过程，除上面提到的 5 对氧化还原峰以外，在 4.19V/3.99V 处出现了一对氧化还原峰，Dahn 的原位 XRD 实验发现此时 XRD 图谱上在衍射角 21°和 70°处出现了两个新的衍射峰，显示新相 O2 出现。

根据循环伏安实验结果，氧化峰出现在 3.57V 和 3.93V，而还原峰出现在 3.14V 和 3.45V。实际上只有 3.57V/3.45V 一对氧化还原峰，在 2.0～3.5V 的相变过程检测不出。

图 11-14 为在 850℃下合成的产物在 55℃下的充放电曲线和循环性能。与室温测试的结果相比，在小电流倍率下，材料的性能没有明显的改变；但是在较大倍率情况下，如在 0.5C 和 1C 下，容量有所降低，同时在 1C 下容量衰减也较快。经过 10 次 1C 循环以后，再将电流倍率降至 0.1C，容量有所回升，但是不能完全恢复至原来的容量。

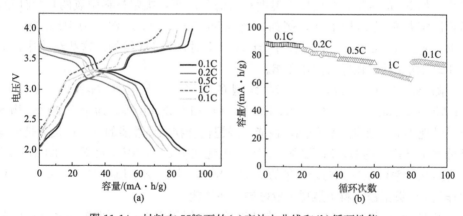

图 11-14　材料在 55℃下的(a)充放电曲线和(b)循环性能

图 11-15 为该材料在室温下和 1.5～3.75V 区间不同倍率下的充放电曲线和循环性能。在 0.1C 下，材料的容量达到 157mA·h/g。在小倍率情况下，循环性能很好，当电流倍率升至 0.5C 时，随着循环的进行，容量逐渐减少。

目前报道的其他 P2 结构的化合物还有 $Na_{0.45}Ni_{0.22}Co_{0.11}Mn_{0.66}O_2$、$Na_{0.67}Mn_{0.65}Fe_{0.2}Ni_{0.15}O_2$、$Na_{2/3}Ni_{1/3}Mn_{2/3-x}Ti_xO_2$ 等，这些可以视为 P2-$Na_{2/3}Ni_{1/3}Mn_{2/3}O_2$ 材料的衍生物。其中，$Na_{2/3}Ni_{1/3}Mn_{2/3-x}Ti_xO_2$ 材料的性能有很大提高，在 0.1C 下容量达到约 120mA·h/g，具有较好的循环性能。

二维层状过渡金属氧化物 $NaMO_2$（M＝Co、Mn、Ni、Cr 和 Fe）也是一类重要的嵌钠化合物材料。根据氧层的原子堆垛形式，分为 O3 型(ABCABC)、P2 型(ABBA)

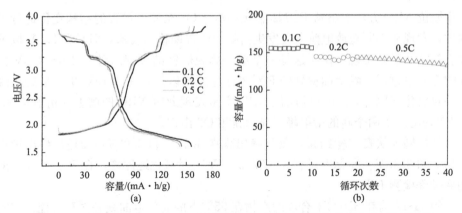

图 11-15　材料在 1.5～3.75V 区间不同倍率下的(a)充放电曲线和(b)循环性能

和 P3 型(ABBCCA)，其中 O 和 P 是指八面体间隙或者棱柱上的 Na 点位置。

　　Na_xCoO_2 是较早被确认可作为钠离子电池正极材料的化合物，可根据合成条件，如 Na 的含量、合成反应温度和氧的分压等，决定材料中氧的化学计量，从而决定材料的结构形式。例如，当 $0.55 < x_{Na} < 0.60$ 时，为 P3 结构；当 $0.64 < x_{Na} < 0.74$ 时，为 P2 结构；当 $x_{Na} = 1$ 时，为 O3 结构。这些结构中，只有 P2 结构才具有较好的循环性能。

　　除 Na_xCoO_2 以外，$NaMO_2$ 类型的化合物还包括 $NaNi_{0.6}Co_{0.4}O_2$、Na_xMnO_2、$NaNi_{0.5}Fe_{0.5}O_2$、$NaNi_{0.5}Ti_{0.5}O_2$ 和 $NaFeO_2$ 等。通常嵌钠化合物的循环性能不如嵌锂化合物的循环性能，嵌锂化合物循环性能的衰减被认为是电解液分解所导致。例如，$Li/P2-Na_{2/3}CoO_2$ 电池在 1.5～3.3V 区间循环 300 次以后的容量保持率可以达到初始容量的 60%～80%。$P2-Na_{0.85}Li_{0.17}Ni_{0.21}Mn_{0.64}O_2$ 材料作为 3V 级正极材料也展现了较好的循环性能。

　　$NaCrO_2$ 材料具有 O3 结构，与 $LiCrO_2$ 同属于 $R\bar{3}m$ 空间群，$LiCrO_2$ 的晶格常数为($a = 2.899$Å，$c = 14.41$Å)，$NaCrO_2$ 的晶格常数为($a = 2.9759$Å，$c = 15.9661$Å)。这两种化合物中，碱金属离子/Cr 离子的混排缺陷不到 1%，具有极高的有序排列性。图 11-16 和图 11-17 分别为 $NaCrO_2$ 和 $LiCrO_2$ 的结构示意图及电池 $Li/LiCrO_2$ 和 $Na/NaCrO_2$ 的充放电循环性能。$Na/NaCrO_2$ 电池的电压约为 3V，首次放电容量接近 118mA·h/g。从这个结果可以看出，$Na/NaCrO_2$ 电池的性能比 $Li/LiCrO_2$ 电池的性能好。这是一个特例，原因在于 CrO_2 层间距较大，使得 Na^+ 适合在晶格中传输。

　　$O3-NaNi_{0.5}Mn_{0.5}O_2$ 电极在 2.2～3.8V 及 1C 下具有 105mA·h/g 的放电容量，在 1/30C 下具有 125mA·h/g 的放电容量，循环 50 次以后容量保持率可达 75%。在循环过程中，O3 相将转变为 $O'3$ 相、P3 相、$P'3$ 相和 $P''3$ 相。

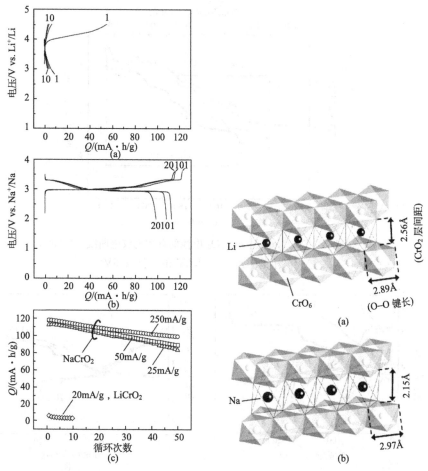

图 11-16　电池 Li/LiCrO$_2$ 和 Na/NaCrO$_2$ 的充放电曲线和循环性能，电解液分别为 LiClO$_4$ 和 NaClO$_4$ 的 PC 溶液

(a) Li/LiCrO$_3$ 电池在 20mA/g 电流下的充放电曲线，电压为 3.0～4.5V；(b) Na/NaCrO$_2$ 电池在 25mA/g 电流下的充放电曲线，电压为 2.0～3.6V；(c) Li/Li-CrO$_2$ 电池和 NaI/NaCrO$_2$ 电池的循环性能

图 11 17　LiCrO$_2$ 和 NaCrO$_2$ 的结构

(a) LiCrO$_2$；(b) NaCrO$_2$

　　针对作为锂离子电池正极材料的 LiNi$_{0.5}$Mn$_{0.5}$O$_2$ 化合物人们已经进行了广泛研究。在电化学可逆脱嵌 Li 的过程中，材料面临 Ni^{2+} 进入 Li$^+$ 的离子混排问题。由于 Li$^+$ 和 Ni^{2+} 的离子半径分别为 0.76Å 和 0.69Å，较为接近，这种混排程度可以达到 10%。与 LiNi$_{0.5}$Mn$_{0.5}$O$_2$ 相比，NaNi$_{0.5}$Mn$_{0.5}$O$_2$ 化合物具有较好的层状结构，不存在离子混排问题，这是因为钠离子的半径较大，为 1.02Å。

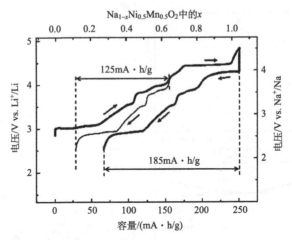

图 11-18　Na/NaNi$_{0.5}$Mn$_{0.5}$O$_2$ 电池的首次充放电曲线，1/50C，
电压范围为 2.5～4.2V 和 2.2～4.8V

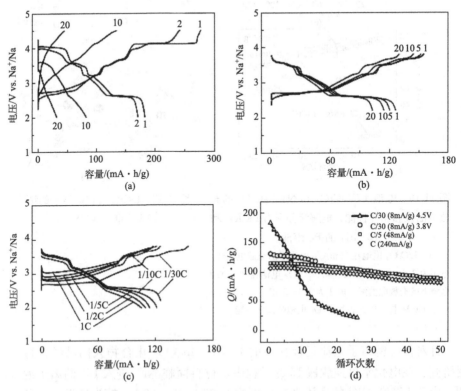

图 11-19　Na/NaNi$_{0.5}$Mn$_{0.5}$O$_2$ 电池在 1/30C 下的充放电曲线，电压
范围为(a)2.2～4.5V，(b)2.2～3.8V，(c)2.2～3.8V 下不同倍率和(d)循环性能

　　图 11-18 为 $Na/NaNi_{0.5}Mn_{0.5}O_2$ 电池在 1/50C 的极低倍率下的充放电曲线，充电电压为 4.8V，放电电压为 2.5V。可以看到，在实验条件下，电池的首次充电容量达到 $185mA \cdot h/g$，充放电曲线显示出可逆的电压变化，说明在这个过程中发生了结构变化。当充电电压为 4.2V 时，电池的容量减少到 $125mA \cdot h/g$。

　　从图 11-19 可以看到，在 2.0～4.5V 电压区间内，当电流密度为 1/30C 时，充放电循环 10 次以后，电池的容量降低到 $100mA \cdot h/g$，电池的极化明显增加。

　　在 2.0～3.8V 电压区间，电池经过 10 次循环以后，容量保持率高于 95%，可见充放电电压范围能够影响电池的性能。$Na/NaNi_{0.5}Mn_{0.5}O_2$ 电池的倍率性能比 $Li/LiNi_{0.5}Mn_{0.5}O_2$ 电池的倍率性能好，因而 Na^+ 在氧化物晶格中的扩散比 Li^+ 在氧化物晶格中的扩散快，这是由于 Na—O 的键长较大，正负电荷间的静电作用较弱。在 2.0～3.8V 电压区间，在 0.2C 和 1C 下经过 50 次循环，$Na/NaNi_{0.5}Mn_{0.5}O_2$ 电池容量保持率都达到 75%。

　　为了研究揭示 $Na_{1-x}Ni_{0.5}Mn_{0.5}O_2$ 的反应机理，采用原位 XRD 的方法对 $Na/Na\,Ni_{0.5}Mn_{0.5}O_2$ 电池在充电过程中 $Na_{1-x}Ni_{0.5}Mn_{0.5}O_2$ 材料的结构变化进行了监测，如图 11-20 所示。

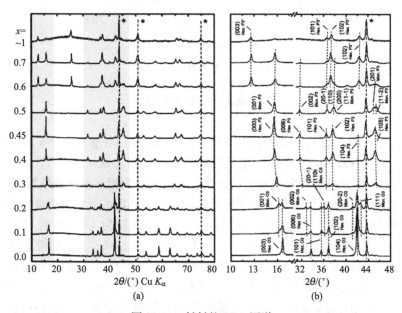

图 11-20　材料的 XRD 图谱

(a)$Na_{1-x}Ni_{0.5}Mn_{0.5}O_2$ 复合电极的原位 XRD 图谱；(b)局部放大图谱

星号表示集流体镍网

　　与 $Na/NaNi_{0.5}Mn_{0.5}O_2$ 电池充放电曲线上出现的多级台阶相对应，这些相的变化也可以从 XRD 图谱的变化表现出来。从 XRD 图谱可以看到，相变是基

于 $Ni_{0.5}Mn_{0.5}O_2$ 层的滑移，而不是 Ni—O 和 Mn—O 的断裂产生的。晶格常数可以根据衍射图谱计算得到，结果见图 11-21。

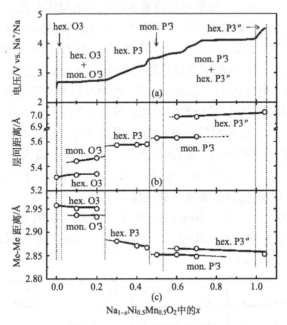

图 11-21　电池的性能和结构

(a)电池的充电曲线；(b)金属-金属原子间距；

(c)充电过程中晶格常数的变化

当 $x=0$ 时，材料 $NaNi_{0.5}Mn_{0.5}O_2$ 为 O3 结构。当萃取的 Na 的量为 $x=0.1\sim0.2$ 时，O3 相与一个新的层状结构相共存，该新相可以从 $17°$ 衍射角的衍射峰 $(003)_{hex}$ 出现分峰现象观察到。这个新的层状结构相可以看成单斜的 O′3 相，它是由原来六方晶胞的晶格发生变形得到的，六方晶胞的晶格发生变形会导致衍射峰出现分峰现象。例如，O3 相的 $(104)_{hex}$ 将分裂为 O′3 相的 $(20\text{-}2)_{mon}$ 和 $(111)_{mon}$ 峰。当继续萃取 Na 至 $x=0.3$ 时，基于 $Ni_{0.5}Mn_{0.5}O_2$ 层滑移将发生从单斜 O′3 相向六方 P3 相的转变。从 XRD 图谱上可以看到 $(104)_{hex}$ 衍射峰的强度减弱，而 $(105)_{hex}$ 衍射峰出现。当 $Na_{1-x}Ni_{0.5}Mn_{0.5}O_2$ 中的 $x=0.3$、0.4 和 0.45 时，只有 P3 相存在，随着 Na 萃取量的增加，晶格常数减小，这种情况与 Na/$NaNi_{0.5}Mn_{0.5}O_2$ 电池的充电过程相符。例如，当萃取钠的量为 $x=0.25\sim0.45$ 时，为单相反应，充电曲线为电压上升的过程。当进一步充电至 $x=0.5$ 时，P3 相的衍射峰仍然可以看到，但是这时除 (001) 外其余的衍射峰都不是对称的，说明发生了晶格扭曲，由 P3 相产生 P′3 相。当充电至 $x=0.6\sim0.7$ 时，除了 P′3 相，在衍射角 $2\theta=12.7°$、$25.3°$ 和 $37.2°$ 处出现了新的衍射峰，这些衍射峰都可以归为 P3 相，具有比较大的层间距(7.0Å)，$P'3$ 相的层间距为 5.6Å。当所有的 Na 完全被萃取出时，此时充电电压为 4.5V，只有一个 P3 相。

11.2.3 聚阴离子化合物材料

层状氧化物虽然具有可嵌钠离子的性能，但是在脱出钠的过程中，材料易发生变形，严重的可造成结构的坍塌。聚阴离子化合物具有更稳定的结构，因此可以进行长循环的嵌钠/脱钠过程，循环性能和安全性能都较好。最近，许多聚阴离子化合物都被报道具有良好的嵌钠/脱钠性能，如 $NaVOPO_4$、$Na_{4-a}M_{2+a/2}(P_2O_7)_2$（$M = Fe$，$Mn$，$Mn_{0.5}Fe_{0.5}$）、$Na_4Fe_3(PO_4)_2(P_2O_7)$、$Na_3V_2(PO_4)_3$、$Na_7V_4(P_2O_7)_4(PO_4)$ 和 $NaFePO_4$ 等。其中，钠离子超导体（NASICON）型的 $Na_3V_2(PO_4)_3$ 被认为是很有希望成为钠离子电池（SIBs）正极材料的化合物。它具有以共价键结合的三维框架的晶体结构，理论能量密度为 $400W \cdot h/kg$，具有良好的热稳定性，钠离子在晶格中的流动性较高，另外材料中的钒元素具有可变的化合价，使得钠离子具有充足的化学扩散系数。由于 NASICON 型材料本身的电导率不高，不能为颗粒之间提供良好的电导接触。理论上存在两种提高离子传输动力的方法，一种是采用掺杂的方法改变材料中电化学活性元素的成分，提高混合电导率；另外一种是减小电活性颗粒的粒径，使材料形成一个有效的导电网络，这种方法对某些材料具有很好的效果。在这种情况下，电子能够经颗粒间的导电碳传导，离子则通过颗粒间的电解液在纳米颗粒间传输。尽管这些方法可以提高 $Na_3V_2(PO_4)_3$ 材料的倍率性能和循环稳定性，但是仍然无法与锂离子电池材料的性能相比。

近年来，氟化聚阴离子材料得到了电池界的极大关注，如 $LiVPO_4F$、$Na_3V_2(PO_4)_2F_3$、Na_2FePO_4F、$Na_2Fe_{1-x}Mn_xPO_4F$、$LiFeSO_4F$ 和 $Na_3V_2O_2(PO_4)_2F$ 等。这类材料具备 PO_4^{3-}（或 SO_4^{2-}）聚阴离子基团所形成的稳定框架结构，因此具有良好的结构稳定性，同时 F^- 的强电负性和聚阴离子基团的诱导效应将使这种材料具有更高的电位平台，因此具有广阔的应用前景。其中，$Na_3V_2(PO_4)_2F_3$ 具有 NASICON 结构，钠离子在结构中具有很高的离子扩散系数。因此这类材料有可能作为钠离子电池的正极材料。

11.3 钠离子电池的负极材料

11.3.1 碳基负极材料

石墨是锂离子电池中用得最多的负极材料，但是却不适用于嵌钠（图 11-22），而其他非石墨类碳材料却显示了嵌钠性能，如石油焦、炭黑、沥青基碳纤维和聚合物等。

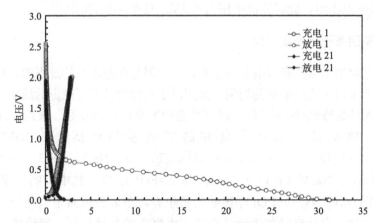

图 11-22　Na/石墨的充放电曲线(第 1 次和第 2 次循环)。电池未显示嵌钠性能，电解液为 1mol/L 浓度的 NaClO₄ 溶解在 EC(碳酸乙烯酯)与EMC(碳酸甲基酯)的比为 3∶7 的有机溶剂中

硬碳是指石墨化碳，是高分子聚合物的热分解产物(反应温度＞1000℃，惰性气氛)，作为锂离子电池负极材料具有较高的可逆比容量，一般为 500～700mA·h/g。硬碳作为锂离子电池负极材料的结构稳定，充放电循环寿命长，并具有良好的倍率性能，可以满足电动车锂离子电池大功率充放电的要求。硬碳与碳酸丙烯酯(PC)基电解液的兼容性优于石墨。图 11-23 是石墨、玻璃化炭黑和硬碳材料的拉曼光谱。

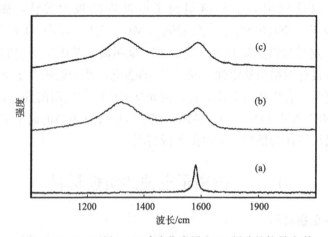

图 11-23　(a)石墨、(b)玻璃化炭黑和(c)硬碳的拉曼光谱

石墨在 1580cm^{-1} 处有一个对称的—C=C—的伸缩振动峰，而硬碳和玻璃化炭黑的拉曼光谱接近。玻璃化炭黑中存在碳颗粒紧层密堆积的现象。非石墨碳材料的电压-容量曲线具有以下特点：嵌钠反应发生在 1V 以下，电压-容量曲线呈斜坡状，嵌钠过程发生在 100mV 以下。通过核磁共振实验可以揭示这是两个不同的嵌钠过程，在低电位（<0.2V）区间的嵌钠过程是钠嵌入纳米洞穴的过程，这部分容量是可逆的，而且容量较大，显示了碳材料中纳米洞穴的重要。这个观点是由 Stevens 和 Dahn 首先提出的，后来被一些研究小组通过小角度 X 射线散射实验所证实。在较高电位区的嵌钠过程是钠嵌入不同的碳原子层间的过程。两个过程首次放电总容量为 300mA·h/g，循环数次后可以稳定在约 220mA·h/g，如图 11-24 所示。

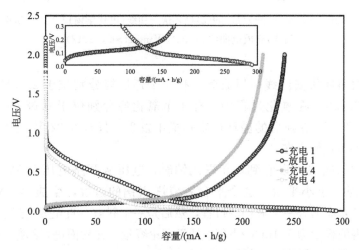

图 11-24　Na/C（非石墨）的充放电曲线（第 1 次和第 4 次循环），电解液为
1mol/L 浓度的 NaClO$_4$ 溶解在 EC 与 EMC 的比为 3：7 的有机溶剂中

硬碳材料的 BET 比表面积低，为 3.3m^2/g，含有石墨单原子层单元，层间距为 31Å，这种结构的可逆嵌钠容量可以达到 280mA·h/g。

11.3.2　氧化物负极材料

氧化物是一类重要的储钠材料，目前对该类材料储钠性能的研究仍然较少。在已经报道的储钠氧化物材料中，有的展现了较好的性能。

α-MoO$_3$ 化合物，该化合物的空间群为 Pbnm，晶格常数为 $a = 3.958$Å，$b=13.940$Å 和 $c = 3.708$Å，晶胞体积为 204.587Å^3。MoO$_3$ 嵌钠的电位为 0.793V，比嵌锂的电位低（1.75V）。嵌钠的反应式如下：

$$MoO_3 + 6Na^+ + 6e^- \longrightarrow Mo + 3Na_2O \qquad (11-4)$$

MoO₃ 储钠的理论容量为 1117mA·h/g。图 11-25 为 MoO₃ vs. Na/Na⁺ 的循环伏安和充放电曲线。

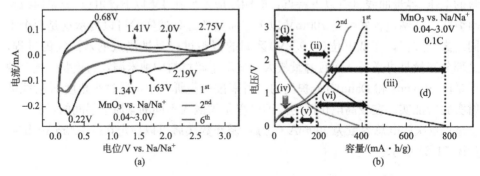

图 11-25　MoO₃ vs. Na/Na⁺ 的(a)循环伏安曲线(电化学窗口 0.04~3.0V)
和(b)充放电曲线(0.1C)(Wang et al.，2012)

从首次循环伏安曲线可以看到，有 4 个还原峰分别位于 2.19V、1.63V、1.34V 和 0.22V；在氧化过程中，有 4 个氧化峰分别位于 0.68 V、1.41 V、2.0 V 和 2.75 V。在随后的循环伏安扫描中发现，只有 0.22 V 处得还原峰和 0.71 V 处的氧化峰存在。

从充放电曲线可以看到，在嵌入钠时，电压从开路电压 2.6V 降到大约 2.3V，出现一个小平台，这个平台对应嵌入钠的过程，生成 NaₓMoO₃。在 1.8~1.2V 对应另外一个嵌钠的过程，然后是一个斜坡，直至放电过程在 0.04V 结束。测得的容量为 771mA·h/g，低于理论容量。在后面进行的循环中，容量继续衰减，在 0.1C 下可以达到 200mA·h/g。

含有氧化还原中心的过渡金属氧化物(transitional metal oxides，TMOs)同时也可以作为锂离子电池负极材料使用。这类材料具有较高的储锂容量、材料来源广泛、本征安全性能好和不形成锂枝晶等优点。根据氧化物的晶格结构及热力学和动力学定律，储锂机理可以分为两类，即嵌锂式和转换反应式。在嵌锂式中，锂离子能够可逆地嵌入 TMOs 晶格中的空隙位置而不破坏 M—O。虽然这个过程在热力学和动力学理论方面是可行的，但是嵌入锂离子的量受到限制，通常容量低于 200~300mA·h/g。在转换反应式中，锂化时金属氧化物完全还原为纳米金属晶体分散在 Li₂O 相中，但在去锂后能够完全恢复至原来的氧化状态，这个过程涉及多个电子的转移过程。这类反应能够具有较高的储锂容量。例如，容量可以达到 600~1200mA·h/g，高于碳材料的理论容量 372mA·h/g。TMOs 的主要缺点是高倍率的储锂性能和长时间的循环性能较差，这主要是因为其本征的电子和离子电导率较差以及在反复储锂过程中结构发生破坏，导致材料的粉末化和电极的极化。目前正在研究解决这些问题，如制备纳米结构的 TMO 材料，以提高 Li 的扩散速度，稳定材料的结构，但是并没有收到明显的效果，这个问题仍然具有挑战性。

MoO_3 是一类重要的过渡金属氧化物材料，它具有很高的热力学和化学稳定性，而且 Mo 元素具有多种化学价态。MoO_3 化合物主要有 3 种晶型结构，即正交型的 α-MoO_3、单斜型的 β-MoO_3 和六方型的 MoO_3。其中 α-MoO_3 是层状结构，具有热力学稳定性，因此曾被考虑作为锂离子电池电极材料。基于嵌锂机理，这种化合物在 $1.5\sim3.5V$ 可以释放 $200\sim300mA \cdot h/g$ 的容量。虽然这种材料具有较高的理论容量，但是它并没有引起太多的关注，原因在于较慢的氧化还原反应导致较差的电化学性能和充放电过程中引发的较大的结构改变。

最近的研究发现，具有电化学惰性成分的辅助黏结剂对提高电极的性能起到了关键的作用。例如，含有羧基基团的生物衍生物黏结剂羧甲基纤维素（CMC）和藻酸盐等可以明显提高 Si、Fe_2O_3 等锂离子电池负极材料的性能，这与它们的粒径无关。尽管这些黏结剂是电化学惰性而且用量很少，但是它们具有特殊的物理化学性能，能与电极活性材料相互作用，有效地提高电极材料的结构稳定性和电极整体的表面性能。下面以水热法制备超长 α-MoO_3 纳米带为例说明这类黏结剂的应用。α-MoO_3 纳米带的长度为 $200\sim300\ \mu m$，宽度为 $0.6\sim1.5\mu m$，厚度为纳米级，如图 11-26 所示。

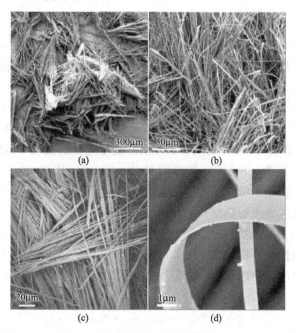

图 11-26　超长 α-MoO_3 纳米带的形貌（Wang et al.，2012）

图 11-27 为使用了 Na-CMC 和 Na-海藻酸钠黏结剂的 α-MoO$_3$ 纳米带的充放电测试的结果，并且与传统黏结剂 PVDF 进行了比较。

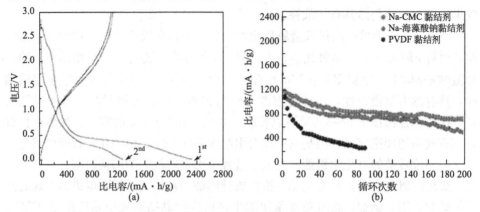

图 11-27　(a)使用 Na-CMC 黏结剂的 α-MoO$_3$ 纳米带的充放电曲线；
(b)使用不同黏结剂的 α-MoO$_3$ 纳米带的循环性能比较(Wang et al.，2012)

从上面的结果可以看到，使用 Na-CMC 和 Na-海藻酸钠黏结剂的 α-MoO$_3$ 纳米带经过 150～200 次循环后，容量可达到 700～800mA·h/g。使用传统的 PVDF 黏结剂的 α-MoO$_3$ 纳米带经过数次循环后，容量就降至 400mA·h/g。

11.3.3　金属和合金材料

早期关于钠离子电池负极材料的研究主要集中在碳基材料上，但是碳基材料普遍存在容量低和循环性能差的问题，因此研究者积极开发新型的负极材料以替代纯碳基材料。金属单质或合金材料由于具有较高的比容量，近年来成为研究热点。Na 可以和 Sn、Sb、Ge 和 Pb 等分别形成合金。例如，Sn 可以与 Na 形成 NaSn$_5$、Na$_5$Sn$_{13}$、NaSn$_2$、Na$_7$Sn$_{12}$、NaSn、Na$_9$Sn$_4$、Na$_{3.7}$Sn 和 Na$_{15}$Sn$_4$ 等合金，图 11-28、图 11-29 分别为 Sn-Na 成分-电池电压的曲线和结构演变示意图。

在 Sn-Na 系统中，Na$_{15}$Sn$_4$ 的密度是 2.4g/cm^3，从 Sn 到 Na$_{15}$Sn$_4$，体积变化 424%，比容量为 846mA·h/g，体积比容量为 2030mA·h/cm^3，体积比容量高于锂离子电池负极石墨材料(818mA·h/cm^3)。

SnSb/C 复合材料也可被考虑作为钠离子电池的负极材料，其中的碳有助于提高材料的导电性和结构的稳定性。Na 与 SnSb 反应首先生成 Na$_3$Sb 和单质 Sn，然后 Sn 与 Na 反应，在约 0.2V 生成 Na$_{3.75}$Sn，可逆容量能够达到 540mA·h/g，库仑效率为 98%。化学反应式如下：

$$SnSb + 3Na^+ + 3e^- \longrightarrow Na_3Sb + Sn \tag{11-5}$$

$$Na_3Sb + Sn + 3.75Na^+ + 3.75e^- \longrightarrow Na_3Sb + Na_{3.75}Sn \tag{11-6}$$

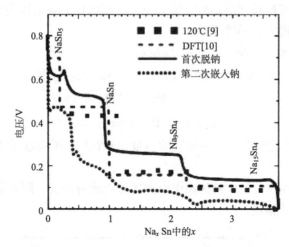

图 11-28　Sn-Na 成分-电池电压曲线 (Kin et al.，2014)

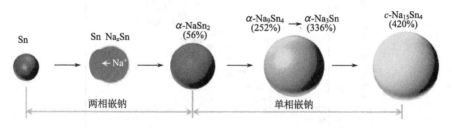

图 11-29　Sn 在钠化过程中结构演变示意图 (Kin et al.，2014)

金属单质材料具有比较大的储钠容量，然而在与钠离子形成合金的过程中，金属单质的晶体对称性和晶胞体积会发生很大变化，机械稳定性降低，剧烈的体积膨胀和粉化是其容量快速衰减的关键原因，循环性能较差。通常将金属单质或者合金与其他材料特别是碳材料进行复合，可显著解决循环性能差的问题。合金复合材料具有容量高和循环性能好的特点，一方面得益于合金材料的高容量；另一方面也得益于碳材料在嵌钠过程中能有效缓解材料的体积膨胀，减少电极形变。

11.3.4　非金属单质

从元素周期表的位置推测，单质 P 应该与 C 具有相似的性质，因此也具有嵌锂能力。P 具有较小的相对原子质量，它与 Li 形成 Li_3P 的理论比容量为 2596mA·h/g，是目前嵌锂材料中最高的。单质磷有红磷、白磷和黑磷 3 种同素异形体。白磷有毒，白磷在没有空气的条件下加热到 250℃ 或在光照下就会变成红磷。红磷无毒，是电子绝缘体，并不具备电化学活性。在高压下，白磷转变为黑磷，黑磷具有层状网络结构，能导电，是磷的同素异形体中最稳定的，其层间距较大，有嵌锂和钠的性能。

Sn_4P_3 化合物可与 Na 发生如下反应：

$$Sn_4P_3 + 24Na^+ + 24e^- \longrightarrow Na_{15}Sn_4 + 3Na_3P \tag{11-7}$$

$$Na_{15}Sn_4 \longrightarrow 4Sn + 15Na^+ + 15\ e^- \tag{11-8}$$

$$Na_3P \longrightarrow P + 3Na^+ + 3e^- \tag{11-9}$$

因此 Sn 原子贡献 708mA·h/g 的容量，3 个 P 原子贡献了 424mA·h/g 的容量。

图 11-30 为各种阳极材料钠离子电池的理论能量密度，阴影区域为商业化的锂离子电池的能量密度。

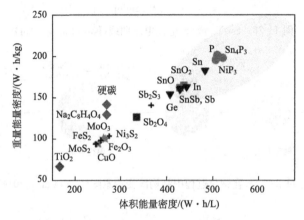

图 11-30　各种阳极材料对钠离子电池的能量密度(Kim et al.，2014)

参 考 文 献

Bordet-Le Guenne L，Deniard P，Biensan P，et al. 2000. Structural study of two layered phases in the $Na_xMn_yO_2$ system，electrochemical behavior of their lithium substituted derivatives. J Mater Chem，10(9)：2201-2206

Cabana J，Chermova N A，Xie J，et al. 2013. Study of the transition metal ordering in layered $Na_xNi_{x/2}$ $Mn_{1-x/2}O_2(2/3 < x < 1)$ and consequences of Na/Li exchange. Inorg Chem，52(15)：8540-8550

D'Arienzo M，Ruffo R，Scotti R，et al. 2012. Layered $Na_{0.71}CoO_2$：a powerful candidate for viable and high performance Na-batteries. Phys Chem Chem Phys，14(17)：5945-5952

Ellis B L，Brian L，Nazar L F. 2012. Sodium and sodium-ion energy storage batteries. Curr Opin Solid ST，16(4)SI：168-177

Hueso K B，Armand M，Rojo T. 2013. High temperature sodium batteries：status，challenges and future trends. Energ Environ Sci，6(3)：734-749

Jang J Y，Kim H，Lee Y，et al. 2014. Cyclic carbonate based-electrolytes enhancing the electrochemical performance of $Na_4Fe_3(PO_4)_2(P_2O_7)$ cathodes for sodium-ion batteries. Electrochem Commun, 44: 74-77

Kang J G, Baek S, Mathew V. 2012. High rate performance of a $Na_3V_2(PO_4)_3/C$ cathode prepared by pyro-synthesis for sodium-ion batteries. J Mater Chem, 22(39): 20857-20860

Kim Y J, Ha K H, Oh S M, et al, 2014. High-capacity anode materials for sodium-ion batteries. Chem Eur J, 20: 11980-11992

Liu G Q, Wen L, Li Y. 2015. Synthesis and electrochemical properties of $P2-Na_{2/3}Ni_{1/3}Mn_{2/3}O_2$. Ionics, 21 (4): 1011-1016

Ma X H, Chen H L, Ceder G, et al. 2011. Electrochemical properties of monoclinic $NaMnO_2$. J Electrochem Soc, 158(12): A1307-A1312

Oh S M, Myung S T, Hassoun J, et al, 2012. Reversible $NaFePO_4$ electrode for sodium secondary batteries. Electrochem Commun, 22: 149-152

Sagane F, Abe T, Ogumi Z, et al. 2010. Sodium-ion transfer at the interface between ceramic and organic electrolytes. J Power Sources, 195(21) SI: 7466-7470

Tripathi R, Gardiner G R, Islam M S, et al. 2011. Alkali-ion conduction paths in $LiFeSO_4F$ and $NaFeSO_4F$ tavorite-type cathode materials. Chem Mater, 23: 2278-2284

Wang L, Lu Y H, Goodenough J B, et al. 2013. A super low-cost cathode for a Na-ion battery. Angew Chem Int Ed, 52(7): 1964-1967

Wang Z Y, Madhavi S, Lou X W. 2012. Ultralong α-MoO_3 nanobelts: synthesis and effect of binder choice on their lithium storage properties. J Phys Chem C, 116: 12508-12513

Xia X, Dahn J R. 2012. A Study of the reactivity of De-intercalated $P2-Na_xCoO_2$ with non-aqueous solvent and electrolyte by accelerating rate calorimetry. J Electrochem Soc, 159(5): A647-A650

Yoshida H, Yabuuchi N, Kubota K, et al. 2014. P2-type $Na_{2/3}Ni_{1/3}Mn_{2/3-x}Ti_xO_2$ as a new positive electrode for higher energy Na-ion batteries. Chem Commun, 50: 3677-3680

Zhu C B, Song K P, Aken P A V, et al. 2014. Carbon-coated $Na_3V_2(PO_4)_3$ embedded in porous carbon matrix: an ultrafast Na-storage cathode with the potential of outperforming Li cathodes. Nano Lett, 14: 2175-2180